AF343490

DISCOURS

SUR LES

MONUMENS PUBLICS.

Sic sua pyramidûm jactat miracula Memphis,
  Sic Ephesus Triviæ Dædala fana canit.
Æratis Babylon muris sic alta superbit;
  Regia Mausoli sic quoque busta micant.
&c. &c. &c.
  Sed cedat magno quidquid in Orbe nitet.

Encomion Calcographiæ.

EXPLICATION
DU FRONTISPICE.

LE ROI ayant daigné agréer l'hommage d'un Difcours fur les Monumens publics de tous les âges, & cet Ouvrage devant paroître vers le temps du Sacre de SA MAJESTÉ, l'Auteur a jugé devoir confacrer cette époque intéreffante pour la Nation françoife, en la confignant à la tête de cette fuite de Monumens qui ont illuftré les fiècles divers depuis la naiffance des temps, & qui quoique périffables de leur nature, vivront éternellement dans la mémoire des hommes par le foin qu'on a pris d'en conferver les traces.

SA MAJESTÉ revêtue de fes habits royaux, & dans tout le coftume du Sacre, debout devant l'Autel de la métropole de Reims, dans le fanctuaire de laquelle il eft cenfé être affifté de la FRANCE, jure entre les mains de la RELIGION l'obfervation des Loix fondamentales de l'Empire françois, dont le Recueil, préfenté par la FRANCE perfonnifiée, eft foutenu par un Génie qui s'appuie d'une main fur un bouclier d'or, portant trois fleurs-de-lys en relief.

La FRANCE regarde avec l'intérêt le plus tendre le Prince fur lequel elle fonde l'efpoir de fa félicité. La RELIGION, fous les traits de MADAME LOUISE DE FRANCE, le front ceint d'un bandeau blanc, fon diadème ordinaire, defcend fur l'Autel qui eft fon trône, & y repofe fur un groupe de nuages, & tenant d'une main l'Etendard des Chrétiens, la Croix, montre de l'autre le Livre ouvert des Loix, dont le Monarque jure l'obfervation.

Les obligations principales que LOUIS contracte, font exprimées par des Génies groupés aux pieds de l'Autel à gauche, dont l'un brifant des épées, défigne le ferment que fait le Monarque de ne point pardonner le Duel. Un autre écrafant avec la Croix le mafque de l'Erreur, marque celui de pourfuivre l'Héréfie fans relâche. Un troifième porte les honneurs du Roi, figurés par le Cordon bleu dont il eft revêtu, & fait ferment d'en maintenir les ftatuts & priviléges. Sur le côté oppofé, à droite, on voit d'autres Génies groupés, repréfentant les Grands Officiers de la Couronne, dont l'un porte l'Epée du Connétable, un autre la Main de Juftice, pour marquer l'union de la Force & des Loix dans la perfonne du Monarque.

Toute cette fcène augufte eft éclairée par la RELIGION, le vrai, l'unique flambeau des Chrétiens.

Ce Tableau intéreffant eft encadré d'une bordure très-fimple, à l'un des côtés de laquelle font fufpendus les écuffons des armes des fix Pairies Eccléfiaftiques, & à l'autre ceux des fix Pairies Laïques, portant, les uns & les autres, des honneurs qui caractérifent ces deux Ordres. Au-deffus font ceux des quatre Otages de la SAINTE-AMPOULE, qu'on voit apporter dans un nuage rare, par une Colombe qui la dépofe fur des lys.

Quatre bas-reliefs quarrés, fixés à chacun des angles de la bordure en rompent l'uni, & renferment chacun un fymbole des biens dont SA MAJESTÉ veut faire jouir fes Sujets. Les allégories en font fi marquées qu'elles n'ont pas befoin d'explication. Des palmes & des lauriers rattachés par en bas, accompagnent les côtés de cette bordure, & vont fe confondre par le haut avec les lys qui la couronnent.

La partie inférieure de cet encadrement eft une table unie fixée par deux rofes antiques, fur laquelle font gravés ces mots, qui terminent l'Ouvrage : *François, votre Roi jure de vous rendre heureux ; il tiendra fon ferment.* Et plus bas : *HOC MONUMENTUM IBIT IN ÆVUM.*

EXPLICATION
DU FRONTISPICE

LE ROI ayant daigné agréer l'hommage d'un [illegible] de tous les [illegible], et cet Ouvrage devant paroître vers le temps [illegible] jugé devoir [illegible] cette époque intéressante pour [illegible] à cette suite de Monumens qui ont illustré [illegible] établie de leur nature, [illegible] conserver les traces.

[illegible] de l'Empire françois, le dans sous le [illegible] [illegible] par [illegible], dans le sanctuaire de laquelle il est censé [illegible] de JUSTICE [illegible] de la RELIGION l'observation des Loix fondamentales de l'Empire françois, dont [illegible], présenté par la FRANCE personnifiée, est soutenu par un Génie qui s'appuie d'une main [illegible] de l'autre [illegible].

[illegible] pour l'inégard lorsque vient le moment de [illegible] de la RÉPUBLIQUE, sous les traits de MINERVA [illegible] blanc, son diadème ordinaire; [illegible] de [illegible] [illegible] à la main d'une [illegible] [illegible], la Croix, montre de l'autre le Livre ouvert des Loix, dont le Monarque jure l'observation.

Les obligations principales [illegible] aux [illegible] au-dessus [illegible] le Monarque de ne point [illegible] de postérité [illegible] qu'il est [illegible], on voit [illegible], représentant les Grands Officiers de la Couronne; [illegible] porte d'un côté du Connétable, [illegible] la Main de Justice, pour marquer l'union de la Force & des Loix dans la personne du Monarque.

[illegible] les quatre [illegible] apporter dans un nuage avec [illegible] une Colombe qui la dépose sur [illegible].

Quatre bas reliefs quarrés, [illegible] & renferment chacun un symbole des biens dont [illegible] allégorique sont [illegible] qu'elles [illegible] en bas, [illegible] les vœux de [illegible] [illegible] les lys qui la [illegible].

Le pié de [illegible] [illegible] antique, sur lequel sont gravés ces [illegible], [illegible] jure de rendre [illegible]; Il tiendra son serment. La [illegible] MAJESTÉ [illegible] JETTE UN COUP [illegible].

FRANÇOIS VOTRE ROI JURE DE VOUS RENDRE HEUREUX
IL TIENDRA SON SERMENT
INVENIT ABBAS DE LUBERSAC

DISCOURS

SUR LES

MONUMENS PUBLICS

DE TOUS LES ÂGES

ET DE TOUS LES PEUPLES CONNUS,

SUIVI

D'une Defcription de Monument projeté à la gloire
de LOUIS XVI & de la FRANCE.

TERMINÉ

Par quelques Obfervations fur les principaux Monumens modernes
de la ville de Paris , & plufieurs Projets de décoration
& d'utilité publique pour cette Capitale.

DÉDIÉ AU ROI.

Par M.^r l'Abbé *DE LUBERSAC , Vicaire général de Narbonne ,*
Abbé de Noirlac & Prieur de Brive.

A PARIS,

DE L'IMPRIMERIE DE CLOUSIER,

Rue Saint-Jacques , vis-à-vis les Mathurins.

M. DCC. LXXV.

AU ROI,

SIRE,

LORSQU'UN *Souverain , qui compte à*
peine quatre luſtres révolus , s'annonce à ſes
Peuples, comme autrefois le jeune roi d'Iſraël,
favoriſé de l'eſprit de ſageſſe , il n'eſt aucun
de ſes ſujets qui ne s'empreſſe de lui élever

dans son cœur des monumens d'amour & de reconnoissance ; mais c'est trop peu pour ceux qui sentent vivement : ils veulent répandre au-dehors les sentimens dont ils sont, pour ainsi dire, surchargés ; & c'est cette espèce de plénitude qui a donné l'être au Monument que j'ose consacrer en ce jour à la gloire du Salomon qui nous gouverne, & déposer dans ses mains sacrées les tristes débris des ouvrages de l'homme depuis l'époque première de sa création ; même ceux qu'on voit maintenant dispersés sur la surface de la Terre, dont la ruine future & assurée annonce également celle des générations qui les élevèrent ou à leur propre orgueil ou à l'honneur de leurs Dieux.

Vos premières années, SIRE, furent toutes consacrées à vous pénétrer des grands principes de la religion sainte de vos Pères, & à vous rendre familiers les premiers élémens que les Lettres & l'Histoire du Monde peuvent seuls procurer pour apprendre le grand art de gouverner *sagement des peuples. Dans ce cours d'études si nobles, si intéressantes, si nécessaires même pour les Rois, VOTRE MAJESTÉ n'a pu qu'être étonnée en voyant l'immensité de Monumens qui ont illustré les Empires d'Assyrie, d'Egype, de la Grèce & de Rome; mais lorsqu'Elle s'est fixée sur ses propres Etats, & qu'Elle a parcouru l'Histoire de cette longue suite de Souverains ses ancêtres, son ame alors a dû nécessairement s'agrandir en considérant sur-tout que les deux derniers règnes ont seuls produit dans tous les genres autant & d'aussi grandes merveilles, que cent règnes accumulés en ont pu montrer dans les Empires les plus célèbres de l'Antiquité.*

Que VOTRE MAJESTÉ daigne maintenant porter ses regards sur sa Capitale, Elle n'y verra de tous côtés que des Monumens élevés à la gloire de ces Maîtres bienfaisans dont le Ciel favorisa la France; & si jamais sa tendresse pour ses peuples, ou leurs besoins l'appellent dans ses provinces ; Elle y trouvera également multipliés dans les Places publiques de ses principales villes, & gravés à jamais sur l'airain & sur le marbre, les mêmes caractères de vénération & de sensibilité pour ces grands Princes.

La valeur de Clovis, la grandeur d'ame de Charlemagne, la piété & le saint zèle de Louis IX, la sagesse de Charles V, la tendresse de Louis XII pour ses peuples qui lui donnèrent le plus beau des titres, celui de leur père ; l'amour de François I.er pour les Arts & les Sciences, la clémence & la loyauté du grand Henri, la splendeur & la majesté du règne de Louis XIV, la modération & la bonté soutenues du feu Roi votre aïeul si justement surnommé le Bien-aimé. *Voilà,* SIRE, *les fondemens durables sur lesquels est établie la science de régner ; voilà quels sont les préceptes consacrés dans les immortels* Ecrits *de* Louis Dauphin de France *votre*

augufte père : & voilà enfin les vertus dont
VOTRE MAJESTÉ nous a montré l'heureux
affemblage en montant au trône. Vos Peuples
en éprouvent déjà les heureux effets ; & que
n'ont - ils pas lieu d'attendre d'un Prince qui
ne marque que le defir d'ajouter toujours à leur
félicité !

Je ne fuis aujourd'hui que l'interprète &
l'organe des fentimens d'admiration & de
refpect , dont tous les cœurs François font
pénétrés pour votre augufte Perfonne ; & c'eft
de la profeffion tranquille où le fort m'a placé ,
que j'entends de toutes parts ce concert de
bénédictions célébrer le beau jour qui vous
donna l'Empire des Lys pour le bonheur de
la Nation foumife à vos loix. De tels cris
d'allégreffe m'ont feuls infpiré le noble projet
d'exprimer leur reconnoiffance en confacrant à
votre gloire & à celle de la Nation que vous
gouvernez, un Monument digne de leur amour.

Bientôt , SIRE , les caractères de votre

amë feront empreints fur le bronze, tels peut-
être qu'on les voit rendus fur ces toiles.[a] Daignez
les fixer un inftant, vous y reconnoîtrez vos
auguftes traits.

Ce fecond tribut, que j'ofe encore offrir
à VOTRE MAJESTÉ, émane néceffairement
du premier ; trop heureux, fans doute, fi
Elle veut bien l'agréer avec la même bonté
que Louis le Grand reçut ceux du même
genre que lui confacrèrent le Maréchal Duc
de la Feuillade[b] & Titon du Tillet[c]. Mon
entreprife, SIRE, eft bien au-deffus de la
leur ; je mets en action vos vertus magnanimes,
& je les montrerai à vos Peuples environnans
votre image. Les jours fortunés d'un fi beau
printemps nous annoncent, fans doute, une
fuite nombreufe d'autres faifons tempérées &
fertiles.

---

[a] Le Monument de l'Auteur eft peint fur deux toiles de huit pieds de haut,
tel qu'on en voit le fimple trait gravé à la fin de cet Ouvrage.

[b] Le Monument de la Place des Victoires.

[c] Le Parnaffe François placé à la Bibliothèque du Roi.

Fasse le Ciel qu'une si belle tige , qui nous couvre de son ombre & nous enrichit de ses fruits, conserve sa fraîcheur aussi long-temps que l'Obélisque fixé sur les rochers de l'Immortalité, & destiné à porter l'image sacrée de LOUIS-AUGUSTE LE BIENFAISANT.

Je suis avec le plus profond respect,

SIRE,

DE VOTRE MAJESTÉ,

Le très-humble, très-obéissant &
très-fidèle serviteur & sujet,
L'Abbé DE LUBERSAC.

AVERTISSEMENT.

AVERTISSEMENT.

L'AMOUR du Prince & de la Patrie m'ont infpiré
cet Ouvrage. Je fens qu'un fentiment fi noble méri-
teroit un plus digne organe pour être bien exprimé;
mais j'ai cru qu'il fuppléeroit à mon infuffifance, ou
qu'il la feroit excufer, en fuppofant qu'une illufion
fi précieufe & fi chère à mon cœur me l'eût déguifée.
J'attends donc quelqu'indulgence de mes Lecteurs en
faveur du motif qui m'a fait prendre la plume.

Je ne fuis point le feul Citoyen qui ait formé le
projet de célébrer les vertus que notre Augufte &
jeune Monarque a annoncées en montant au Trône,
& qui ait voulu les confacrer à la poftérité. Les
Poëtes les ont chantées, les Artiftes les ont montrées
aux peuples fous d'ingénieufes allégories. Ces témoignages de leur amour ont été mis fous les yeux du
Souverain, & il y a paru fenfible; mais parmi les
Monumens divers du zèle patriotique, j'ai peut-être
eu le premier le mérite d'en avoir imaginé un d'une
efpèce, dont certainement le pareil n'exifta jamais:
Monument qui n'anticipe ni fur le temps ni fur la
reconnoiffance des peuples; car je n'y ai mis que ce
qui eft, & ce qui s'eft fait jufqu'à préfent, & j'y laiffe
place pour y mettre ce qui fe fera par la fuite.

*

On peut donc, si l'on veut, regarder ce *Monument* comme un éloge; mais un éloge justifié par les faits, devient une justice. Il n'est, ni ne peut être suspect de flatterie : j'en appelle à la description placée à la fin du Discours qui suit, & à l'examen du projet lui-même, esquissé simplement au premier trait sur ses deux faces principales, & dont les deux planches sont jointes à la description que j'en fais.

L'objet de cet Avertissement est de faire voir à mes Lecteurs, le but & le plan de cet Ouvrage : je vais tâcher de remplir cette double obligation, après leur avoir rendu un compte succinct des moyens par lesquels je suis parvenu à esquisser le grand tableau que je m'étois proposé d'exécuter.

Depuis assez long-temps je m'occupois de la recherche des Monumens de l'antiquité, & pour parvenir plus sûrement à ce but, j'ai voyagé, pour juger par mes propres yeux, des Monumens dont on a parlé avant moi, & de ceux que je pourrois découvrir par moi-même. J'ai engagé des gens qui voyageoient en Italie, en Espagne & dans les autres Cours de l'Europe pour leur instruction, à s'occuper de cet objet si intéressant; & j'ai non-seulement entretenu avec eux des correspondances très-coûteuses, mais même je les ai étendues jusque dans l'Asie & l'Amérique.

Mes porte-feuilles étoient garnis d'une collection

affez confidérable de Mémoires & d'Obfervations fur cette partie fi riche, lorfque l'heureufe circonf- tance de l'avènement de notre jeune Monarque au Trône, & les vertus qu'il annonçoit en y montant, m'infpirèrent l'idée du *Monument* que j'ai confacré à fa gloire & à celle de la Nation qu'il gouverne. Cette idée, conçue, méditée, développée, donna lieu à fon tour au Difcours que je préfente au Public, après en avoir fait hommage à mon Souverain.

Mon but a été de faire voir, que parmi tous les Monumens actuellement exiftans, & ceux dont les Anciens nous ont laiffé des defcriptions, je n'en ai trouvé aucun de l'efpèce de celui que j'ai d'abord fait exécuter en petit modèle de ronde-boffe, & que j'ai fait rendre enfuite en deux grands tableaux qui en repréfentent les deux faces principales, ni même rien qui en approche, c'eft-à-dire, aucun qui forme un enfemble compofé de divers groupes, dont le caractère & l'intention variés en chacun d'eux, fe rapportent cependant tous à une action principale.

Quant au plan de mon Ouvrage il fera facile à faifir, en ce que mes recherches fur les Monumens publics étant néceffairement liées à des époques, elles n'ont eu befoin que d'être mifes en ordre pour former une fuite intéreffante, & qui fera, pour ainfi dire, une hiftoire abrégée des Arts & de leurs progrès ; travail dont on ne peut comprendre les difficultés, ni apercevoir la liaison que par des recherches semblables à celles que j'ai faites, les matériaux s'en trouvant épars dans une immensité d'Auteurs Grecs & Latins, ou dans un nombre infini de porte-feuilles de gravures & de deffins.

Diodore de Sicile, Hérodote, Strabon, Ctéfias, Paufanias, Fabricius, Denys d'Halicarnaffe, Pline, Sextus Rufus, Publius Victor, Falconnet, Belon, Martini, le P. Duhalde, le comte de Caylus, l'abbé de Guafco, les marbres d'Arundel, les Mémoires de l'Académie des Infcriptions, & une infinité d'autres Ouvrages François, Anglois, Allemands, Efpagnols & Italiens, font les fources où j'ai puifé, & les guides que j'ai fuivis dans les recherches que j'ai faites par moi-même, ou que j'ai fait faire.

La matière s'eft étendue à mefure que je les ai pouffées, & fa richeffe m'a engagé à en compofer un édifice régulier, qui, quoiqu'exécuté en petit, repréfente cependant ce que les génies de tous les âges ont produit de plus intéreffant.

J'ai voulu donner en quelque forte une nouvelle vie à ce corps mutilé par l'injure des temps, par l'ignorance, par la fuperftition & la barbarie de ces hordes féroces qui ont faccagé, à différentes reprifes, le centre & le midi de l'Europe.

Pour mettre en ordre les matériaux précieux que j'ai raffemblés, il a fallu d'abord remonter jufqu'aux

premiers

premiers âges du Monde, afin de découvrir l'origine
des Arts, fuivre l'ordre des fiècles; & par ce moyen
on a pu facilement en obferver la marche & les
progrès, en marquer les époques brillantes, en fixer
les révolutions, les chutes & la renaiffance, & même
calculer jufqu'à l'influence du phyfique & du moral
fur les productions du génie, après avoir cherché avec
foin dans les Monumens qui nous reftent, l'intention
de ceux qui les ont imaginés ou fait exécuter.

Telle eft la vafte carrière dans laquelle je me fuis
trouvé engagé fans en prévoir le terme. Cependant
le réfultat de ce travail immenfe ne peut être que
l'efquiffe d'un tableau infiniment plus grand, parce
que je me fuis trouvé circonfcrit par le temps & les
bornes que doit avoir un fimple Difcours, & j'avoue
que fans les fecours de tous les genres qui m'ont été
fournis par feu M. *Capperonnier*, Garde de la Bibliothèque du Roi; M. *Joly*, Garde des Eftampes; *Dom
Pater*, Bibliothécaire de l'abbaye Saint-Germain-
des-Prés & autres, il m'eût été impoffible de remplir,
en auffi peu de temps que je l'ai fait, la tâche que
je m'étois impofée.

Je dois donc à l'honnêteté & aux lumières de
ces Savans, auffi affables que profonds, des marques
authentiques de ma reconnoiffance; & c'eft avec un
plaifir infini que je publie les fervices que j'en ai
reçus en cette occafion.

**

J'ai encore eu pour objet, outre la satisfaction de mon goût particulier, de me rendre utile à ceux qui pourroient en avoir pour le même genre de travail, & j'espère que le mien pourra leur être de quelque utilité pour arriver plus sûrement & plus promptement au but qu'ils se proposent.

Ceux qui n'aiment pas les grandes lectures, ou qui n'ont pas le loisir de se livrer à des recherches longues & pénibles, y trouveront les matières toutes disposées. J'indique enfin à ceux qui voudront des explications plus amples, les sources où j'ai puisé, auxquelles ils pourront, ainsi que moi, avoir recours.

La rapidité de la narration & la multitude des objets, ne m'ayant pas permis de donner à beaucoup d'entr'eux l'étendue nécessaire, j'y ai suppléé par quelques Observations particulières, que j'ai placées à la fin de mon Ouvrage, du moins pour ce qui concerne les Monumens modernes de la Capitale, élevés sous les deux plus beaux règnes de la France ; ceux de Louis XIV & Louis XV, sur lesquels j'ai cru pouvoir hasarder mon jugement, parce que chacun ayant sa manière de voir & de sentir, personne n'est obligé de souscrire au jugement de ceux qui l'ont précédé. En expliquant ma façon de penser, je n'ai point prétendu faire de mon jugement propre la règle de celui d'autrui ; mais si mes observations ont quelque justesse, elles empêcheront les gens superficiels de se prévenir & de juger sur parole, comme on le fait trop ordinairement, ou ils rectifieront les erreurs dans lesquelles ils auroient pu tomber.

Au reste, j'ai très-peu hasardé de jugemens, & j'ai fait ces Observations plutôt pour donner l'historique de la plupart des Monumens intéressans, que par toute autre raison. Il en est en effet plusieurs dans le nombre qui méritent bien qu'on en développe l'origine, & qu'on en suive les progrès. Tels sont la Bibliothèque du Roi, le Cabinet des Estampes & celui des Médailles, qui contiennent chacun dans leur espèce les plus précieux trésors qu'il y ait dans l'Univers. Le Collége Royal de France, qui plus qu'aucun autre établissement de ce genre, a contribué aux progrès des Sciences & des Lettres dans le royaume; l'Imprimerie Royale, la Monnoie des Médailles aux galeries du Louvre, l'Hôtel des Monnoies, le Jardin du Roi & son Cabinet d'Histoire naturelle; collection la plus riche & la plus précieuse qu'on connoisse, & qu'on doit, pour ainsi dire, toute entière aux lumières & au zèle du Pline françois qui fait tant d'honneur à son siècle, à la Philosophie & aux Lettres, monumens sur lesquels nous avons donné à la suite du Discours, des notices assez amples, & qui, avec les Académies diverses, illustrent & illustreront à jamais, non-seulement leurs promoteurs, mais les Souverains qui, par leurs largeſſes & la protection conſtante qu'ils daignent leur accorder , les ſoutiennent , & leur donnent chaque jour un nouvel éclat en contribuant par leurs bienfaits à les amener à toute la perfection dont ils peuvent être ſuſceptibles.

J'ai enfin réuni à ces Obſervations , quelques idées ſur les embelliſſemens qu'on pourroit faire dans pluſieurs emplacemens ſuſceptibles de décoration, & ſur des établiſſemens d'utilité publique qui m'ont paru eſſentiels , & dont je crois avoir aſſez bien prouvé non-ſeulement l'utilité, mais même la né-ceſſité. Entr'autres projets, l'on verra la deſcription d'une Place publique en face du périſtile du Louvre, dont les plans nous ont été fournis par le ſieur *le Noir le Romain*, Architecte. C'eſt tout ce que je crois devoir dire ſur cet Ouvrage , qui eſt ſuivi de la deſcription d'un *Monument* que j'ai projeté à la gloire du Monarque ſous l'empire duquel nous avons le bonheur de vivre & celle de la France; deſcription qui précède les Obſervations qui le terminent.

DISCOURS

DISCOURS
SUR LES MONUMENS
DE TOUS LES ÂGES.

QUAND on médite avec attention fur ce compofé incompréhenfible de deux fubftances inalliables par effence, & miraculeufement unies, *l'Homme*, on découvre d'abord qu'il s'aime d'un amour néceffaire. Ce fentiment, fi naturel & fi conforme aux vues de fon auteur, eft le vrai, le premier mobile de fon activité, & le principe de cette inquiétude qui le porte vers tous les objets dont il attend quelques fenfations agréables. Il eft la fource de nos defirs, de nos befoins; c'eft lui qui les varie & les multiplie à l'infini, qui en forme autant de liens qui ferrent celui de la fociété, par un commerce perpétuel de fervices réciproques entre les individus qui la compofent.

C'eft de ce principe fi fécond pour le bien, quand il fe renferme dans fes juftes bornes, & fi funefte quand il les excède, que dérivent tous les biens & les maux de la fociété. C'eft lui qui a donné naiffance aux arts de néceffité, d'utilité, d'agrément. C'eft lui qui a élevé peu à peu les efprits aux

A

ſpéculations abſtraites du Calcul, de la Géométrie, de l'Aſtronomie, de la Métaphyſique. C'eſt auſſi de ce principe mal entendu ou mal appliqué, que ſont nées la licence dans les opinions, les abus du pouvoir, les vexations, les injuſtices qui ont d'abord révolté & enſuite dépravé les hommes; qui, en iſolant les intérêts particuliers de l'intérêt général, a enfin ouvert la porte à ce déluge de crimes & de miſères, dont la Terre fut toujours, pour ainſi dire, inondée.

Après avoir jeté ce coup-d'œil rapide ſur les effets heureux & malheureux de l'amour de ſoi, conſidérons maintenant ce qu'il a fait faire dans tous les temps aux hommes, ſur-tout ce qu'il leur a fait inventer & exécuter, ſoit que les Monumens qui nous reſtent, aient eu pour objet l'utilité publique, ou ſimplement la ſatisfaction de l'amour propre de leurs auteurs.

L'hiſtoire des temps antérieurs au déluge, fournit peu d'objets à notre curioſité, & de matières à nos recherches. Moïſe a ſupprimé tous les détails, & n'a rapporté que les faits dont il nous importoit le plus d'être inſtruits; le reſte eſt pour nous d'une impénétrable obſcurité, &, quel que fût l'état du genre humain avant cette cataſtrophe affreuſe, il doit peu nous intéreſſer. Si les ravages qu'elle opéra ſur notre planète, en ont altéré le fond & la face, la diſperſion des enfans de Noë n'a pas fait de moindres changemens dans les arts qui exiſtèrent avant le déluge. La mémoire des connoiſſances antérieures à ce terrible fléau, & que la conſ-truction de l'Arche ſuppoſe, ayant été, ſinon totalement perdue, du moins extrêmement altérée & obſcurcie par la diſperſion de la poſtérité de ce patriarche. Il eſt conſtant que ce qui s'en conſerva fut le partage des nations qui ſe fixèrent les premières dans le pays ou les environs du pays où l'Arche s'arrêta. On n'en ſauroit douter, lorſqu'on voit toutes les découvertes utiles fortir des régions habitées par les premières familles, & être le centre commun d'où elles fe répandirent enfuite de proche en proche dans toutes les parties de l'Univers qui purent avoir entre elles quelque communication.

En effet, tous les peuples qui font reftés ifolés, comme tous les navigateurs anciens & modernes nous l'apprennent chaque jour, ont été trouvés tels que l'Antiquité nous péint ceux des premiers âges du Monde.

Le genre humain, reprodûit par un petit nombre d'individus échappés au naufrage général qui venoit de l'engloutir, fe multiplie fi prodigieufement dans le cours de cent vingt ans, que l'efpace qui le contient, va bientôt ceffer de fuffire à fes befoins. Déjà le père commun a marqué à chacun de fes trois fils le partage de leur poftérité : quel Monarque eut jamais un fi riche héritage à partager! Noë difpofe du globe entier en fouverain abfolu.

Vers la naiffance de Phaleg, c'eft-à-dire, cent cinquante ans environ après le déluge [a], la néceffité de pourvoir à leur fubfiftance, obligeoit déjà les nouveaux habitans de la Terre à s'éloigner les uns des autres. La crainte de fe perdre fans retour, les engagea à prendre des précautions capables de prévènir ce qu'ils regardoient comme le plus grand des malheurs pour eux.

ASSYRIE.

[a] *Samuel Bochart in Phaleg.*

Dans cette vue, ils réfolurent de bâtir une ville & une tour dont la hauteur & la folidité fuffent un fignal durable qui les ramenât à ce centre dont ils ne vouloient point s'écarter [b]. Car d'imaginer, comme l'ont penfé plufieurs auteurs, qu'ils prétendiffent fe fouftraire par-là aux vengeances du Seigneur, cela ne paroît nullement probable.

[b] *Genef. cap. II, v. 4.*

Quoi qu'il en foit de leurs motifs, fur lefquels l'Écriture

garde le plus profond filence, la Providence qui jugeoit leur féparation néceffaire, rompit le lien qui les uniffoit. Ils parloient tous un même langage, *Terra erat labii unius:* Dieu confond ce langage; la diverfité des langues en opère une pareille dans les idées, dans les fentimens; tant il y a de rapport entre l'expreffion de la voix, du cœur & de l'efprit! On fe fépare, & bientôt on fe méconnoît. Glorifiez-vous maintenant, Savans de la terre, de l'avantage d'en poff`éder plufieurs; mais confidérez que cette diverfité fut une fource de divifions entre les malheureux habitans de la terre, qui, nés d'un père commun, fe méconnurent bientôt, au point de fe déchirer entre eux comme les bêtes les plus féroces.

Ce monument de leur féparation, & le premier connu du monde, devient le centre de la première peuplade & le fiége du premier empire; les Livres faints nous font garans de cette vérité. Moïfe dit que Nembrod fonda la première Puiffance de la terre. C'étoit un chaffeur renommé qui dut, fans doute, fon élévation à fon courage & à fa force, qualités qui de tout temps en ont impofé, & en impofent encore à ceux que la Nature a le moins avantagés de ce côté.

La Terre étant hériffée de forêts fombres, repaires d'animaux carnaffiers; l'homme, continuellement expofé à leurs attaques, dut accorder un haut degré d'eftime à celui qui, par des chaffes utiles à toute fa contrée, le délivroit de fes ennemis. Bientôt ce chaffeur raffemble autour de lui l'élite de la jeuneffe des habitans de Sennaar; ils s'accoutument l'un à donner des ordres, les autres à obéir au commandement, & le chaffeur devient un Monarque puiffant.

Les forêts s'abattent, la Terre prend une face plus riante; ces retraites obfcures deviennent des plaines fertiles pour l'homme, des pâturages pour les animaux, dont il a fu façonner

au

au joug diverfes efpèces, & les affocier à fes travaux. Il détruit ou écarte les bêtes féroces en pliant à fon ufage les métaux même les plus inflexibles. Les Arts, dont les principes fondamentaux s'étoient confervés, augmentent en nombre & en perfection; & du befoin fatisfait, on paffe bientôt aux commodités, & prefque auffi rapidement aux recherches du luxe.

L'autorité politique s'établit peu à peu fur les conventions tacites, qui furent la bafe des premières fociétés; conventions qui dûrent leur origine aux fentimens d'équité gravés par le Créateur dans tous les cœurs, & qui appellent les remords, lorfque nous fermons l'oreille à leur voix, ou que nous agiffons contre leurs falutaires impreffions.

Le Monarque bâtit des villes pour affurer fa puiffance, fixer & unir entre eux fes nouveaux fujets. Ce n'eft point ce Tyran farouche & fuperbe que nous peint Jofeph *. L'Écriture ne dit point que la violence ait fondé l'autorité de Nembrod. C'eft un homme de courage, que la reconnoiffance & l'eftime de fes concitoyens appellent à l'honneur de les gouverner; comme à une date bien poftérieure, les Mèdes en proie à tous les défordres de l'anarchie, forcent Dejocès leur arbitre à devenir leur Roi.

* Jofeph. Antiq. lib. I, cap. 4.

Le premier fruit de l'établiffement des fociétés fixes & policées, eft la perfection des Arts connus, ou l'invention de nouveaux. La néceffité, le premier maître de l'homme, l'excite, l'expérience l'éclaire, fes fautes même l'inftruifent. On franchit les montagnes & les précipices, on traverfe les fleuves rapides, & bientôt les mers même ne feront plus un obftacle pour fa curiofité ou fon ambition.

On forme des enceintes autour des villes pour affurer le repos de leurs habitans contre toute efpèce d'attaques; on bâtit dans les plaines de la Chaldée des maifons pour les particuliers, des palais pour les Rois, des temples pour les Dieux; tandis que le plus grand nombre des habitans de la terre, errant de déferts en déferts, en proie à toutes les misères imaginables, perd la trace des Arts les plus fimples & même jufqu'à la connoiffance & à l'ufage du feu. Tandis que les habitans des plaines fertiles de Sennaar font réunis dans des habitations commodes, le refte des hommes trouve à peine des abris dans les troncs des arbres, ou les cavités des rochers, qu'ils font fouvent dans la néceffité de difputer aux animaux, bien moins à plaindre qu'eux. A peine du gland & des racines les fuftentent, lorfque leurs frères s'engraiffent des dons d'une terre fertile : l'excès du befoin eft tel que fouvent les hommes fe mangent entre eux; de-là l'antropophagie, qui n'a pu ceffer que quand les peuples ont pu s'affurer leur fubfiftance par d'autres moyens.

Il y a lieu de croire qu'avant le déluge on connut l'art de bâtir, puifque Moïfe rapporte à Caïn la fondation d'Énochia, la première ville connue, & à Tubalcaïn l'art de forger les métaux. Ces connoiffances fe confervèrent dans la Méfopotamie. On moula & l'on cuifit les briques qui fervirent à la conftruction de la tour de Babel. Les mêmes matériaux fervirent inconteftablement à former l'enceinte de Babylone & les maifons de fes habitans, ainfi que les deux autres villes que bâtit Nembrod dans la Chaldée, & Ninive avec deux autres villes qu'Affur fonda dans une contrée peu éloignée de la première *. L'art de tailler la pierre doit être à peu-près de même date.

Si nous en croyons les hiftoriens des premiers empires de Babylone & d'Affyrie, l'Architecture y étoit arrivée rapidement à un haut point de perfection. Plufieurs auteurs donnent à Nembrod pour fucceffeur immédiat Ninus;

enfuite Sémiramis, à laquelle on attribue toutes les merveilles
que l'Antiquité raconte de Babylone; mais il y a lieu de
croire que ces Auteurs fe trompent. Selon le Syncelle,
Nembrod & fes fuccefleurs de fon fang, ont dû régner à
Babylone deux cents foixante-treize ans. Une famille Arabe
s'empara enfuite du Trône & l'occupa deux cents quinze
ans. Le dernier Roi de cette race, nommé Nabonaddus,
ayant été vaincu par Ninus, ce Conquérant réunit le trône
de Babylone à celui d'Affyrie, & c'eft vraiment à cette
époque que Babylone commence à fe montrer avec toute
la fplendeur qu'Hérodote, Ctéfias, Bérofe ont tant exaltée,
& non à des temps fi près du déluge, où les productions
des Arts fe fentoient des ruines de l'ancien monde, dont
tout atteftoit encore le défordre & les malheurs.

Ninus meurt après un règne de vingt-cinq ans de victoires
& de conquêtes, laiffant fon fils Ninias en trop bas âge
pour régir fes États; mais l'empire d'Affyrie paffa dans les
mains de Sémiramis fa veuve & n'y perdit rien; elle ajouta
même à fon luftre, & l'éclat de fon règne égala, s'il ne
furpaffa, celui des Monarques les plus fameux. C'eft au
règne de cette célèbre Princeffe qu'il faut rapporter ces
fabriques immenfes dont l'Antiquité a tant parlé, ces murs
de briques fi hauts, fi épais que deux chars attelés chacun
de quatre chevaux de front, pouvoient y rouler fans fe
nuire, fi folides enfin par l'enduit de bitume qui en uniffoit
les matériaux, qu'ils étoient, pour ainfi parler, imperméables
à toute efpèce de fluide, & par conféquent indeftructibles
par les feuls efforts du temps. C'eft cette même Sémiramis
qui fit élever ces palais magnifiques, ces jardins en terraffes,
ce temple confacré à Bélus ou Baal, qu'un peuple idolâtre
de la mémoire de fon fondateur avoit divinifé *.

* *Val. Max.*
l. IX, c. 3.

Nous abandonnons à l'imagination vive & féconde de
Kirker, le faſte d'érudition qu'il a étalée dans ſon traité *de
turri Babel*, & ces modèles d'édifices, qui ſont bien au-
deſſus de la perfection où arriva l'architecture en Grèce
dans ſes plus beaux jours. Diodore de Sicile dit ſeulement
qu'il exiſtoit encore de ſon temps une partie de la ville &
de la tour de Babel *(a)*. Strabon dit en termes exprès,
qu'on trouvoit de ſon temps dans les campagnes de Babylone, des ruines immenſes, & qu'on n'y pouvoit faire un pas
ſans y rencontrer des veſtiges d'anciens monumens.

Des Voyageurs modernes, le Père Philippe Carme-
déchauſſé & le célèbre Pietro della Vallé les ont en vain
cherchées; toutes les perquiſitions de ce dernier ne l'ont
conduit qu'à nous donner ſes conjectures ſur le lieu où il
préſume que fut bâtie la fameuſe tour de Babel. Il inſinue
qu'un Tertre, élevé au milieu des campagnes de la Méſo-
potamie, ſur lequel on découvre quelques ruines, s'eſt formé
des débris de cette tour; il fonde ſa conjecture ſur quelques
briques qu'il en fit tirer, & qu'il apporta à Rome; briques
d'argile mêlées avec une eſpece de paille dure qui tient du
roſeau, & qui ſe trouvoient enduites de bitume : il la fortifie
de la tradition du pays, où l'on donne encore à ce Tertre
le nom de *Babel;* mais les preuves nous paroiſſent trop
foibles pour y donner quelque créance. Un fait conſtant,
c'eſt que le temps a ſi bien dévoré tout ce qui étoit de
cette ville, dont la grandeur & la magnificence ſont atteſtées

---

(a) Cet Auteur parle ſans doute de la même tour dont Hérodote nous a
donné la deſcription. Tour quarrée, au ſommet de laquelle on montoit par une
rampe extérieure, dont la pente étoit très-aiſée. La gravure qu'on en a faite,
d'après la deſcription d'Hérodote, *livre Ier* lui donne environ quatre-vingts
toiſes de hauteur; c'eſt-à-dire, environ quatre cents quatre-vingts pieds.

par

par tant d'Hiftoriens, qu'il n'eft pas poffible de reconnoître
même le lieu où elle fut fituée.

Ce fut dans la même contrée qu'on bâtit depuis le bourg
de Ctefiphon, qui ne fit par la fuite qu'une même ville
avec Séleucie; raifon pour laquelle les Arabes l'appelèrent
Médaïn, & les Grecs, *Dipolis,* comme qui diroit ville
double: Pline dit que cette ville devint la capitale du royaume
de Babylone *. C'eft près de cette dernière ville qu'on voit
encore les reftes d'un temple dont on a fait honneur à
Nabuchodonofor; les Arabes l'appellent *Ayvan Efra,* & les
Turcs *Solyman Pac* ou *l'arc de Solyman.* Cet édifice, bâti
de briques jointes avec du bitume, eft vafte; l'entrée en
eft tournée vers l'orient; la porte, au lieu d'être comme
les nôtres, eft cintrée à la hauteur même du bâtiment :
ce qui lui a fait donner le nom d'*arc.*

** Plin. l. VI,
cap. 16.*

Les Juifs qui habitent dans ces contrées, fuperftitieux ou
fripons, ou plutôt l'un & l'autre, comme ils le font communément par-tout, montrent aux étrangers, dans les environs de
ce temple, le prétendu tombeau du prophète Daniel & les
ruines fuppofées de la foffe aux lions, où il fut jeté par
les ordres de Nabuchodonofor.

On ne connoît de la haute Afie que Perfepolis *(b)* où
les rois de Perfe avoient un palais magnifique qu'Alexandre,

(b) Quelques pierres gravées d'une manière large & grande, des têtes du
plus beau caractère, que le voyageur *Bruyn* a fait deffiner d'après de très-beaux
reliefs originaux qu'il a trouvés fur les ruines de Perfepolis, atteftent que les
arts y ont été cultivés avec le plus grand fuccès.

L'auftère bienféance qui profcrivoit dans ce pays les nudités, empêcha les
Artiftes d'étudier l'objet le plus fublime de l'art, le deffin du nu. On ne s'y
attacha qu'au jet des draperies, fans donner d'idée du nu comme les Grecs.

La religion des Perfes fut auffi très-défavorable à l'art; on y regardoit comme
une profanation abominable, de repréfenter la Divinité fous une forme

C

à la suite d'une débauche, fit réduire en cendres par les conseils de la courtisane Thaïs, & sans égard aux représentations d'Éphestion, atrocité dont il se repentit lorsqu'il fut revenu de son ivresse ; mais d'autres monumens, d'autant plus intéressans qu'il en subsiste encore plusieurs & de très-bien conservés, nous appellent en Égypte.

Ces masses hiéroglyphiques, dont le sommet se terminoit en pointe, que les Grecs appellent ὀϐελοὶ ou ὀϐελίσκοι, les Latins *aguglia*, les Arabes *messaleth Pharaun*, aiguilles de Pharaon, dénomination commune à tous les rois d'Égypte, que les Égyptiens eux-mêmes appeloient en leur langue *doigts du Soleil*, ne furent point des monumens élevés par la flatterie à l'orgueil des Souverains. Leur inventeur *Thot*, que les Grecs appellent *Hermès*, & les Latins *Mercure*, y consacra, dit-on, à l'utilité publique, les découvertes faites jusqu'à lui dans les sciences & les arts, avec les siennes propres, ainsi que les mystères les plus sublimes de la Nature & de son Auteur.

Cham, fort instruit des faits antérieurs au déluge, rempli de l'orgueil de se rendre célèbre dans la postérité, crut

---

humaine : le ciel visible & le feu étoient les objets de leurs adorations. Ce qui nous reste de l'architecture des Perses, montre qu'ils donnoient dans l'excès des ornemens, ce qui faisoit perdre à leurs bâtimens beaucoup de la grandeur majestueuse qu'ils avoient d'ailleurs. On ne peut rien assurer sur l'antiquité des pagodes ou temples des Gentils qui habitent la péninsule du Gange. Un des monumens les plus curieux de ce genre, qui subsiste encore, est la fameuse pagode de Chalambrom ou de Chilambaran, dont le frontispice a de vingt à vingt-deux toises de hauteur. Au caractère des ornemens & des figures qui la décorent, on ne peut pas raisonnablement la supposer très-ancienne. Une des singularités de cet édifice si éloigné du bon goût d'architecture & du nôtre, sont deux piliers avec leur frise & leur corniche sciés dans le même bloc, unis entre eux par une chaîne de pierres prises aussi dans le même bloc, & les deux piliers, opposés l'un à l'autre, sont séparés entre eux de toute la largeur de l'intérieur de l'édifice, c'est-à-dire, d'environ quatre toises.

pouvoir ufurper les titres des Sages du premier âge, parce qu'il avoit une partie de leurs connoiffances ; mais il en abufa pour fon intérêt particulier en les dénaturant. Thot, quoique de fa race, entreprit de rétablir les principes du vrai culte tranfmis par les Patriarches de générations en générations, & les grava fur des obélifques, pour les perpétuer & les conferver dans leur pureté originelle. Retenu cependant par les préjugés de fon temps, il les enveloppa d'emblèmes, & fe fervit pour les tranfmettre aux Sages de fon pays, de caractères myftérieux qui par la fuite donnèrent malheureufement lieu à de fauffes interprétations, qui furent après lui une fource d'égaremens pour les gens inattentifs & fuperficiels.

Quant aux préceptes moraux plus à la portée du vulgaire, il adopta pour les tranfmettre une manière plus claire ; c'eft-à-dire, une écriture ufuelle, dont il refte encore des monumens ; mais cette haute fageffe des premiers Égyptiens, à laquelle les Livres facrés rendent eux-mêmes témoignage, qui précéda la naiffance de Moïfe, qui, fous l'adminiftration de Jofeph, fils de Jacob, fut dans toute fa force, dégénéra infenfiblement dans d'abominables fuperftitions, comme une eau limpide à fa fource, fe charge dans un long cours de mille impuretés, & fe dénature au point de devenir auffi méconnoiffable que dangereufe.

La matière de ces obélifques eft une forte de marbre de diverfes couleurs, qui ne le cède en rien au porphyre, mais plus difficile à traiter, vu fon exceffive dureté ; qualité qui dut le faire préférer pour l'objet que fe propofoit l'inventeur.

Les gens qui cherchent du myftère à tout, donnent d'autres raifons de cette préférence ; ces monumens, difent-ils, étoient confacrés au Soleil, dont le domaine s'étend fur tous les élémens. Le fond de la couleur de cette pierre eft le rouge qui y domine, emblème du feu, principe de la vie & de l'activité de la Nature. Le fond eft mêlé de particules criftallines ou *micacées*, dont la tranfparence eft le fymbole de la diaphanéité de l'air; il eft femé de taches bleues & noires, dont les premières défignent l'eau, & les autres par leur opacité, l'élément groffier de la terre. Elle étoit encore parfemée de petites particules d'or: *lapis Thebaïcus guttis interftinctus aureis* *, qui, felon eux, font l'emblème du Soleil. Mais, fans nous arrêter à des conjectures qui n'ont de fondement que dans l'imagination des gens qui les ont mifes en avant, nous pafferons à la différence, qui confifte ou dans leurs diverfes hauteurs, leurs proportions, les caractères qui y font gravés, ou en ce qu'ils n'en portent aucun.

** Pline, lib. XXXVI, cap. 8.*

On trouve encore en Égypte de ces fortes de monumens qui n'ont pas plus de dix à douze pieds de hauteur; on en voit à Rome qui en ont de vingt à trente, de foixante & dix à quatre-vingts & jufqu'à cent quarante. Il y en a d'Ifaèdres dont les côtés font égaux, d'autres dont la bafe eft un parallélogramme. Les gens à conjectures croient encore avoir trouvé des raifons de cette différence, & prétendent que les obélifques à côtés égaux furent confacrés aux Dieux, & les autres érigés à la gloire des Monarques qui fe rendirent célèbres; mais ce qu'il y a de plus probable en cela, c'eft que cette différence vint fimplement de celle des longueurs & épaiffeurs des blocs détachés de leur matrice. Quant aux différences effentielles, elles confiftent, comme on l'a vu ci-deffus, dans les caractères qui y furent gravés, qui ne devant point exprimer les mêmes chofes, dûrent être ou

différens

différens ou différemment ordonnés : comme il eſt prouvé
par la ſimple inſpection de ces Monumens.

Ces ſortes de pyramides furent tronquées à leur ſommet,
& terminées par une autre petite pyramide nommée le
pyramidion ; parce que ſi l'on eût voulu les évider dans la
proportion de leur baſe, il eût fallu leur donner une hauteur
infinie ; au lieu qu'on adopta la proportion décuple, de ſorte
qu'un obéliſque de quatre pieds de baſe eut quarante pieds
de hauteur. Celui de dix pieds en eut cent juſqu'au *pyramidion,* dont la hauteur fut fixée à la longueur d'un des
côtés de la baſe pour les obéliſques Iſaèdres, & à celle du
plus grand côté de cette même baſe pour ceux dont les
faces étoient inégales. La différence de la largeur de l'obéliſque, de ſa baſe à ſon ſommet, le *pyramidion* non
compris, étoit de deux tiers ; le ſommet fut donc le tiers
de la baſe.

Ceux que les empereurs Romains firent venir à Rome,
ſont diviſés en trois claſſes, dont quatre de la première ;
ſavoir, l'obéliſque du Vatican, celui de Saint-Jean-de-Latran,
le Flaminien & celui du champ de Mars. Ceux de la
ſeconde ſont l'obéliſque Pamphile, le Barbarin ou Veranus,
l'Eſquilinus & le Saluſtianus. Enfin, ceux de la troiſième
claſſe ou les plus petits, ſont le Mahutæus, celui de Médicis,
le Scaurocelius, & un quatrième tronqué placé devant le
collége Romain. Nous parlerons de chacun d'eux à l'article
de Rome, comme faiſant actuellement partie des monumens
de cette ville encore ſi célèbre, quoiqu'infiniment déchue
de ſa ſplendeur antique.

Les obéliſques de la ſeconde & de la troiſième claſſe,
ſont plus intéreſſans pour les Philoſophes que les grands, en
ce que plus près des premiers temps de l'Égypte, ils furent

I.^{ers} ÂGES
DU MONDE.

ÉGYPTIENS.

D

réellement & uniquement deſtinés à ſervir de dépôt aux vérités du premier ordre, dont la trace s'étoit obſcurcie ou perdue dans preſque tous les eſprits ; vérités qui ne paſsèrent aux Sages qu'avec la connoiſſance de l'écriture ſymbolique, dont leur inventeur ſe ſervit pour les perpétuer : mais ſi dès les premiers temps elles furent à la portée de peu de gens, au lieu de les dégager peu-à-peu des ſuperſtitions dans leſquelles la nation Égyptienne fut plus enſévelie qu'aucune autre de la Terre, leurs prêtres intéreſſés ſans doute à conſerver des erreurs qui leur profitoient, les laiſsèrent invétérer au point que la vérité n'a pu percer l'enveloppe épaiſſe qui l'obſcurcit depuis que ce peuple ſubſiſte.

Au reſte, lorſqu'on a eu le malheur de perdre la notion ſi ſimple & ſi naturelle d'un Être unique, agent univerſel & ſuprême, la ſuperſtition ſe fait bientôt une foule de divinités locales & tutélaires pour y ſuppléer. Une pierre de figure bizarre, les plantes les plus communes, l'animal utile comme le plus dangereux, le reptile le plus dégoûtant & le plus vil inſecte, deviennent des objets de culte *(c)* ; auſſi, quoique chaque nôme de l'Égypte eût ſa divinité propre, dont les caractères reconnus étoient expoſés au lieu le plus éminent des temples pour être diſtingués des autres, la ſuperſtition n'en voulut déſobliger aucune de celles qu'on adoroit ailleurs, & leurs caractères furent prodigués dans les temples, ſur les monumens publics, & même juſque dans les tombeaux.

Après le culte divin, on ſait qu'un des points capitaux de la religion Égyptienne fut le ſoin de la ſépulture des morts. Soit qu'on le faſſe dériver de la croyance où l'on étoit,

---

(c) O ſanctas gentes, dit ironiquement Juvenal, *quibus hæc naſcuntur in hortis numina !*

dit-on, en Égypte, que l'union de l'ame avec le corps
fubfiftoit tant que ce dernier n'étoit point décompofé, ou de
toute autre fource; il eft certain que nulle part on n'eut un
tel refpect pour eux. Ces maffes énormes, qu'on appelle les
pyramides d'Égypte, ne furent élevées que pour être les
tombeaux des Souverains. Les gens d'un ordre fupérieur
faifoient creufer des cryptes ou des fouterrains, où les corps
après avoir été lavés, embaumés & bien entourés de ban-
delettes, étoient dépofés dans des cercueils découverts, de
bois de ficomore ou de pierres creufées de même forme que
le corps, & rangées fur des bancs débordant de deux pieds
le vif du roc duquel ils étoient taillés; ce roc étoit de la
blancheur de l'albâtre, mais d'une qualité plus tendre; ces
excavations fe faifoient à trente ou quarante pieds de profondeur, & par la quantité des pièces qui y étoient creufées,
ils formoient de vrais labyrinthes, qui n'avoient d'autre entrée
qu'une forte de puits quarré de même profondeur que le
crypte où il conduifoit: la muraille à laquelle étoit adoffé
le cercueil, étoit chargée de hiéroglyphes qui exprimoient
pour l'ordinaire l'éloge funèbre du défunt. Les enfans étoient
dépofés fur de petits focles de pierres au milieu de
ces caveaux.

Outre ces fouterrains, les Égyptiens en avoient d'efpèces
différentes, deftinés à y célébrer les myftères de leur religion;
ces lieux étoient de la plus grande obfcurité. A certains
jours le Pontife, revêtu des mêmes habits que la Divinité
principale, y defcendoit avec fes Prêtres vêtus comme les
Divinités fecondaires. On voyoit dans ces fouterrains une
pifcine deftinée à purifier les Profélites avant leur initiation,
ou aux expiations; c'étoit par l'obfcurité & le profond filence
qui y régnoient, que les Prêtres préparoient ces Initiés à la

connoiſſance d'un Être ſuprême dont la nature étoit in-compréhenſible ; après quoi ils les mettoient au fait des myſtères cachés ſous les divers emblèmes peints ou gravés ſur les murs de ces ſombres retraites.

Quant aux pyramides qui ont le plus illuſtré l'Égypte, les plus remarquables furent celles qu'on éleva près de Memphis ſur des hauteurs arides & peu fréquentées ; la plus haute, dont chaque côté de la baſe a trois cents vingt-quatre pas, eſt formée de deux cents cinquante aſſiſes de pierres de taille d'une longueur énorme, dont chacune a quarante - cinq pouces de hauteur, ce qui fait neuf cents trente-ſept pieds ſix pouces d'élévation de la baſe au ſommet, qui ne finit pas tout-à-fait en pointe, mais qui ſe termine par un plateau, dont la ſurface peut contenir facilement cinquante hommes debout. Les deux autres, quoique très-hautes, le ſont beaucoup moins que celle dont nous venons de donner les dimenſions.

Outre ces trois principales, on en voit une centaine d'autres éparſes dans ces déſerts de ſable, & dont aucune n'eſt ſenſi-blement dégradée. Bellon, qui nous a donné une relation exacte de ces monumens, s'accorde en tous points à ce qu'en ont écrit Marc Grimani, évêque d'Aquilée, puis Cardinal, & le Prince Radzwill. Ce dernier, qui a décrit ces lieux, dit qu'on voit encore aux environs des pyramides des reſtes de l'ancienne Memphis, mais que le ſable couvre actuellement preſque toute l'étendue qu'occupa jadis cette ville célèbre.

De dix - ſept pyramides qu'on diſtingue des trois dont on vient de parler, celle bâtie aux frais de la courtiſane Rhodope, mérite une attention particulière des amateurs de l'Antiquité, par l'élégance de ſa conſtruction & le choix des matériaux. Outre pluſieurs pièces qui ſe trouvent dans

ſon

fon intérieur, on remarque deux falles vaftes au centre de
cette pyramide l'une fur l'autre, qui renfermoient plufieurs
tombeaux, qu'on croit être des rois d'Égypte; de plus un
très-bel efcalier qui monte de fa bafe à fon fommet.

Ces Monumens divers, ainfi que le nombre prodigieux
de canaux creufés dans toute l'Égypte, l'élévation extraordinaire des chauffées qui les bordoient, fur lefquelles habitoient
les Égyptiens, & qui dans les inondations du Nil donnoient
le fpectacle d'une infinité de villes & de villages, s'élevant
pour ainfi dire du fein des mers, le fameux lac Moeris,
deftiné à fervir de réfervoir dans les grandes féchereffes,
fignalèrent également dans l'Antiquité, la puiffance & l'efprit
de prévoyance des Souverains de ce pays fertile.

De tels travaux ont-ils été faits par les Ifraëlites dans une
captivité de quatre-vingt-fix ans, comme l'ont penfé plufieurs
Auteurs! C'eft un point de difcuffion que nous abandonnons
aux Savans. Ce qui paroît étonnant, c'eft que, quoique ces
pyramides aient été élevées fur des montagnes d'un roc vif,
les matériaux employés à leur conftruction, n'ont point
été tirés de ces montagnes ni des environs, & l'on ne
conçoit guère d'où l'on a pu extraire ces amas immenfes
de pierres énormes, ni comment on a pu les faire parvenir à ces hauteurs; puifqu'il s'en faut beaucoup que le
Nil dans fes plus grandes crûes ne parvienne à ces étonnantes
fabriques.

Entre autres merveilles de ce pays, le voyageur Buratini
cite une efpèce de chapelle confacrée à Minerve, & faite
d'une feule pierre, dont la longueur extérieure eft de
quarante-deux pieds, la largeur de vingt-huit, la hauteur de
feize; la longueur intérieure de trente-huit, la largeur de
vingt-quatre, & la hauteur de dix, le comble légèrement

E

incliné non compris, d'où l'on peut inférer l'épaiffeur des murs & le poids du total.

Ce qu'il y a de plus fingulier, c'eft que cette maffe énorme fut amenée d'Éléphantine à Saïs, à une diftance de vingt journées. Deux mille hommes choifis employèrent, dit - on, trois ans entiers à la conduire à fa deftination; ce qui fe fit fous le règne de Ramefsès Miaun.

Jufqu'ici nous n'avons vu que des fabriques d'un travail immenfe, mais qui n'annoncent pas le goût des proportions recherchées; paffons aux Monumens qui uniffent la magnificence & le goût à la grandeur.

Hérodote met au premier rang le tombeau d'Ofymandias ou Smendis, contemporain de David. Sur un labyrinthe fouterrain s'élevoit au milieu d'un portique circulaire, un édifice de ftructure ronde, furmonté d'un dôme magnifique, dont le rez - de - chauffée, décoré à l'extérieur de colonnes & de figures coloffales, renfermoit le tombeau de ce Prince, avec cette infcription ; *je fuis le roi Ofymandias, fi quelqu'un veut favoir qui je fuis & où je repofe, qu'il furpaffe les ouvrages que j'ai faits.* A l'étage fupérieur étoit la bibliothèque des rois d'Égypte, dont l'entrée portoit cette autre infcription, *remèdes de l'ame.* C'eft fous cet édifice qu'étoit un labyrinthe immenfe, dont la conftruction auffi ingénieufe que magnifique, faifoit l'admiration de l'Antiquité. Les Grecs, dont le goût étoit auffi fûr que fin, en jugèrent fans doute ainfi, puifqu'ils en conftruifirent à Lemnos & dans l'ifle de Crète à l'imitation de ceux des Égyptiens.

Mais quelque admirable que fut la conftruction du précédent, Hérodote nous parle d'un autre labyrinthe double, qu'il met beaucoup au-deffus de ce dernier. Il fut conftruit, dit-il, fur les bords du lac Moeris près de la ville

de Crocodilopolis; &, felon lui, la principale deftination de
cet édifice fut de fervir de tombeau à fon fondateur; il fut
commencé vers l'an du monde 3316. C'eft fans doute à
ces travaux, qui femblent furpaffer les forces humaines, que
fait allufion le paffage d'Ifaïe: *deperdent aquas ne influant
in mare, adeo ut fluvius ficcetur & exarefcat, & retro
abjicientes flumina, exhaurient & ficcabunt rivos ductos
aggeribus.* C'eft ainfi que l'entend Tremellius d'après Hérodote, lorfqu'il dit; « les rois d'Égypte feront violence à la
Nature de toutes fortes de manières en excédant de travaux «
leurs fujets malheureux, en détournant les eaux au point de «
deffécher le Nil pour pouvoir creufer le lac Moeris, élever «
leurs pyramides & conftruire leurs labyrinthes; le tout fans «
autre motif que de fatisfaire leur orgueil & leurs caprices «
par un abus cruel de leur pouvoir. »

Hérodote nous dit encore qu'il vit dans le plus grand
détail le labyrinthe fupérieur, mais que les Prêtres lui
refusèrent l'entrée de celui qui étoit au-deffous. C'étoit dans
ce labyrinthe fupérieur que les Prêtres & les Grands du
royaume traitoient des affaires de la religion & du gouvernement. Dans le labyrinthe fouterrain étoient dépofés les
corps des Souverains & des Princes, avec ce qu'ils avoient
eu de plus précieux, ou ce qu'ils avoient affectionné le
plus de leur vivant. C'étoit fûrement par le motif de ce
refpect religieux qu'ils avoient pour les morts, & plus
particulièrement encore pour les manes de leurs Souverains,
qu'ils en interdifoient l'accès à tout étranger.

Les monumens Phéniciens font de la plus grande rareté;
il eft étonnant qu'une Nation, à qui les Grecs dûrent les
premières notions de l'écriture & des arts, les ait fi
peu cultivés.

Si l'on demande actuellement quel fut l'objet des fondateurs de ces ouvrages immenſes, dont rien avant eux n'offroit de modèles aux Souverains de l'Égypte, & qui n'ont point eu d'imitateurs dans les ſiècles qui ont ſuivi, Pline réſout ou plutôt tranche la queſtion en diſant; que les monarques Égyptiens n'en eurent point d'autre que de faire parade de leur puiſſance & de leurs richeſſes, afin de ſe rendre célèbres dans les ſiècles à venir. Nous oſerons trouver la déciſion de ce grand homme un peu tranchante pour un Philoſophe; nous penſons au contraire que ces Monumens purent avoir un double objet, tous deux dignes d'éloges.

L'Égypte, de l'aveu de tous les écrivains de l'Antiquité, fut le pays le plus fertile de l'Univers. On ſait que la population naît pour l'ordinaire de l'abondance, & qu'elle eſt toujours en raiſon des ſubſiſtances, à moins que des vices moraux ou phyſiques ne s'y oppoſent. On ſait auſſi que la population étoit prodigieuſe en Égypte. Il falloit donc occuper un peuple immenſe, dont l'oiſiveté eût pu être funeſte à l'État; il falloit entretenir dans les eſprits l'heureuſe impreſſion de la plus grande ſoumiſſion à l'autorité, ou l'inſpirer. Il falloit fortifier dans les eſprits le dogme de l'immortalité, ſi utile au gouvernement des peuples & aux progrès des arts; & s'il entra dans les vues des Souverains de l'Égypte de donner à la poſtérité la plus reculée, une haute idée du génie & de la puiſſance de leur nation déjà ſi ſupérieure à ſes contemporains, ce projet n'a rien en ſoi que de très-louable, & nous ne voyons pas qu'on puiſſe les en blâmer.

Nous venons de parcourir les principaux monumens de l'antiquité payenne chez les Chaldéens & les Égyptiens; il eſt temps de paſſer au Monument le plus auguſte & le plus

ſaint

faint qui ait exifté dans l'Antiquité : il eft aifé de s'apercevoir que nous voulons parler du temple confacré au Dieu vivant dans la plus fainte des cités, l'ancienne Jérufalem.

Il n'eft perfonne, pour peu de connoiffance qu'on ait des Écritures faintes, qui ne fache que Dieu donnant à Sinaï les préceptes de fa loi à Moïfe, lui prefcrivit en même temps les règles du culte qu'il exigeoit de fon peuple; avec les rites religieux, il lui donna les dimenfions de l'Arche & du Tabernacle, efpèce de temple portatif qui tint lieu pendant quatre cents quatre-vingt-huit ans de celui qu'il voulut lui être confacré par la fuite.

L'Éternel avoit révélé à fon ferviteur David, que la ville de Jérufalem étoit le lieu qu'il s'étoit choifi pour y élever fon temple *; il s'agiffoit d'en chaffer les Jébuféens : le Dieu des armées donne à ce Prince la force d'en triompher. Bien éloigné de témoigner fur l'arche du Seigneur la même indifférence que fon prédéceffeur : David, en montant fur le trône, réfolut de tirer de la maifon d'Abinadab, l'Arche qui y étoit en dépôt depuis foixante-dix ans, & de la placer fous une riche tente qu'il avoit fait préparer à cet effet fur la montagne de Sion; mais Oza, frappé de mort dans le trajet pour avoir porté fur l'Arche fainte une main téméraire, fufpendit pour quelque temps encore l'effet de cette fainte réfolution; & David ayant compris que le malheur d'Oza n'étoit venu que faute d'avoir eu affez de miniftres pour une telle folennité, il en convoqua un grand nombre. Ce précieux gage de l'alliance du Seigneur avec fon peuple, fut amené à Jérufalem avec la pompe requife, & cette ville fut dès-lors fanctifiée par une préfence plus particulière de fon fouverain Seigneur.

Les mains de David, teintes du fang des ennemis d'Ifraël,

I.^{ers} ÂGES
DU MONDE.

JÉRUSALEM.

* *Elegit in habitationem fibi.*

F

ne furent pas jugées affez pures pour élever un temple au Dieu de toute pureté & de toute fainteté. Cet honneur étoit réfervé au fage & pacifique Salomon; mais David voulut du moins coopérer à ce faint œuvre en raffemblant de fon vivant les matériaux de cet édifice, dont la magnificence devoit répondre à l'idée que fa foi vive lui avoit fait concevoir de la majefté du Dieu vivant. Il en laiffa même le plan & le modèle à fon fils, afin que rien n'en retardât l'exécution. Salomon fut à peine affis fur le trône de Juda, qu'il travailla à l'exécution de ce grand deffein. On bâtit le temple fur le modèle du Tabernacle; mais tout y fut infiniment plus grand & plus riche.

Sur un très-vafte emplacement, fut faite une première enceinte quarrée de bâtimens, pour loger tous les miniftres inférieurs du temple; entre cette enceinte & la feconde, étoit un efpace confidérable appelé le *parvis des Gentils*. La feconde enceinte formoit un portique quarré; c'étoit fous ces vaftes galeries que s'affembloit le Peuple élu, pour prier: on l'appeloit le *parvis des Ifraëlites*. La troifième enceinte laiffoit entre elle & le temple proprement dit, un efpace qu'on appeloit le *parvis des Prêtres*. L'édifice, confacré pour fervir de temple, comprenoit le veftibule, le Saint & le Saint des Saints. Dans le veftibule étoit la mer d'airain qui fervoit aux Prêtres pour fe purifier avant & après le facrifice. Le Saint renfermoit le Chandelier d'or à fept branches, la Table des pains de propofition & l'Autel d'or, fur lequel on offroit les parfums. Le Sanctuaire ne renfermoit que l'Arche d'alliance avec les Tables de la Loi. Ce lieu avoit été magnifiquement orné par le Tyrien Hiram, & de palmiers en reliefs, de Chérubins revêtus de lames d'or; tout l'intérieur du temple étoit décoré d'ornemens précieux & d'un goût exquis.

Lorſque Salomon eut mit la dernière main à ce grand ouvrage, il en fit la dédicace avec toute la ſolennité & la magnificence qu'exigeoit la majeſté de l'Être ſuprême auquel il étoit conſacré. La Divinité ſembla s'y plaire, & manifeſta ſa préſence auguſte par des ſignes éclatans & ſenſibles: *ignis deſcendit de cœlo & devoravit holocauſta & victimas, & majeſtas domini implevit domum.* Ce gage de la protection du Seigneur remplit d'une ſainte terreur le Monarque, les Prêtres & le peuple.

I.^{ers} ÂGES DU MONDE.

JÉRUSALEM.

Cet édifice ſacré, le premier & l'unique temple où Dieu voulût alors être adoré en eſprit & en vérité, ſubſiſta quatre cents ſeize ans; mais dans cet intervalle il fut pillé par Setack roi d'Égypte, appelé en Judée par Roboam la cinquième année de ſon règne. Il en enleva tous les vaſes que Salomon avoit fait faire d'or pur, & l'on fut obligé de les remplacer par des vaſes d'airain, trente-ſix ans après la conſécration du temple.

Achaz le pilla une ſeconde fois. L'impie Manaſſé le profana en y plaçant les dieux des Gentils; enfin en punition des abominations qui s'y commettoient par les Prêtres & le peuple, Dieu s'en retira & l'abandonna à la vengeance de Nabuchodonoſor qui le renverſa de fond en comble.

Il ſortit de ſes ruines après la captivité de Babylone; mais bien au-deſſous de ce qu'il étoit dans ſon premier état. Dieu le livra enſuite aux profanations de l'impie Antiochus qui y plaça la ſtatue de Jupiter Olympien, & abolit le ſacrifice perpétuel. Purifié par le zèle de Judas Machabée, le culte y fut rétabli, & ſubſiſta ainſi juſqu'au temps d'Hérode le Grand.

Comme le ſecond temple tomboit en ruines, ce Prince le fit rétablir ou reſtaurer avec beaucoup plus de magnificence;

I.^{ers} ÂGES
DU MONDE.

JÉRUSALEM.

Ce fut cet édifice rétabli que Tite renversa l'an soixante-dix de l'Ère chrétienne. Il en avoit été bâti un autre à Gazirim dans la province de Samarie, par Manassès fils du Grand-Prêtre Jaddus, chassé de Jérusalem pour ses crimes. Le fils de ce Pontife rompit la communion, & éleva autel contre autel. Ce temple, plus célèbre par le schisme qu'il occasionna que par sa construction, fut détruit par Jean Hircan, de la race Assamonéenne, l'an du monde 3874.

La Judée ne se distingua jamais par aucun autre monument célèbre; la peinture & la sculpture, sévèrement proscrites par la religion de ce pays, excluoient toute espèce de magnificence dans les édifices, soit publics, soit particuliers. Le seul art d'ornement qui nous soit venu des Hébreux, est la marqueterie, d'où est sorti le genre de peinture qu'on appelle *mosaïque*. L'Écriture nous dit que Nabuchodonosor emmena mille ouvriers de ce genre de Jérusalem à Babylone, lors de sa première incursion dans la Palestine *.

* *Reg. II,
cap. XXIV,
v. 16.*

PALMYRE.

Nous ne quitterons point l'Orient sans parler de Palmyre. Cette ville, dont Salomon fut le fondateur, indique par ce titre, un rapport si prochain avec la Judée, que nous croyons devoir lier le peu que nous avons à en dire, à l'article de la Palestine.

Cette ville fut bâtie dans un désert de la Syrie sur les confins de l'Arabie déserte, & à une journée environ des rives de l'Euphrate. Son premier nom fut Thamor; l'immensité de ses ruines, les vestiges récemment découverts d'une infinité d'édifices considérables, attestent sa grandeur & sa magnificence passées.

Les Sarasins, qui s'en rendirent maîtres par la suite, lui redonnèrent son premier nom de Thamor, & elle sera toujours intéressante par la puissance d'Odenat son souverain,

&

& plus encore par le courage héroïque de la reine Zénobie. On y découvre chaque jour de précieux reftes des plus beaux monumens de l'architecture Grecque dans toute fa pureté, & d'infcriptions curieufes écrites dans la langue qu'on parla jadis en ce pays *(d)*.

Des rapports finguliers entre les Égyptiens & les Chinois, que la connoiffance des mœurs, des coutumes, de la légif-lation, de la police & même de la religion, nous découvrent tous les jours, nous engagent à terminer par ces derniers, l'article des monumens de l'Orient.

Depuis que la découverte de la route des Indes par le cap de Bonne-efpérance, a fait entrer les Européens en commerce avec toutes les nations orientales, & particulière-ment avec les Chinois par les Miffionnaires, ces rapports ont induit à penfer que cette nation devenue fi célèbre, pourroit bien devoir fon origine aux Égyptiens. Quelques auteurs n'en font aucun doute; mais notre objet n'étant que de parler de *Monumens,* nous ne les fuivrons pas dans le détail des raifons qu'ils allèguent pour fonder leurs affertions ou leurs conjectures.

Cette nation fi policée, fi fage, ne paroît avoir dirigé fes vues que vers le bien général. Auffi les Monumens qu'on y trouve, femblent n'avoir été confacrés qu'à fes Dieux ou à l'utilité publique; ils font en grand nombre, mais peu variés dans leurs efpèces. Ce font pour la plupart des mon-tagnes taillées, des temples, des ponts d'une conftruction fingulière & hardie, d'immenfes canaux qui font en plus

---

(d) M. l'abbé Barthélemi, de l'Académie des Infcriptions, a donné un alphabet Palmyrénien, & l'explication de plufieurs Infcriptions trouvées dans les ruines de cette ville.

G

grand nombre, & plus confidérables en longueur qu'en aucun autre pays du monde.

Les plus remarquables du premier genre font deux montagnes voifines de la province de Chiamfi, dont les fommets font taillés de forte qu'ils repréfentent l'un un dragon, l'autre un tigre en action de combattre; on obfervera que les Chinois emploient cette figure dans tous les ornemens qu'ils font : les temples, les grands édifices en font chargés, & jufqu'à leurs drapeaux portent tous cette figure.

Dans la même province il fe trouve une montagne à fept fommets, qui font taillés en colonnes tronquées, & difpofés de forte qu'ils ont la figure de la conftellation que nous appelons la *Grande Ourfe ;* ils la connoiffent auffi fous un nom, qui dans leur langue fignifie la même chofe.

Dans celle de Fokien on en voit une immenfe, dont le fommet repréfente l'idole *Fé* affis les jambes croifées fous lui & fes bras croifés également fur la poitrine. Ce coloffe-montagne eft pour le moins tel que celui que l'architecte Dinocratus, au rapport de Vitruve, propofoit à Alexandre de faire du mont Athos.

L'édifice le plus remarquable eft une tour pyramidale octogone à neuf étages, dans la même province de Fokien; cette tour qui, felon le Père Martini, a neuf cents coudées de haut, eft terminée à fon fommet par une idole accroupie, de cuivre doré. Or en évaluant la coudée à quinze pouces, cette tour auroit, felon le Miffionnaire, onze cents vingt-cinq pieds de hauteur, ce qui eft prodigieux. On a gravé ce monument, & l'échelle ne donne pourtant que deux cents pieds; cette évaluation eft bien plus raifonnable : il eft tout revêtu au-dehors de très-belle porcelaine, & l'intérieur l'eft d'un marbre très-noir, d'un poli admirable. On monte d'un étage à l'autre par un escalier en vis, dont la rampe est de fer doré : c'est le seul édifice de ce genre qui mérite une attention particulière.

Le nombre des ponts est très-considérable, & répond à celui des canaux qui traversent en tous sens ce vaste Empire. Entre les plus remarquables, sont celui de la province de Logang, celui de la province de Quicheu d'une seule pièce de rocher ; un troisième pour la communication directe de Siganfu & Hauchung ; un quatrième proche de Chogan dans la province de Xamsi sur le fleuve *Fi.* Chacun d'eux est remarquable à plus d'un titre, soit par la longueur, la hauteur, la hardiesse, la singularité, ou la difficulté de l'exécution.

La fameuse muraille imaginée pour arrêter les incursions des Tartares, & qui n'a jamais été qu'un foible obstacle pour eux, est l'un des plus grands monumens de la Terre, & des mieux conservés. On ne peut concevoir comment cette prodigieuse entreprise a pu être terminée dans l'espace de cinq ans seulement, & que cette muraille puisse être telle qu'on la voit après vingt siècles.

Dans le nombre infini de canaux, nous ne parlerons que du canal *Jun,* dont les écluses sont faites avec un tel art, que de l'une à l'autre rien ne se perd de l'eau nécessaire pour faire traverser tout l'Empire aux vaisseaux Chinois de quelque grandeur qu'ils soient.

Quant aux palais des Empereurs, aux Tribunaux supérieurs, aux hôtels des Mandarins, rien ne les distingue des maisons des particuliers, que le plus ou le moins de terrain qu'ils occupent, la décoration intérieure & les effets précieux qu'ils renferment.

S'il exifta anciennement dans la haute Afie d'autres monumens qui duſſent avoir place dans ce Diſcours, le temps, la barbarie des peuples qui l'habitent, les ravages des guerres en ont tellement fait perdre la trace, qu'on n'en retrouve plus rien. Nous n'avons garde de nous égarer dans de vaines recherches, lorſque tout nous appelle dans le pays qu'on peut regarder comme leur véritable patrie, qui en produiſit le plus dans tous les genres, & où ils furent portés à une perfection à laquelle tous nos efforts n'ont encore pu nous faire atteindre, quoique nous en ayons ſous les yeux les plus parfaits modèles.

A peine les Lettres ou plutôt une ſimple écriture uſuelle & quelques notions groſſières des arts, furent apportées dans la Grèce, qu'ils s'élevèrent rapidement à la perfection; ſemblables à ces plantes qui n'attendent pour fructifier qu'un terroir qui leur ſoit propre.

Le ciel de cet heureux pays, la douce température du climat, la fertilité du ſol, la forme du gouvernement, les récompenſes décernées au courage & à la vertu, la nobleſſe & la ſublimité des conceptions inſpirées par la liberté, le cas qu'on faiſoit des artiſtes & de leurs productions, la manière d'adjuger les Prix à ceux qui excellèrent, l'emploi des arts, tout enfin dans cette région favoriſée des plus douces influences du ciel, concourut à élever les arts au plus haut degré poſſible; &, quoique nés dans ce pays beaucoup plus tard que dans l'Aſſyrie & l'Égypte, ils y furent, à proprement parler, originaux. La preuve en réſulte de l'extrême ſimplicité des premiers eſſais qui ne furent d'abord que des pierres taillées en gaines, ſurmontées d'une tête que les Grecs appelèrent *Ermai*, Ἔρμαι; il ne paroît nullement probable qu'ils aient rien appris des Égyptiens,

puiſqu'il

puifqu'il eft démontré que l'art exiftoit chez eux avant que
l'entrée de l'Égypte eût été permife à aucun étranger. S'ils
ont appris quelque chofe des Orientaux, ce fut tout au plus
des Phéniciens, que le génie commerçant mettoit en relation
avec tous les peuples connus dans cette haute Antiquité.

La Nature a fait la Grèce de la température la plus égale;
plus gaie, plus douce, plus agréable que par-tout ailleurs,
les formes qu'elle y produit, font de la plus grande beauté :
le fol n'y engendre que des plantes généreufes & bienfai-
fantes ; ces qualités réunies donnent aux créatures humaines
le degré le plus parfait de fineffe & de régularité. Les
Artiftes nourris dans la contemplation des belles formes,
ne purent donc par l'influence du climat même, que tendre
& arriver promptement à la perfection.

La liberté affife fur le trône des Rois qui gouvernoient
leurs fujets plutôt en pères qu'en maîtres *(e)*, favorifa ce
goût. La liberté indéfinie qui fuccéda à cet État dans
l'Attique, éleva encore les idées des Artiftes de ce pays.
Les honneurs décernés aux vainqueurs dans quelque genre
que ce fût, leur fournirent autant d'occafions de faire preuve
de leurs talens. Exercés de bonne heure à méditer, à fentir,
les Grecs étoient à vingt ans des êtres penfans, des hommes
confommés dans les genres auxquels ils s'étoient appliqués;
au lieu que notre éducation molle & délicate, notre goût

(e) Homère appelle Agamemnon *Pafteur du peuple,* pour faire connoître la
tendreffe de ce Prince pour fes fujets, & le foin qu'il avoit de leur bien-être.
S'il y eut des tyrans à Samos, à Syracufe, ce mot ne comportoit pas la même
idée que nous y avons attachée; il ne fignifioit qu'une puiffance ufurpée, mais
qui n'opprimoit pas; comme nous avons vu dans les temps modernes Côme
de Médicis devenir maître de Florence, & mériter de fes concitoyens le
titre de *Père de la patrie,* qui lui fut décerné par un decret public après fa
mort: c'eft-à-dire, à l'époque où d'ordinaire la juftice éteint l'encens que la
flatterie brûle à l'orgueil.

H

pour la frivolité, fait qu'on ne voit, pour ainfi dire, chez nous que de vieux enfans.

La confidération attachée au talent, fut fur-tout le plus puiffant motif pour animer les Artiftes, qui n'étoient pas traités en ouvriers dans un pays où l'on fentoit tout le prix du génie dans les arts. Un Artifte pouvoit prétendre à la même confidération qu'un Philofophe. Éfope & Socrate leur faifoient cet honneur de les regarder comme de vrais Sages, & s'honoroient affez eux-mêmes pour préférer leur fociété à toute autre.

Marc-Aurèle, cet Empereur philofophe, n'a point rougi de publier qu'il avoit obligation au peintre Diognète des connoiffances & des vertus qu'on vouloit bien trouver en lui.

L'orgueil d'un particulier riche & infolent, comme font en général les prétendus connoiffeurs, ne mettoit pas le prix aux chef-d'œuvres des Arts. Les plus fages & les plus éclairés d'entre les Grecs, jugeoient & couronnoient les talens. Ce n'étoient pas les noms, c'étoient les ouvrages qu'on y jugeoit. L'Artifte inconnu pouvoit comme le plus célèbre fe mettre fur la ligne des Phydias & des Praxitèles, des Appelles & des Zeuxis, & quelquefois l'emporta fur eux. Leurs juges n'étoient pas de cette claffe que nous appelons *Amateurs (f)* pour donner un titre à l'ignorance; car la jeuneffe la plus diftinguée fréquentoit également le Portique & les ateliers.

(f) On n'entend parler ici que de ces gens qui, avec les connoiffances les plus fuperficielles dans les arts, jugent hardiment les productions des Artiftes, & fouvent les découragent par leurs injuftes critiques. On doit fingulièrement honorer ceux qui, comme le feu comte de Caylus, avec de profondes connoiffances & le goût le plus éclairé, cherchent dans les ouvrages des Artiftes de leur temps ce qu'ils ont de bon, leur donnent les confeils les plus utiles, les encouragent & les protègent.

Tout ce qui mérita quelque reconnoiſſance de la part du Public, de quelque genre qu'il fût, devint aſſuré de l'obtenir. L'Architecte qui conduiſit l'aqueduc de Samos, le Charpentier qui y conſtruiſit le plus grand vaiſſeau, le Tailleur de pierre qui ſe diſtingua le premier dans la manière de tailler le fuſt des colonnes, deux Tiſſerans qui firent le manteau de Pallas, un Lancier qui excella par la juſteſſe des balances qu'il faiſoit, le Sellier qui fabriqua le bouclier de cuir d'Ajax, un homme enfin qui trouva le ſecret de tailler les pierres de manière à s'en ſervir comme de tuiles, virent leurs noms conſacrés au temple de Mémoire.

L'art ſtatuaire & celui de la peinture, n'eurent pour objet que les Dieux, les Héros & les actions utiles à la patrie, & non des poupées & des magots. La ſimplicité, la propreté régnoient chez les citoyens de quelqu'ordre qu'ils fuſſent : les Légiſlateurs ou les Libérateurs de la patrie n'étoient pas autrement logés que le ſimple particulier *(g)* ; mais les chef-d'œuvres des arts ornoient les places, les portiques, les rues, les ports, les temples, les tribunaux. Tout ce qui étoit public devenoit ſacré pour les Grecs, & rien n'étoit épargné pour l'embellir.

Le Pyrée, le Pécyle, le Ceramique, le Prytanée, le Portique, le Lycée, les places & les chemins publics offroient à chaque pas les ſtatues des dieux & des héros, ou les tombeaux des grands hommes. Pénétrée de repentir de ſon injuſtice à l'égard de Thémiſtocle, Athènes fait revenir

---

(g) La modeſtie extérieure dut être l'apanage particulier des perſonnages les plus diſtingués dans une République jalouſe de ſa liberté au point de s'offenſer de l'excès de la vertu, & de le punir par l'exil. Thémiſtocle, Ariſtide & tant d'autres en ſont la preuve. Quelque puiſſant que fût un citoyen, il n'eût oſé bleſſer les yeux de ſes compatriotes par des bâtimens, dont l'éclat eût expoſé leur auteur à la jalouſie publique.

ſon corps de Magnéſie, & conſacre à ce grand homme, au Pyrée qu'il avoit fait bâtir, un tombeau magnifique qu'on y voyoit encore du temps de Pauſanias.*

L'architecture n'atteignit pas, ſitôt que la peinture & la ſculpture, la perfection où elle arriva par la ſuite; la raiſon en eſt ſimple. La contemplation de l'homme dans les objets de la Nature, ſuffiſoit pour établir les règles de ces arts; au lieu que l'architecture avoit tout à faire pour les fonder. Elles ne pouvoient être que la ſuite d'une multitude de comparaiſons & de rapports, dont l'enſemble devoit réunir tous les ſuffrages pour former & fixer l'art.

Ni l'Aſie, ni l'Égypte ne purent prétendre à la gloire d'avoir trouvé ni connu les véritables beautés de l'architecture; le génie de ces nations tourné vers le gigantesque, s'occupa plus de la grandeur énorme des édifices, que de la nobleſſe & de la grâce des proportions. On peut s'en convaincre autant par ce qui nous reſte des monumens de l'Orient, que par les deſcriptions que nous trouvons dans les auteurs de ceux qui n'exiſtent plus.

C'eſt le génie des Grecs qui a enfanté les compoſitions ſuperbes qui réuniſſent l'élégance à la ſublimité; ce ſont eux qu'on doit regarder comme les inventeurs de l'architecture: ils l'ont entièrement créée. Selon Vitruve, ils imaginèrent d'abord de donner à leurs colonnes la même proportion qui ſe trouve entre le pied de l'homme & le reſte de ſon corps, regardant le pied comme la ſixième partie de ſa hauteur totale, & en conſéquence ils donnèrent à la colonne ſix fois la longueur de ſon diamètre; enſuite pour mettre plus d'élégance dans leurs compoſitions, ils prirent pour modèle le corps de la femme, & donnèrent aux colonnes huit fois la longueur de leur diamètre: ils y firent des canelures pour

imiter

imiter les vêtemens, des volutes aux chapiteaux pour
repréfenter les boucles des cheveux, & ils y ajoutèrent une
bafe faite en manière de cordes entortillées pour être comme
la chauffure de ces colonnes. Ion fut l'inventeur de cet
ordre d'architecture qui fut appelé *Ionique* de fon nom;
comme Dorus fils d'Hellen donna, dit-on, le fien à
l'ordre *Dorique*.

On feroit infini fi l'on entreprenoit feulement de faire un
fimple catalogue des productions de l'Art chez les Grecs,
& des monumens que l'efpoir, la crainte, la reconnoiffance,
l'amour, l'amitié, la flatterie, élevèrent dans les différens
temps de la Grèce, aux Dieux, ou aux hommes célèbres
ou puiffans; ceux qui ont rapport à quelques faits hiftoriques
& connus qu'ils confirment & conftatent, ainfi que les
monumens allégoriques, comme étoient la lionne de bronze
fans langue, faite à Athènes par Iphicrate & placée à côté
d'une ftatue de Vénus, monument qui faifoit allufion à une
courtifane qui portoit le nom de Lionne & qui aima mieux
fe couper la langue que de révéler aux partifans d'Hyppias,
fils de Pififtrate, les complices du meurtre d'Hipparque;
le cheval & l'écuyer que fit faire Darius pour rappeler à la
poftérité la manière dont il parvint à l'empire des Perfes;
l'âne d'airain que firent faire les Ambraciotes en mémoire
de celui qui leur fit découvrir une embuche des Moloffes,
ainfi que quantité d'autres du même genre.

Nous nous bornerons donc à rappeler dans ce Difcours
les monumens qui ont fait dans la Grèce la gloire de leurs
auteurs & l'admiration de la poftérité.

Tels furent les labyrinthes fauffement attribués à Dédale,
& qui furent conftruits par Satyrus dans les îles de Lemnos
& de Crète à l'imitation de ceux des Égyptiens. Le temple

I

2.me ÂGE
DU MONDE.

GRÈCE.

* *Diog. Laër.
l. I, fig. 1 0 3.*

*Pauf. l. VIII,
cap. 1 4.*

fameux confacré à Diane dans la ville d'Éphèfe *(h)* ; cet édifice qu'on mit au rang des merveilles du monde, fut bâti fur les deffins de l'architecte Ctéfiphon ; il fut conftruit dans un lieu marécageux pour le mettre à l'abri des fecouffes des tremblemens de terre, fréquens dans ces contrées ; mais pour que cette maffe énorme ne s'affaiffât point dans un terrain fangeux, on dit que l'Architecte, après en avoir fait creufer les fondemens, y fit mettre du charbon pilé qu'il fit couvrir de peaux de moutons garnies de leur laine *. Nous ne voyons pas que ceux qui font venus après lui, aient fait ufage de cette invention, plus fimple & moins coûteufe que les pilotis. Nous verrons cependant dans le cours de cet Ouvrage un autre exemple de charbon pilé, mêlé avec de l'argile & mis au fond des fondations d'un vafte édifice pour lui donner la folidité néceffaire.

Cet édifice avoit quatre cents vingt-cinq pieds de long & deux cents vingt de large ; les voûtes étoient portées dans l'intérieur par cent vingt-fept colonnes dont trente-fix étoient ornées de fculptures exquifes. Pline dit qu'on employa deux cents vingt ans à conftruire ce fameux édifice ; que les plus habiles artiftes de l'Afie y furent employés. Hérodote qui en parle avec éloge le met cependant bien au-deffous des ouvrages de l'Égypte. Sur quoi nous obferverons, ou que l'Architecture étoit encore, du temps d'Hérodote, fort au-deffous de la perfection où elle arriva dans la Grèce, ou que cet Hiftorien fut plus affecté de l'immenfité des fabriques Égyptiennes que des proportions de la belle architecture.

(h) Les célèbres Étienne, ces Imprimeurs fi favans, nous difent que la ville d'Éphèfe fut d'abord bâtie dans un enfoncement ; mais qu'ayant été fubmergée plufieurs fois, Lyfimachus la fit rebâtir dans un lieu plus élevé, & lui donna le nom d'*Arfinoë*, qui étoit celui de fa femme : mais après la mort de l'un & de l'autre, cette ville reprit fon premier nom.

Pour fuivre avec ordre les monumens des Grecs dans les colonies qu'ils fondèrent dans l'Afie mineure, nous parlerons ici de ce monument célèbre confacré par l'amour conjugal à la mémoire d'un époux chéri; le tombeau élevé à Maufole, roi de Carie, par Artémife, qui a donné le nom de *Maufolée* à tous les grands monumens de ce genre *(i)*.

2.me ÂGE DU MONDE.

GRÈCE.

Entre une infinité de ftatues coloffales de diverfes matières, on cite celle d'airain confacrée à Jupiter par les Éléens après avoir terminé leurs longues querelles avec les Arcadiens[a]; elle avoit vingt-fept coudées de hauteur : celle confacrée à Hercule & à Minerve dans le temple de ce Dieu à Delphes, par Trafibule fils de Lycus, après l'expulfion des trente tyrans qui opprimoient Athènes fa patrie. Ces deux ftatues étoient l'ouvrage d'Alcamènes[b]. On en pourroit citer une infinité d'autres du même genre; mais on ne peut paffer fous filence la plus célèbre de toutes, celle d'Apollon, coloffe d'airain de foixante-dix coudées de hauteur, ouvrage de Carès élève du célèbre Lyfippe ; cette ftatue portoit dans fa main un vafe qui fervoit de phare aux vaiffeaux qui paffoient dans l'obfcurité de la nuit près de l'ifle de Rhodes; elle donnoit paffage entre fes jambes aux plus gros vaiffeaux de ce temps. Un tremblement de terre la renverfa au bout de cinquante-fix ans.

[a] *Pauf. Elia. lib. V, c. 24.*

[b] *Paufanias Bœot. lib. IX, cap. 11.*

Lyfippe fit auffi un coloffe à Tarente, colonie Grecque fur les côtes de l'Italie, qui avoit quarante coudées de hauteur. Lucullus en fit venir un d'Apollonie, ville d'Épire, haut de trente coudées, qu'il fit placer au Capitole. Les Auteurs de

---

(i) Il n'eft point étonnant que les arts aient commencé plus tôt dans les colonies Grecques de l'Afie mineure, que dans la Grèce proprement dite. Ils fe trouvoient établis plus près du berceau des arts que leurs métropoles ; ils ont dû par conféquent les connoître plus tôt, & par une fuite néceffaire arriver auffi avant elles à une certaine perfection.

l'hiſtoire de Néron parlent d'une ſtatue coloſſale d'or pur, faite par les ordres de ce Prince.

Nous avons encore en ſtatues antiques de ce genre, l'Apollon, le gladiateur du palais Borghèſe, l'Hercule dit Farnèſe, qui réuniſſent aux grandes formes les détails les plus convenables & les plus recherchés. Tout ce qui peut y être y eſt & ſe trouve enveloppé dans le plus bel enſemble; tel eſt le ſublime de l'art. Les ſtatues ſont du plus grand ſtyle & ſont viſiblement des plus beaux temps de l'art chez les Grecs.

Nous verrons à l'article de l'Italie, que ſous les Empereurs il s'y fit beaucoup d'ouvrages de cette nature, & que les Romains ſuivirent de près les Grecs en tous les genres d'arts, ſauf les beautés de ſtyle particulières aux deux nations.

Entre les monumens par leſquels Athènes ſe diſtingua des autres villes de la Grèce, les Auteurs exhaltent le port que fit conſtruire Thémiſtocle pendant qu'il fut à la tête du gouvernement, & qu'on appela le *Pyrée*. Ce port contenoit à l'aiſe quatre cents vaiſſeaux, & il réuniſſoit à la commodité, la plus grande ſûreté, étant renfermé dans une enceinte de murs de deux mille pas, qui ſe joignoit aux murs de la ville.

Près de ce port étoit un portique immenſe qui ſervoit de marché aux habitans des quartiers les plus proches de la mer. Ceux de la partie oppoſée avoient de même le leur. Au plus haut de cette ville étoit le *Prytanée*, édifice plus auguſte par les objets qui l'avoient fait conſtruire que par ſa conſtruction même. Il étoit le lieu où s'aſſembloient les chefs de l'État pour délibérer des grandes affaires de la république. Il ſervoit encore d'aſile à tous ceux qui avoient

rendu

rendu des services importans à la patrie, ils y étoient entretenus de tout aux frais de l'État, & le prix qu'on attachoit à cette diftinction faifoit que chacun travailloit à l'envi pour la mériter. Il étoit enfin le grenier public, où l'on tenoit en réferve de quoi fuppléer aux mauvaifes récoltes.

Le Pécyle fut un portique célèbre par les belles peintures dont il étoit décoré.

Le Céramique étoit un quartier d'Athènes à la droite duquel étoit un autre portique très-vafte appelé le *Portique du Roi,* parce que l'Archonte, premier magiftrat de la République, y tenoit fon tribunal; celui-ci étoit orné d'une infinité de ftatues, entre lefquelles on diftinguoit deux groupes de terre cuite de la plus grande expreffion. L'un repréfentoit Théfée précipitant Sciron dans les flots; & l'autre, l'Aurore enlevant Céphale.

Derrière ce monument, en étoit un autre où l'on avoit repréfenté les douze grands dieux de la Grèce, & cette efpèce de galerie fe trouvoit terminée par un grand tableau repréfentant Théfée au milieu du peuple d'Athènes, auquel il remet la puiffance fouveraine; on y voyoit auffi repréfentés le fervice qu'Athènes rendit aux Spartiates à Mantinée, le fiége de Cadmée, la défaite des Lacédémoniens à Leuctres, l'irruption des Béotiens dans le Péloponèfe, & autres fujets peints par l'Athénien Euphranor.

Suidas dit que hors des murs d'Athènes il y avoit auffi un vafte efpace appelé de même *Céramique,* où ceux qui avoient été tués au fervice de la patrie étoient inhumés aux frais de la République qui honoroit le lieu de leur fépulture, d'une tombe, fur laquelle on gravoit une infcription qui faifoit connoître le perfonnage & l'action, ou les actions qui lui avoient mérité cette diftinction.

K

2.me ÂGE
DU MONDE.

GRÈCE,

[a] *Pauf. Eliac.
lib. V, c. 1 0.*

Vitr. lib. VII.

Parmi les édifices de marque à Athènes, l'Antiquité met au premier rang le temple de Jupiter Olympien, le feul, dit-on, qui fût digne de la majefté du Père des dieux. Ce temple, commencé fous Pififtrate étoit refté imparfait [a]. Il eft affez fingulier qu'il ait dû fa perfection au roi de Syrie, Antiochus le grand, qui le fit achever par un architecte Romain; ce qui ne l'eft pas moins, c'eft que la plupart des édifices de ce genre dans les diverfes parties de la Grèce, furent élevés aux frais des Puiffances étrangères, des rois d'Égypte, de Syrie & autres. Le fameux temple de Délos confacré à Apollon, fut également conftruit aux frais d'un autre roi de Syrie.

Une fingularité plus remarquable encore, eft que, des quatre plus fameux temples dont la Grèce pût fe glorifier au jugement de Vitruve, ceux de Jupiter à Olympie, de Diane à Éphèfe, de Minerve à Athènes, ainfi que celui de Théfée; le premier fe trouvoit d'ordre Ionique, les trois autres d'ordre Dorique, & le Corinthien n'y fut employé que du temps des Romains, au temple de Jupiter Olympien, dont nous venons de parler.

Ce fut dans la Béotie qu'on confacra à Apollon ce temple fameux par les oracles qui s'y rendoient. On dit qu'Agamèdes & Tryfiphonius firent le périftile avec cinq pierres feulement [b]; que devoit-ce être qu'un pareil ouvrage, fi on doit le juger autrement que par la fingularité !

[b] *Steph. in
Delph.*

Élis, dans le Péloponèfe près d'Olympie & de la mer Ionienne, devint célèbre par les jeux qui s'y donnoient tous les quatre ans. Ce fut près de cette ville que Cloétas conftruifit la fameufe carrière de ces jeux folennels, & donna à l'enceinte où fe trouvoient les chars, les chevaux & leurs conducteurs, la forme d'une proue de vaiffeau avec deux portes latérales, & une troifième à la pointe de cette enceinte qui donnoit accès dans la carrière, & dont le ceintre étoit couronné par un Dauphin d'airain.

Dans le pourtour de cette enceinte étoient des efpèces de loges ou remifes où l'on plaçoit les chevaux & les chars, & dont l'entrée n'étoit fermée que par de fimples cordes. Au milieu fe trouvoit un autel de briques, fur lequel on voyoit un grand aigle qui, par le jeu d'une machine, agitoit fes ailes comme s'il eût été prêt à s'envoler. C'étoit à ce fignal qu'on lâchoit les cordes pour donner paffage aux chars. Ils fe rangeoient alors fur une même ligne pour partir tous enfemble. Les côtés de la carrière n'étoient fermés que par un mur de gazon où s'affeyoient les Juges & les fpec-tateurs. A l'extrémité du ftade étoit un vafte efpace quarré, au milieu duquel on avoit élevé une forte d'autel fur lequel on voyoit la ftatue d'Hippodamie en attitude de couronner les vainqueurs *.

** Pauf. Eliac.
l. VI, c. 21.*

Dans Olympie, on éleva à Jupiter un des plus beaux temples qui aient illuftré la Grèce; Libon, architecte d'Olympie le conftruifit : on y plaça la ftatue de Jupiter, le chef-d'œuvre de Phidias. Tout ce temple, orné à l'ex-térieur de colonnes, dont le fuft partoit du focle pour joindre le comble qui étoit fupporté par des aigles, fut couvert de marbre de Pentèle, fcié en tuiles, invention qui mérita à fon auteur Bizès, de l'ifle de Naxe, l'honneur d'une ftatue qui a fait paffer fon nom à la poftérité *(k)*. Aux extrémités du comble, l'on voyoit de grands vafes

---

(k) Quelques Auteurs prétendent que cette efpèce de marbre fe tiroit d'un village de Syrie près d'Antioche, appelé *Pentelé.* D'autres difent que ce marbre, nommé *Lapis Pentelicus,* étoit très-commun aux environs d'Athènes, & qu'on trouvoit dans cette ville dix ftatues de ce marbre contre une de marbre Parien. Voyez *Conf. Carioph. de Marmoribus,* page 32.

dorés, & le comble étoit couronné par une ſtatue de la Victoire auſſi dorée, ayant à ſes pieds un bouclier ſur lequel étoit repréſentée en relief la tête de la Gorgone-Méduſe. Le Conſul Mummius après avoir terminé la guerre d'Achaïe & pris Corinthe, fit ſuſpendre autour de ce temple vingt-un boucliers; l'intérieur fut décoré de groupes & de ſtatues du travail le plus exquis; il ne nous eſt pas poſſible d'entrer dans le détail de tous ces objets.

Nous ne paſſerons pas ſous ſilence les monumens conſacrés aux Sciences; tels furent le Lycée où Ariſtote enſeignoit la philoſophie à un auditoire toujours nombreux; l'Académie où Platon répétoit à ſes diſciples les leçons qu'il avoit reçues du plus ſage des hommes & du plus grand moraliſte de l'Antiquité, le divin Socrate; ni ces Gymnaſes fameux, où toute la jeuneſſe de la Grèce ſe formoit à tous les exercices qui peuvent rendre l'homme ſain, robuſte & adroit, & qui ſont pour lui autant de motifs de confiance & de courage dans les occaſions où ces qualités étoient néceſſaires au ſervice de la patrie.

Si entre les monumens matériels dont la politique & la religion tirèrent de ſi grands avantages dans les républiques de la Grèce, nous ne citons que le théâtre d'Athènes dont il ne reſte plus de veſtiges, il en eſt d'un autre genre qui ont bravé les outrages du temps; les chef-d'œuvres de la penſée, qui ont immortaliſé le génie, le goût & l'urbanité Attique, reſpirent encore dans les écrits des grands hommes de cette nation célèbre, que nous poſſédons, & qui vivront tant que les Lettres ſeront en honneur.

Les Romains, vainqueurs de ces Grecs ſi célèbres qui furent toujours leurs modèles & leurs maîtres dans la carrière des arts, viennent ici naturellement continuer la chaîne des

monumens

monumens publics, & ce font les efforts de l'induftrie, de la magnificence de ces nouveaux maîtres du Monde, que nous allons retracer.

Quand on confidère d'où Rome partit pour arriver au plus haut période de la grandeur & de la puiffance, on ne peut trop s'étonner que cette ville, qui fut dans fon principe un repaire de brigands, un afile ouvert à tous les crimes, en un mot le foyer de l'incendie qui a fucceffivement embrafé toutes les parties de l'Univers connu, foit devenue le centre des vertus les plus rares, du fublime héroïfme & la fouveraine du Monde.

Dans l'efpace de deux cents quatre ans que les Romains furent gouvernés par des rois, refferrés dans une ville fans territoire, pauvre par conféquent, qui fous Romulus n'eut qu'une enceinte de murailles affez foibles [a], environnés de nations jaloufes & ennemies qu'il falloit toujours combattre ou craindre, ils s'occupèrent peu des arts, enfans de l'abondance & de la paix.

Numa, ce Philofophe Roi, Légiflateur & Pontife, avoit défendu de repréfenter la Divinité fous aucune forme fenfible [b]. Varron nous apprend que cent foixante-dix ans même après la mort de ce Prince, on ne voyoit encore dans aucun temple de Rome ni images ni ftatues [c]; fi on en mit par la fuite, comme il y en eut en effet, elles n'y furent point un objet de culte, mais de pure décoration, jufqu'au temps où les Romains accordèrent, pour ainfi dire, le droit de cité à toutes les divinités des pays qu'ils conquirent.

Il y a lieu de croire que fi le gouvernement monarchique s'étoit confervé à Rome, le goût des arts s'y feroit formé & foutenu par le voifinage de l'Étrurie & de la grande Grèce, où ils avoient déjà fait de grands progrès; mais la

2.me ÂGE
DU MONDE.

ITALIE.
ROME
ancienne.

[a] *Dion. Hal.
Ant. lib. X.
Plutar. in vit.
Solin. cap. 11.
Enni. Annal.
lib. II.*

[b] *Plut. in Num.
lib. XXVI.*

[c] *Varro apud
Aug. de civit.
Dei, lib. IV,
cap. 36.*

L

simplicité des mœurs, leur auſtérité même jointe à l'ambition de s'agrandir, qui fut le ſentiment dominant des Romains dans les premiers temps de la République, furent autant d'obſtacles à la tranquillité néceſſaire à la naiſſance & à la perfection des arts.

Un peuple de ſoldats, qui ne connoiſſoit d'autres ſentimens que l'amour de la gloire ou de la patrie, & d'autre ſupériorité que celle des armes, étoit peu ſuſceptible de ces combinaiſons, de ces opérations fines de l'eſprit, de cette adreſſe de la main qu'exigent les arts de goût; auſſi le plus grand honneur qu'on décernât aux héros des premiers temps, étoit une colonne ſur laquelle leurs noms étoient inſcrits, & lorſqu'on commença à faire uſage des ſtatues, on en fixa la hauteur à trois pieds, ce qui circonſcrivoit les reſſources de l'art dans une ſphère bien étroite.

Lorſque cet uſage prévalut dans les temples, elles furent proportionnées à leur conſtruction. A en juger par celui de la Fortune qui fut bâti en un an, & par les ruines qui reſtent des anciens temples de Rome, les édifices ſacrés ainſi que les ſtatues, n'eurent ni grandeur ni majeſté.

Toutes celles qu'on vit à Rome avant qu'elle n'eût porté ſes armes dans la Grèce, étoient des ouvrages d'artiſtes Étruſques. Le grand Apollon de bronze fait après la victoire de Spurius Carvillus ſur les Samnites, l'an 461 de Rome, & qui fut placé depuis dans le temple d'Auguſte, étoit de la main d'un Artiſte de l'Étrurie. On avoit antérieurement à cette époque, érigé deux ſtatues équeſtres aux Conſuls Lucius Furius Camillus & Caius Mœnius après la défaite des Latins l'an 417 de Rome; mais Tite-Live, d'après lequel nous rapportons ce fait, ne dit ni par qui, ni de quelle matière elles furent faites *.

Jufqu'à la feconde guerre Punique, fi les Romains eurent chez eux quelques productions des arts, ils les dûrent abfo- lument aux Étrufques; mais, dans le cours même de cette guerre, on voit naître le goût des arts, & quelques illuftres Romains les cultiver. Quintus Fabius, homme très-docte & grand Jurifconfulte, fut furnommé *Pictor*, de fon goût pour la peinture *. Dans cette guerre même, où les Romains furent obligés de raffembler toutes leurs reffources pour réfifter à la fortune d'Annibal, ils commencèrent à connoître les chef-d'œuvres de la Grèce, & le goût des arts fut le fruit de cette connoiffance.

Après la prife de Syracufe, la plus confidérable des villes de la grande Grèce, par Marcellus, dont le fiége dura trois ans, & l'an du Monde 3792; ce Conful en fit enlever & tranfporter à Rome tous les ouvrages Grecs qu'il y trouva. Ce furent les premiers qu'on y vit.

Quintus Fulvius Flaccus en fit autant après la prife de Capoue, & l'on commença à orner le Capitole & les temples, des productions de l'art enlevées à l'une & à l'autre ville.

Enfuite les Édiles firent appliquer le produit des amendes à l'achat de ftatues de bronze, pour en décorer les édifices publics. Lucius Sternicius employa le butin fait en Efpagne, à ériger dans le marché aux bœufs deux arcs de triomphe, qui furent ornés de ftatues dorées. Ces édifices fuperbes, qu'on appela depuis *Bafiliques*, n'exiftoient pas encore à Rome dans ces temps-là.

Les guerres contre Philippe roi de Macédoine, contre Antiochus roi de Syrie, contre les Étoliens, enrichirent Rome d'une infinité de ftatues & de peintures. Après la prife d'Ambracia, les Ambraciotes fe plaignirent que leur vainqueur Marcus Fulvius Flaccus ne leur avoit pas laiffé

2.me ÂGE
DU MONDE.

ITALIE.
ROME
ancienne.

* *Cicero
in Brut.*

une feule divinité qu'ils puffent adorer. Auffi orna-t-il fon triomphe de deux cents quatre-vingts ftatues de bronze & de deux cents trente ftatues de marbre, avec une infinité de vafes bien plus précieux par le travail que par la matière; on voyoit parmi ce riche butin dix boucliers d'argent & un d'or avec cent quatorze couronnes de ce même métal.

Ce Conful fit plus; il amena à Rome des artiftes Grecs pour orner les places où devoient fe donner les jeux au peuple Romain, quand il y feroit de retour. Ce fut à ces mêmes jeux qu'on vit pour la première fois des Lutteurs dans l'arène. Ce même Fulvius, étant Cenfeur l'an de Rome 573, fit enlever la couverture de marbre du temple de Junon Lacinia à Cortone, pour en couvrir celui qu'il avoit fait vœu d'ériger à la Fortune équeftre[a], & ce fut lui qui commença à embellir Rome de grands édifices.

Le Préteur Caius Lucretius, après la guerre contre Perfée roi de Macédoine, fit enlever de ce pays tout ce qui s'y trouva de ftatues, & les fit tranfporter à Antium. Paul Émile, vainqueur de ce Monarque, étant allé à Délos où Perfée faifoit faire des bafes pour fes ftatues, les fit enlever pour y placer les fiennes.

Un an avant la guerre contre Antiochus le Grand, on érigea fur le comble du temple de Jupiter, un Quadrige doré, furmonté de douze boucliers de même. Scipion l'*Africain*, qui s'étoit offert pour être le Lieutenant de fon frère Lucius Cornelius dans la guerre contre Antiochus excitée par Annibal, fit élever avant fon départ, un arc de triomphe à la montée du Capitole, qu'il orna de fept ftatues dorées, & fit placer auprès de ce monument, deux chevaux de bronze dorés, avec deux baffins de marbre[b].

Avant la victoire des Romains fur Antiochus, les Dieux

de

de Rome n'avoient été jufqu'alors que d'argile ou de bois; mais cette victoire les ayant rendus maîtres de toute l'Afie jufqu'au mont Taurus, les richeffes de tous les genres pafsèrent en Italie, & avec elles le goût du luxe & de la volupté Afiatique; alors les images d'argile & de bois devinrent des objets de mépris. Parmi les richeffes immenfes qui ornèrent le triomphe de Lucius Scipion, il y eut en vafes cifelés, d'un travail immenfe, quatorze cents vingt-quatre livres d'argent & mille vingt-quatre d'or.

Le pillage de quelques villes de la Grèce auroit pu fe réparer par l'abondance des richeffes de l'art, qui fe trouvoient dans ce pays; mais continuellement expofés à la rapacité de leurs vainqueurs, les artiftes Grecs furent totalement découragés. Æmilius Scaurus fit emporter de Sycione à Rome, tout ce qu'il y trouva de rare & de précieux en fculpture & peinture, pour orner le fameux théâtre qu'il fe propofoit de bâtir à Rome, & qu'il y fit conftruire en effet. La déprédation fut portée au point, qu'on trouva le moyen d'enlever même les peintures à frefque en fciant les murs & en les tranfportant tous entiers. Si quelques-unes furent préfervées de ce pillage, ce fut feulement par la crainte de ne pouvoir les enlever fans les détruire; c'eft ainfi que fous l'empereur Caligula furent préfervées l'Atalante & l'Hélène de Lanuvium *(1)*.

Sylla parut vouloir anéantir l'art par la prife d'Athènes, dont il ruina le Pyrée, avec tous les édifices qui fervoient à la marine, ainfi qu'une partie des plus beaux édifices où il

2.me ÂGE
DU MONDE.

ITALIE,
ROME
ancienne.

---

(1) On a fait dans nos temps modernes la même opération dans l'églife de Saint-Pierre de Rome, d'où l'on a enlevé des mofaïques en fciant le mur, lefquelles ont été tranfportées aux Chartreux de cette ville. On avoit enlevé par le même procédé, les peintures Étrufques qui fe trouvoient fur les murs du temple de Cérès.

M

ne laiſſa preſque rien de ces modèles de perfection, dont la contemplation continuelle échauffoit l'imagination des Artiſtes, & entretenoit la vie de l'art. Athènes ne fut alors que le ſquelette d'elle-même, *ſemirutæ urbis cadaver.* Le même Sylla en fit enlever le Jupiter Olympien, la Minerve d'Alcamènes, & une infinité d'autres ſtatues qu'il fit tranſporter à Rome avec la bibliothèque d'Appellion. Thèbes, Sparte, Mycènes, avoient été dépouillées de même, & n'étoient pour ainſi dire plus. Ce Général, d'un naturel dur & féroce, pilla les trois temples les plus fameux de la Grèce; celui d'Eſculape à Épidaure, d'Apollon à Delphes, & de Jupiter à Élis. La grande Grèce & la Sicile étoient dans un pareil état de déſolation ſous la préture de Verrès, & telle fut la malheureuſe condition de ces colonies Grecques jadis ſi floriſſantes, qu'elles perdirent même juſqu'à l'uſage de leur propre langue.

Les Romains ſentirent enfin que pour leur intérêt même, il importoit infiniment de ne point éteindre le feu ſacré qui avoit produit dans la Grèce & ſes diverſes colonies, tant de chef-d'œuvres; & lorſque les édifices de Rome, tant civils que ſacrés, furent pleins des précieuſes dépouilles des diverſes contrées de ce beau pays, ils s'appliquèrent à protéger les arts dans leur vraie patrie. Les maiſons les plus diſtinguées de Rome employèrent les artiſtes Grecs dans leur propre pays. Ciceron y fit faire les ſtatues dont il orna ſon *Tuſculum,* & ſon ami Atticus étoit chargé de ce ſoin à Athènes. Verrès, ce Préteur qui fit tant de mal à la Sicile, occupa, pendant un temps conſidérable, une infinité d'artiſtes Grecs à tourner & à ciſeler des vaſes d'or d'un travail exquis.

Le luxe, qui de ſa nature tend à ſe répandre, gagnoit

de la capitale les provinces de l'Empire, dont les Gouverneurs étoient autorisés à se faire dédier les temples & les édifices qu'ils y faisoient construire. Pompée en avoit dans toutes les provinces, & cet abus augmenta encore sous les Empereurs.

Appius fit construire à ses frais, à Éleusis ville de l'Attique, un superbe portique qu'il fit décorer de statues. Hérodes le Grand bâtit à Césarée un temple à Auguste, où il fit placer la statue de cet Empereur & celle de la déesse *Roma,* toutes deux de la plus grande proportion; mais l'art y gagna, & s'entretint par l'abus même qu'on en faisoit.

Sous l'empire de Jules César il ne se soutint que par le luxe des particuliers; mais après la bataille d'*Actium,* Auguste se vengea sur toute la Grèce, de la partialité qu'elle avoit marquée pour Antoine son concurrent, & les arts en deuil abandonnèrent leur patrie dévastée, pour venir se réfugier sous la protection du seul maître que reconnût alors le Monde, qui après les avoir chassés de leur pays, les accueillit & les protégea dans le sien.

Jusqu'ici nous n'avons vu aucun monument des arts chez les Romains qui leur appartinssent. Tout ce qui décora leur capitale jusqu'au temps des Empereurs, fut l'ouvrage des Étrusques & des Grecs; mais pour procéder avec ordre dans ce que nous avons à dire, il faut remonter aux premiers siècles de Rome.

Sa première enceinte fut d'abord quarrée & divisée en dix quartiers, mais fort petits eu égard aux accroissemens successifs de cette ville; elle ne comprenoit alors que le mont Palatin & le mont Esquillin. Tatius, roi des Sabins, associé à la royauté avec Romulus, y fit joindre le mont Tarpeïen,

2.me ÂGE
DU MONDE.

ITALIE.

ROME
ancienne.

[a] *Liv. lib. I.*

[b] *Dion. Hal.
lib. II.*

[c] *Id. lib. III.
Liv. lib. V.*

[d] *Dion. Hal.
lib. III.*

Eutrop. l. I.

[e] *Vide eofdem.
Eutrop. l. I.
Plin. l. III,
cap. 5.
Strab. lib. V.*

[f] *Tac. l. XII.
Aulugel. lib.
XIII.
Dio Caffius,
lib. XV.*

[g] *Dion. Hal.
lib. IV.*

qu'on appela depuis *Capitolin*, parce qu'il fut regardé comme la tête de Rome, & qu'il en devint le centre par la suite[a]; Numa y ajouta le mont Quirinal[b]; Tullus Hostilius, après avoir détruit la ville d'Albe, le mont Cœlius[c]. Ancus Martius, après avoir incorporé les Latins aux Romains, leur donna le mont Aventin; mais ils ne profitèrent point de cette faveur. Tite-Live & Denys d'Halicarnasse disent que sous le Consulat de Valerius Maximus & Spurius Virginius, cette colline étoit encore couverte de bois. Ce Prince augmenta Rome du Janicule & d'un autre terrein au-delà du Tibre, qu'il fit entourer de murs; il joignit ces nouveaux quartiers à la ville par le pont Sublicien[d]. Tarquin l'ancien fit abattre la première enceinte trop foible, & en commença une seconde de pierres très-fortes, qu'il fit tirer des carrières de Tibur, d'Albe & de Preneste.

Ces nouvelles fortifications furent faites aussi régulièrement qu'il se put, & qu'il le falloit pour le temps. Servius Tullius acheva l'ouvrage de son prédécesseur, & l'enceinte de Rome devint octogone avec huit portes. Tarquin le superbe fit un nouveau rempart à l'orient pour la fortifier davantage de ce côté[e]. Depuis l'abolition de la royauté jusqu'à Sylla, Rome conserva sa même enceinte sans accroissement; ce Dictateur l'agrandit : il fut imité en cela par Jule & Octave César[f]. Nous verrons ci-après les augmentations qui s'y firent depuis Auguste jusqu'à Aurélien, sous l'empire duquel Rome eut sa plus grande étendue; les environs en étoient tellement peuplés dès le siècle d'Auguste, que Denys d'Halicarnasse disoit qu'on ne pouvoit discerner où Rome commençoit & où elle finissoit[g].

Il seroit difficile d'assigner des époques certaines aux premiers édifices de l'ancienne Rome, puisqu'il y a même sur

celle

celle de fa fondation & fur fes fondateurs, une diverfité fingulière de fentimens. Les plus anciens dûrent être le temple de Saturne, la divinité du *Latium* fur le mont Palatin; celui de Quirinus fur le mont Quirinal, le palais & le tombeau de Numa fur le Janicule, le palais de Rémus fur le mont Aventin, le temple de Jupiter Férétrien fur le mont du Capitole. Tous les édifices des premiers fiècles de Rome furent d'une conftruction lourde & médiocre, à en juger par les récits des anciens Hiftoriens, & par ce qui nous refte encore des veftiges de ces premiers édifices.

Les Romains ne commencèrent à avoir des idées des règles & des proportions de la belle architecture qu'après avoir communiqué avec les Grecs. Ce fut à cette époque qu'on vit fe former chez eux des Architectes, dont les vaftes conceptions étonnent encore nos fiècles par leur grandeur & leur fublimité.

Si la Grèce eut fur Rome l'avantage de l'invention, celle-ci l'emporta fur l'autre dans l'exécution des grandes fabriques. Platon avoue lui-même qu'un bon Architecte étoit l'homme le plus rare dans la Grèce[a]; ce fut même Coffutius, architecte Romain, qui termina le plus grand & le plus fuperbe édifice, dont la Grèce put fe glorifier, le temple de Jupiter Olympien à Athènes[b]. Ariobarzane Philopator fecond du nom, roi de Cappadoce, fe fervit de deux architectes Romains, pour faire reconftruire à Athènes, l'*Odeum* démoli par Ariflon Général de Mithridate, lorfque Sylla fit le fiége de cette ville.

Rome n'avoit encore aucun de ces magnifiques édifices, dont les ruines nous étonnent toujours, qu'elle commença à avoir des théâtres. Ce qu'il y a de plus étonnant, c'eft qu'elle

2.me ÂGE DU MONDE.

ITALIE.
ROME ancienne.

[a] *Lib. VII, p. 327, edit. Bafil.*

[b] *Vitruv. Præf. lib. VII.*

N

dut le goût des repréſentations théâtrales au fléau le plus funeſte de ceux qui affligent l'humanité.

Sous le Conſulat de Caius Sulpitius Peticus & Caius Licinius Stolon, la peſte faiſoit à Rome des ravages incroyables; vœux, prières, ſacrifices, reſſources de l'art, tout avoit été inutilement mis en œuvre: on s'aviſa pour dernière reſſource de fléchir les Dieux par des repréſentations théâtrales, & l'on fit venir des Hyſtrions de l'Étrurie; ils danſèrent au ſon des inſtrumens qui leur étoient propres, des pantomimes qui exprimoient divers actes de ſupplians. Ce peuple politique & guerrier, juſqu'alors peu ſenſible au charme des Lettres & des Arts, goûte ce nouveau genre de plaiſir. La peſte ceſſe ſes ravages dans ces circonſtances, & cet amuſement devient dès-lors un acte de religion, dont on fait uſage dans les fêtes des Dieux, dans les triomphes des Généraux, & même juſque dans les pompes funèbres. La jeuneſſe Romaine s'exerce à imiter ces danſes; elle y mêle par la ſuite quelques récits en vers, & ces eſſais informes amènent inſenſiblement la comédie & la tragédie.

L'an 503 de la fondation de Rome, dans les horreurs même de la ſeconde guerre Punique, Livius Andronicus fait jouer la première comédie qui y ait été donnée; ce qui dans ſon principe fut un acte de religion, puis un délaſſement, devint un art qui bientôt à ſon tour fut auſſi floriſſant que dans la Grèce même d'où l'on en avoit pris l'idée.

Les théâtres ne furent d'abord conſtruits que de ſimple ramée; on les fit enſuite en cloiſon de planches qui tinrent lieu de murailles, & l'on ménagea d'un & d'autre côté, quelques ſéparations, pour que les Acteurs puſſent entrer ſur la ſcène, & en ſortir ſans s'embarraſſer.

Le *Proſcenium* ou l'avant-ſcène fut un peu élevé,

l'orcheftre fixé au bas, & on y marqua les places des Sénateurs. La *Cavea*, que nous appelons le *Parquet*, étoit la place des Chevaliers. Le furplus de l'efpace, formant un demi-cercle, étoit difpofé en gradins, où le peuple fe plaçoit indiftinctement. Ce furent les Confuls Valerius Sempronius Longus & Scipion l'*Africain*, qui les premiers firent cette diftribution des places pour les différens ordres de la République, ce qui ne diminua pas peu le crédit de Scipion fur le peuple qui s'en trouva offenfé*.

Les théâtres alors ne fe faifoient que pour le befoin actuel & pour un certain temps ; tel fut celui d'Æmilius Scaurus qui, pendant fon Édilité, en fit conftruire un décoré magnifiquement pour trente repréfentations feulement. Comme l'efpace étoit confidérable, il ne put être couvert que de fimples toiles pour défendre les acteurs & les fpectateurs des ardeurs du foleil. C'eft Tacite qui nous apprend que Pompée fut le premier des Romains qui fit conftruire à Rome un théâtre de pierres quarrées, fait confirmé par Plutarque; il choifit pour modèle celui qu'il avoit vu à Mitylènes, & dont il avoit fait prendre exacte-ment les dimenfions *(m)*.

Caius Curtius, qui dans la guerre civile fuivit le parti de Céfar, donna des jeux aux funérailles de fon père, pour

2.me ÂGE
DU MONDE.

ITALIE.
ROME
ancienne.

* *Polidor.
Vig. de rerum
inventor.l.III,
cap. 13.*

(m) Il y a lieu de croire que Pompée en fit conftruire deux ; celui de pierre, dont nous parlons d'après Publius Victor & Rufus, & un autre, dont parle Suétone dans la vie de Néron, où l'on plaça les images des Dieux. Augufte fit tranfporter du palais où Céfar avoit été tué, la ftatue de Pompée, & la fit placer dans un autre palais conftruit près de ce premier théâtre, dont nous parlons. *Suetonius in Augufto.* Outre ces deux théâtres, on comptoit dans le même quartier que Mérulla appelle le *neuvième quartier de Rome*, deux autres théâtres, celui de Balbus & celui de Marcellus. Il y en avoit encore un dans le dixième quartier qui fut élevé par Statilius Taurus, & le moindre de ces théâtres contenoit trente mille fpectateurs.

lesquels, il fit conſtruire deux théâtres en bois, de forme demi-circulaire, qui après les repréſentations théâtrales formoient, en ſe réuniſſant ſubitement, un amphithéâtre en cercle, au milieu duquel on voyoit des athlètes diſputer le prix de la force & de l'adreſſe.

Jules Céſar fit conſtruire le premier amphithéâtre au champ de Mars; Auguſte le fit démolir & éleva à ſa place un mauſolée pour lui & les Princes de ſon Sang; mais il marqua un autre emplacement au centre de la ville pour y élever un nouvel amphithéâtre qu'il n'exécuta pourtant pas; ce fut Veſpaſien qui le commença, Tite l'acheva & le conſacra à la mémoire de ſon père. Domitien qui ne fit que réparer ou achever les ouvrages de ſes prédéceſſeurs, eut le ſot orgueil d'y ſubſtituer ſon nom & ſes titres aux leurs, ſans même faire aucune mention de leurs Auteurs.

Polidore-Virgile, après Ovide, Tite-Live, Denys d'Halicarnaſſe & Feneſtella, fait remonter à Évandre les exercices militaires des Latins. Ces exercices ſe faiſoient, dit cet Auteur, *circum enſes & flumina,* pour accoutumer la jeuneſſe qu'on vouloit former, à ne craindre ni le fer ni les eaux; & on appeloit ces Soldats novices *Circenſes,* & le lieu de leurs exercices fut appelé de-là *Circus.* Par la ſuite ces lieux d'exercices furent enclos de murs.

Ce fut ſous Tarquin l'ancien que parut à Rome le premier cirque, qu'on appela *Circus maximus.* On y marqua les places des Sénateurs & des Chevaliers, & pour donner à la jeuneſſe Romaine des modèles dans tous les genres de la gymnaſtique, on fit venir des maîtres de l'Étrurie. La carrière avoit trois ſtades & demi de longueur, & la largeur étoit de quatre arpens. Ce cirque étoit entre les monts Palatin & Aventin; des portiques, tant ſoit peu recourbés,

fermoient

fermoient cet espace de trois côtés, qui pouvoit contenir cent cinquante mille spectateurs. Les rangs de siéges qui bordoient cet intervalle, disposés en amphithéâtre, étoient faits de briques & de ciment. A l'extrémité de la carrière, ils tournoient pour revenir à leur point de départ. Au centre de ce vaste espace, se tenoient les athlètes qui, après les courses des chars, se disputoient les prix de la lutte, du ceste, du pugilat, qu'ils avoient sous les yeux, *munera principio ante oculos circoque locabant**; ce cirque fut par la suite décoré avec la plus grande magnificence *(n)*.

Tant que les Romains eurent à craindre de leurs voisins, ou des Puissances qui les jalousoient, la jeunesse Romaine fit son objet capital de la gymnastique; mais quand les richesses de la Grèce & de l'Asie eurent introduit à Rome le luxe & la mollesse, les exercices, qui avoient contribué à rendre les anciens Romains invincibles, furent négligés par leur postérité. Les cirques se multiplièrent; mais la gymnastique fut abandonnée à des mercénaires ou à des esclaves, & ne devint plus qu'un spectacle souvent ensanglanté par les combattans : on porta même le rafinement de la cruauté jusqu'à exercer ces vils gladiateurs à mourir avec grâce. Tous les arts concoururent à rendre les cirques de Flaminien, dans lequel fut placé un obélisque dédié au Soleil, & celui de Néron, de la plus grande magnificence. L'obélisque de soixante-douze pieds de haut, qu'on voit aujourd'hui au Vatican, ornoit ce dernier.

Outre les cirques dont nous venons de parler, il en fut construit plusieurs autres, où chacun de leurs Auteurs disputa de magnificence avec ceux qui les avoient précédés; tels

2.me ÂGE
DU MONDE.

ITALIE.
ROME.
ancienne.

* *Virgilius,*
Æneid. V.

(n) Pierre Ligorius, Peintre Napolitain, a décrit le grand Cirque avec la plus grande exactitude.

O

furent le cirque d'Antonin Caracalla, celui d'Aurélien, qui avoient chacun leur obélisque, celui de l'empereur Alexandre, & deux autres, l'un près du temple de Vénus Érycine, l'autre appelé le *cirque de Flore*, dont les Auteurs ne font point nommés.

Il fubfifte encore dans Rome moderne, des veftiges de plufieurs amphithéâtres ; favoir, de celui connu fous le nom de *Caftrenfe* près du camp de Tibère, & aujourd'hui l'églife de Sainte-Croix ; de celui de Vefpafien, autrement dit de Flavius, prénom de cet Empereur, que Martial par adulation attribue à Domitien : on dit qu'il contenoit jufqu'à quatre-vingt-fept mille perfonnes, & de celui de Statilius Taurus. Quant à celui qu'on dit que Néron fit conftruire en bois, il eft évident qu'il n'en fubfifte rien depuis plufieurs fiècles.

Les Auteurs qui ont traité de Rome ancienne, parlent d'une autre efpèce de monument qu'on peut affigner à la claffe des précédens. Les Romains, d'après les Grecs, les appelèrent *Odæum*. C'étoient de petits théâtres entourés de colonnes & dont le fommet étoit couvert en pointe. Nous avons dit ci-deffus qu'Ariobarzane Philopator fe fervit d'un Architecte Romain pour faire reconftruire à Athènes le théâtre de ce genre qui avoit été détruit pendant le fiége par Sylla. Et ce fut fans doute fur ce modèle que les Romains prirent l'idée de ceux qui, par la fuite, furent conftruits à Rome : il y en avoit deux, l'un dans le quatrième quartier, l'autre dans le treizième.

Dans le quartier du cirque, les Romains firent conftruire dans le marché aux herbes, deux halles, l'une plus grande appelée *Velabrum majus* ; & l'autre plus petite, *Velabrum minus*, dans un lieu où autrefois il y avoit eu un lac qu'on avoit fait deffécher * ; ces halles furent faites pour le commerce

* *P. Vict. Ruf.*
Ovidi. Faftor.
Varro, l. III.

des huiles, dont il se faisoit à Rome une consommation immense. On en avoit aussi construit de pareilles sur le mont Aventin, dans une grande place, mais qui n'étoient couvertes que de simples bannes.

L'attention du Gouvernement se portoit à tout dans cette ville immense; chaque quartier avoit ses greniers, ses fours, ses réservoirs, ses moulins; on comptoit à Rome jusqu'à trois cents treize greniers & trois cents quinze moulins, & des fours dans la même proportion. Les Meuniers & les Boulangers, les moulins & les fours avoient des noms communs. Il y eut jusqu'à cinq cents vingt-six réservoirs, sans compter les bains publics & particuliers, les thermes & les réservoirs plus grands, appelés *lavacra*, ni les fontaines publiques, entre lesquelles on cite celle qu'on nommoit *Fons Lollianus*, dont on a trouvé cette ancienne inscription : *Appio Annuo Bradica. T. Vibio. Coss. Magistri fontis Lolliani M. Ulpius Felix. M. Conflonius Vitalis. C. Claudius Saturninus*, & celle appelée *Fons Scipionum*, dont parlent P. Victor & Rufus.

Il y avoit à Rome un quartier destiné à brûler les morts, qui étoit appelé *Ustrinæ*; cet usage n'avoit lieu que pour les gens qualifiés : car pour le peuple il y avoit des fosses appelées *putæi, puticuli & puticulæ*, où l'on jetoit les corps des gens du commun, tels que ceux connus sous les noms de *puticuli Libonis, puticuli in Esquilinis* ou sur le mont Esquilin.

Les égouts qui, en contribuant à la propreté d'une ville immense, habitée par un monde de citoyens, influent tant sur la salubrité de l'air qu'on y respire, furent un des premiers objets dont le Gouvernement s'occupa dès les premiers temps de Rome; & leur construction remonte au fecond fiècle de fa fondation. Ce qu'il en refte annonce encore ce qu'il y a de plus grand, c'eft-à-dire, la magnificence dirigée à l'utilité publique ; auffi Jufte-Lipfe, en parlant de ces conftructions fouterraines, étonnantes par leur immenfité & leur folidité, s'explique en ces termes : *Ponimus cloacas inter magnifica, & fordes has inter illos fplendores.*

La décharge du grand égout, *cloaca maxima*, porte douze à quinze pieds d'ouverture en œuvre, fur autant de hauteur. On ne peut trop admirer l'épaiffeur & la longueur des blocs dont il eft formé, la ftabilité de fa voûte & la pureté du trait qui fubfifte encore, quoique les pierres en foient jointes à cru ; mais l'admiration augmente lorfqu'on penfe à la profondeur des fouilles qu'exigea ce genre de conftruction. Ces égouts fe nettoyoient d'eux-mêmes par l'immenfe quantité d'eaux courantes qui les lavoient & les rafraîchiffoient fans ceffe. Des Auteurs font remonter leur conftruction à Évandre, d'autres à Tatius, collègue de Romulus ; le plus grand nombre eft de l'opinion de Pline, la plus probable fans doute, puifqu'elle attribue ces monumens à Tarquin l'ancien *(o)*.

Parmi les monumens que la flatterie éleva à l'orgueil des Souverains, ou la reconnoiffance au mérite, on doit compter les arcs-de-triomphe & les colonnes. Nous venons de voir que dans les beaux jours de la République Romaine, & avant qu'on eût imaginé de confacrer la mémoire des grands hommes en offrant leurs images à la vénération publique, on leur érigea fimplement des colonnes. Une des plus

---

(o) M. Turgot, père du Miniftre actuel, a fait conftruire à Paris, dans le fiècle préfent, un monument d'efpèce pareille, qui en fera un éternel de l'attention de ce refpectable Magiftrat pour la confervation des citoyens de la capitale de la France.

remarquables

remarquables en ce genre, fut celle que la République érigea
à la gloire de Caius Duillius, qui le premier ofa combattre
les Carthaginois fur leur élément favori, & qui gagna fur
eux la première bataille navale que les Romains aient donnée
fur mer. Il faut croire que les colonnes roftrales du Capitole,
& celle érigée à la gloire de Jules Céfar, eurent un motif
à peu-près pareil. Quant à celles de Trajan & d'Antonin,
tout le monde fait combien les Empereurs, dont elles
portent le nom & les titres, méritèrent la reconnoiffance
des Romains. On en connoît une érigée à la gloire de
Publius Maximus, chargé de l'approvifionnement de Rome,
qui ne peut être encore qu'un monument de gratitude envers
ce Magiftrat.

Il y en eut deux autres qui méritent d'être citées par la
fingularité de leur objet. La première, placée près du temple
de Bellone, étoit appelée *Index belli ferendi,* parce que
vraifemblablement on y affichoit les déclarations de guerre
& les motifs qui déterminoient la République à les entreprendre. L'autre étoit la colonne *Lactaria,* parce qu'on y
portoit les enfans à la mamelle, & dont les parens ne
pouvoient pourvoir à leurs befoins. La feule, dont nous
ignorions le motif, eft celle qu'on appela *Mœnia,* rapportée
par Mérula dans fa defcription de Rome ancienne; mais un
peuple fage, qui ne faifoit rien fans raifon, & fur-tout dans
les temps où le fuffrage public ne fut pas forcé, en dut
avoir pour déférer cette marque d'honneur.

De dix-fept arcs de triomphe, dont le même Mérula
fait mention, le plus grand nombre fut confacré par l'adulation, à des maîtres dont on avoit peu à efpérer, mais
tout à craindre. Ceux qui furent élevés à Drufus fils de
Claude Néron & de Livie, depuis femme d'Augufte, au

P

bienfaifant Titus, au divin Trajan, au grand Conftantin, ne furent pas de ce nombre. La gloire de ces illuftres perfonnages ne fuivra pas le fort de ces monumens périffables élevés à leur honneur; elle paffera à la poftérité la plus reculée.

L'orgueil, premier fentiment de l'homme, qui le fuit au tombeau & lui furvit en quelque forte, fe montre encore fur les débris de ces monumens qui, confacrés par leur inftitution au deuil & aux larmes, font devenus des monumens de luxe & d'oftentation. L'art épuifa fes reffources dans ceux d'Augufte, d'Adrien, aujourd'hui le château Saint-Ange, celui de Sévère appelé *Septizonium Severi* à caufe des fept rangs de colonnes dont il fut environné, ainfi que le fépulcre pyramidal de Sextius, qui fubfifte encore aujourd'hui dans tout fon entier.

Le Tibre & l'Almo fourniffent des eaux à Rome moderne comme ils le faifoient à l'ancienne. On voit encore aujourd'hui dans cette ville beaucoup de veftiges des fontaines & des aqueducs de l'ancienne Rome, où les eaux furent diftinguées en religieufes & profanes; les premières étoient fpécialement confacrées aux ufages des temples, les autres fervoient aux befoins des citoyens.

Les eaux de l'Almo, les fources appelées *Juturna, Petronia & aqua Mercurii,* étoient de la première claffe. L'Almo eft une petite rivière qui couloit près de la porte *Capena,* ainfi que la fontaine *aqua Mercurii.* L'eau *Juturna* étoit deftinée fpécialement au collége des Veftales, qui n'en pouvoient employer d'autre. La dernière des quatre étoit de la rivière Petronia qui, ainfi que l'Almo fe rendoit dans le Tibre, un peu au-deffous de Rome.

Celles deftinées aux ufages publics étoient, felon Publius

Victor, au nombre de vingt-quatre ; d'autres n'en comptent que vingt, d'autres dix-neuf. Il feroit difficile de décider abfolument fur le nombre. Mérula *, dans ce nombre, parle des fuivantes : l'*Appia* que le Cenfeur Appius, depuis furnommé *l'aveugle*, fit venir à Rome, l'an 441 de la fondation de cette ville ; *Lanio vetus* en 481 par Marcus Curius ; la *Marcia* par le Cenfeur Marius ; la *Tepula* par les Cenfeurs Servilius Cæpio & Caffius Longinus ; la *Ravilla* en 629 ; la *Julia* par Julius, on ne fait lequel. Sous Augufte, Agrippa raffembla plufieurs fources des environs de Tufculum, & les amena à Rome par un magnifique aqueduc. Depuis il en fit féparer la *Cabra ;* foit qu'on ne la jugeât pas de la falubrité des autres, foit que les habitans de Tufculum euffent repréfenté qu'ils n'en avoient pas fuffifamment pour leurs befoins. Le même Agrippa fit encore venir à Rome les eaux de la fontaine appelée *Aqua virgo :* les eaux de cette fource arrofoient le Champ de Mars. La jeuneffe qui s'exerçoit dans cette fameufe lice, s'effuyoit de la pouffière & de la fueur de fes exercices en fe lavant dans cette eau, fur-tout lorfqu'elle les quittoit aux heures où les bains publics étoient fermés. L'*Alfietina*, autrement dite *Augufta*, fut amenée par les foins d'Augufte ; mais cette eau ayant été jugée peu falubre, on en fit venir une autre appelée de même *Augufta,* qui fuppléoit au défaut de celle qu'on nommoit *Marcia,* qui ne fourniffoit plus dans les grandes féchereffes. Augufte lui fit faire un canal fouterrain qui la conduifoit jufqu'au même aqueduc amenant à Rome l'eau *Marcia ;* enfin la *Claudia* qu'on fit venir à Rome fous l'empire de Claude.

Comme les fept aqueducs qui étoient dans cette ville ne fuffifoient pas pour la diftribution des eaux néceffaires à ce peuple immenfe, Claude en fit faire un nouveau la feconde année de fon empire, qu'on fut dix ans à conftruire. On voit encore les ruines de cet édifice près de la porte Efquiline. Ce même Empereur fit venir à Rome les eaux qu'on nomma *Anio novus,* dont la fource étoit à foixante-deux milles de cette capitale. Les eaux du ruiffeau *Herculanus* lui furent unies; celles de la *Sabatina,* ainfi nommées parce qu'elles venoient du lac Sabate, qui eft la même fource qu'on voit de nos jours à la place de Saint-Pierre, furent conduites à Rome, on ne fait dans quel temps. On voit encore hors de la porte *Pancratiana,* des reftes de l'aqueduc qui l'y conduifoit. L'*Alexandrina* y fut conduite fous l'empire d'Alexandre Sévère. Publius Victor en compte encore plufieurs autres qu'il nomme *Damnata, Annia, Algentiana, Severina, Antonina, Setina.*

Les conduits de l'eau connue fous le nom de *Aqua virgo* & qui arrofoit le champ de Mars, furent réparés en 1554 par le Pape Nicolas V; celles de l'*Alfietina* au Vatican, par Innocent VIII. L'une des plus récentes appelée *Salonia,* fut amenée à Rome par les foins de Pie V. Sixte-Quint étant Cardinal fit venir les eaux d'une fource qu'on nomme *Fons Felix,* du nom que portoit ce Pape avant fon avènement au pontificat *(p).* On peut juger par la quantité d'eaux qu'il falloit à cette ville fi confidérable & fi peuplée, de celle des aqueducs qu'il fallut faire pour les y conduire, & du nombre infini de canaux qui devoient fervir à leur diftribution, tant dans les places que dans les palais & pour

***

(p) Cicarella dit au contraire que ce fut fous les aufpices du même Pontife qu'on fit venir à Monte-Cavallo, jadis le Quirinal, de l'eau qui manquoit à ce quartier; ce qui étoit d'autant plus défagréable, que plufieurs Papes y avoient choifi leur demeure à caufe de la falubrité de l'air qu'on y refpire : il étoit très-incommode de n'y avoir point d'eau, & d'être obligé de la faire venir de très-loin.

les bains, dont aucune nation ne fit un plus fréquent usage
que les Romains & sur-tout sous les Empereurs.

On sait que l'usage des Anciens étoit de se baigner
fréquemment, usage qui contribue beaucoup à la conservation
de la santé. A Rome le citoyen tant soit peu aisé avoit son
bain particulier: il y eut jusqu'à quatorze bains publics d'une
étendue immense & qui réunissoient toutes sortes de commodités. Les bains particuliers montèrent jusqu'à huit cents
quarante-six, selon Publius Victor.

Entre les bains publics, ceux appelés *Balnea Palatina*,
ceux de *Paullus*, dont on voit les ruines à Rome, qu'on
nomme encore aujourd'hui *Bagna Poli*, & ceux construits
du plus beau marbre par Titus Claudius, furent les plus
considérables; mais ce fut sur-tout dans ceux que firent
construire les Empereurs, que les Architectes déployèrent
toutes les ressources de leur art. Ces bains, si connus par leur
dénomination de Thermes, nom que les Romains avoient
emprunté des Grecs, réunissoient à l'immensité de leur construction, toute la magnificence & les recherches du luxe; ces
bâtimens, outre une infinité de grandes pièces, de vestibules,
de galeries, de portiques, étoient distribués en bains froids,
en bains chauds & en étuves. Ammien Marcellin, pour
exprimer leur immensité, les compare à des provinces.

Capitolin dit que le goût des bains fut tel que certains
Empereurs, entr'autres Commode, Gordien & Galien se
baignoient souvent jusqu'à sept fois par jour en été, &
jamais moins de deux fois, même en hiver. Les Empereurs
portèrent encore ce goût jusqu'à se mêler au peuple dans
les bains publics. Capitolin ajoute que souvent ces Princes
soupoient dans les thermes qu'ils avoient fait construire, &
que les femmes étoient admises à ces sortes de parties, qui

Q

dégénéroient par-là en débauches infames. Polidore-Virgile dit que ces thermes reſſembloient à des villes, qu'on y voyoit de grandes places, de vaſtes portiques, des lieux d'aſſemblées & de conférence, avec des bancs où les Philoſophes & les Rhéteurs diſputoient & péroroient avec ceux qui aimoient la Philoſophie & les Lettres; des endroits particuliers où les Athlètes s'exerçoient. Telle étoit, dit cet Auteur, la folie des Princes romains qu'ils n'épargnoient ni ſoins, ni travaux, ni dépenſes pour raſſembler dans un même eſpace tout ce qui pouvoit exciter les deſirs & provoquer à la volupté : dépenſes énormes qui écraſoient les peuples pour le plaiſir de bien peu de perſonnes.

Parmi les monumens de ce genre, qui furent en grand nombre à Rome & tous d'une grande magnificence, on y comprenoit les thermes d'Agrippine, de Veſpaſien, de Tite, de Domitien, de Trajan, d'Antonin, de Commode, d'Alexandre, de Gordien, de Sévère, de Philippe, d'Olympias, de Dioclétien & de Maximien; ceux connus ſous le nom de *hiemales*, d'Aurélien, de Conſtantin, de Novatien, & autres ſimplement nommés thermes publics. On diſtingue ſpécialement celui de Dioclétien; toutes les parties de cet édifice immenſe & ſuperbe, ont été deſſinées par Jérôme Coocke, aux frais & par les ordres du célèbre *Pernot,* Évêque d'Arras, Cardinal de Granvelle & Miniſtre de l'empereur Charles-Quint dans les Pays-bas.

Outre les bains & les thermes dont nous venons de parler, il y en avoit encore d'autres nommés *Lavacra, Nymphæa & Lymphæa.* Ceux de la première claſſe étoient au nombre de cinq; ſavoir, le *Lavacrum* d'Agrippine, celui d'Éliogabale, & trois dédiés à Apollon; deux du ſecond genre, le *Nymphæum* de Jupiter, nettoyé & rétabli par Flavius

Philippus, Préfet de la ville, celui d'Alexandre; & un de la troisième espèce, le *Lymphœum* de Tibère-Claude-Céfar.

Qu'on juge par l'expofé fuccinct que nous venons de faire des divers édifices confacrés aux ufages de fimple propreté, quelle confommation d'eau il dut fe faire dans une ville telle que Rome! & nous n'avons cependant point encore parlé de ces efpèces de mers renfermées dans fon enceinte, appelées *Naumachies,* où l'on donnoit au peuple le fpectacle des combats navals. Les plus célèbres furent les étangs de Néron, la naumachie de Domitien; on en comptoit trois autres, dont une dans le treizième quartier appelée *Regio Aventina,* & deux autres dans l'île du Tibre, qui faifoit partie du quatorzième quartier, nommé *Regio Tranftiberina,* fitué dans l'île même.

Sur la place entre les deux Naumachies, fut anciennement élevé un obélifque; mais il feroit difficile d'affigner l'époque de fon élévation, en quel temps & par qui il fut amené à Rome, & qui le fixa dans ce lieu. Il doit probablement être refté enfoui fous les débris des édifices qui avoient été conftruits dans ce quartier. Il ne paroît pas qu'il foit du nombre de ceux qu'on voit aujourd'hui, & qui contribuent tant à la décoration de Rome moderne, après avoir embelli Rome ancienne. Mérula met au nombre des grands obélifques celui dont nous parlons.

Il faudroit entrer dans des détails infinis fi l'on vouloit feulement nommer, fans la plus légère defcription, les ftatues antiques qu'on trouve encore actuellement dans cette ville. Nous nous contenterons de faire ici mention de quelques ftatues équeftres ou coloffales qui ornoient autrefois les places ou les grands édifices de cette célèbre métropole du Monde.

Il refte du premier genre la célèbre ftatue équeftre de

Marc-Aurèle, en bronze, fur laquelle les Artiftes & les Antiquaires font d'avis extrêmement partagés. Les uns la regardent comme un modèle de perfection : ce font les adorateurs aveugles de l'antique. Les Modernes qui ont le plus étudié la conftruction, la nature des chevaux & les principes de l'équitation, en jugent bien différemment & la trouvent de beaucoup inférieure à ce que les deux derniers fiècles ont produit dans le même genre.

On vit autrefois à Rome les ftatues équeftres de Clélie, cette Romaine fi fupérieure à celles de fon fexe, d'Annius, de Jules Céfar ; on voyoit auffi des chevaux de marbre, tels que ceux dont on aperçoit aujourd'hui des reftes à Monte-Cavallo, d'autres de bronze : tels furent ceux de Caius Caligula, de Domitien, de Trajan, de Tyridates, &c. Mais de tous ces beaux monumens il ne refte plus rien que la mémoire qu'en ont confervée les auteurs, & nos regrets fur les pertes immenfes que le temps, l'ignorance & la barbarie, nous ont fait faire.

Il en eft des ftatues des grands hommes à peu-près comme de celles dont nous venons de parler. Leur perte doit exciter nos regrets, & beaucoup plus fans doute que celle de ces fauffes Divinités qui, toutes parfaites qu'elles furent, ne peuvent être pour nous que des monumens de l'aveuglement de l'Antiquité, & ne nous offrant aucun modèle à fuivre, ne nous fourniroient point non plus de motif propre à nous exciter aux vertus utiles à la fociété.

Nous ne pouvons cependant nous difpenfer de parler ici de ces coloffes énormes dont la mémoire s'eft confervée jufqu'à nous ; tels que celui du Soleil, haut, felon quelques auteurs, de cent deux pieds ; & felon d'autres, de deux cents dix pieds, qui avoit une couronne de fept rayons felon les

premiers,

premiers, de fept pieds de longueur, felon les autres de vingt-deux pieds[a]; deux autres d'Apollon dans le neuvième quartier, appelé le *Cirque Flaminien;* le Jupiter, nommé *Pompeianus,* haut de trente pieds[b]; dans le dixième quartier, un autre coloſſe du même Jupiter, haut de deux cents cinquante pieds[c]; dans ce même quartier, celui d'Apollon dit *Tufcanicus,* de cinquante pieds, placé dans la bibliothèque *Palatina*[d]; la ftatue d'or de Britannicus & celle de Néron.

Mais un objet plus intéreſſant, & dont nous ne pouvons trop regretter la perte, font les bibliothèques. Il n'eſt pas même permis de douter, d'après l'idée que les ouvrages des Romains nous ont donnée d'eux, que ces collections ne fuſſent infiniment précieuſes; & ce peuple vainqueur, qui dépouilla les Grecs des productions des arts, faites pour contribuer à la décoration de la capitale de la Terre, n'oublia pas d'en tirer de même celles du génie & de l'efprit, comme fit Sylla de la bibliothèque d'Appellion.

On comptoit à Rome huit Bibliothèques publiques, dont deux au dixième quartier. La première, appelée *Bibliotheca Apollinis Latina,* ne contenoit que des ouvrages Latins[e]; l'autre ne renfermoit que des ouvrages Grecs[f]. Outre ces deux, qui paroiſſent avoir été des collections auſſi précieuſes qu'immenſes, on comptoit encore la bibliothèque Palatine, la Capitoline, celle de Trajan, celle du Palais de Tibère, la bibliothèque *Ulpia* aux thermes de Dioclétien, & enfin celle du portique d'Octavie, dont il ne reſte aucuns veſtiges. L'ignorance, un zèle mal entendu & la fimplicité des premiers Chrétiens, nous ont privés d'une infinité d'Ouvrages qui les enrichiſſoient; tréſors dont nous ne pouvons trop déplorer la perte.

R

2.me ÂGE DU MONDE.

ITALIE.
ROME
ancienne.

[a] *Pub. Victor, Martialis, in amphit. epigr. 10.*
Idem, lib. X, epigr. 71.
[b] *Vict. Rufus. Plinius, lib. XXXIV, cap. 7.*
[c] *Publ. Victor.*
[d] *Plin. Sueton. in Tit. cap. 11.*

[e] *Suetonius, in Auguſt.*
[f] *Idem, Ibid.*

Nous ne pouvons nous difpenfer de rappeler ici ces lieux fi renommés où fe tenoient ces fameufes affemblées que les Romains appeloient *Ludi*, & où les corps & les efprits s'exerçoient dans chacun des genres qui leur étoient propres; car il y en avoit pour les uns & pour les autres : tels furent ceux nommés *Ludi litterarii*; les autres *Ludus matutinus*, *Ludus magnus*, *Dacicus*, *Mamertinus*, *Æmilius*, *Gallienus*, &c.

Outre les places publiques connues fous le nom de *Campus*, dont on comptoit quatorze dans les divers quartiers de Rome, il y en avoit encore d'une autre efpèce appelées *Forum*, qui étoient des marchés & au nombre de feize. L'un des plus confidérables étoit le *Magnum Forum* ou *Romanum*. Merlianus, *lib. III, cap. 1*, en a donné les dimenfions. Dans le *Forum Cæfaris*, on voyoit deux ftatues de Vénus, dont l'une étoit cuiraffée; l'autre étoit un ouvrage d'Arcéfilas.

Dans le *Forum Augufti*, cet Empereur avoit fait faire un portique décoré des ftatues des illuftres Romains en habits triomphaux [a]; on y voyoit également celle de Marcus Valerius Corvinus, & une ftatue d'Apollon en ivoire. Dans celui de Trajan, cet Empereur avoit auffi fait élever un portique [b]. Le *Forum Boarium* ou marché aux bœufs avoit pris cette dénomination d'un autel fur lequel on avoit placé l'image d'un bœuf, fans doute parce que le culte d'*Apis* s'étoit introduit dans Rome, comme ceux d'*Ifis* & de *Serapis*, avec nombre d'autres fuperftitions Égyptiennes.

Nerva avoit fait bâtir un portique dans celui qui portoit fon nom. Il y avoit encore de ces marchés pour tous les quartiers & les ufages; pour le poiffon; pour les herbes, pour les Boulangers, pour les cochons, pour les Orfévres, &c. Les uns portoient le nom des chofes qui s'y vendoient, les

[a] *Publ. Victor & Lampridius in Severo.*

Suet. in Aug. cap. XXXI.

[b] *P. Vict. Ruf. Lamprid. in Severo.*

autres ceux de leurs Auteurs, ou des quartiers où ils étoient situés, tels qu'étoient le *Forum Esquilinum, Salustii, Ahenobarbi, Diocletiani,* &c.

Indépendamment de ces places vastes si connues par les noms de *Campus,* de *Forum,* il y en avoit encore d'autres devant les temples ou les édifices de marque, qu'on nommoit *Area:* il y en avoit dix-neuf de cette dernière espèce. On comptoit aussi plusieurs tribunaux sous la dénomination de *Curia;* celui qui portoit ce nom par excellence, étoit le lieu où le Sénat s'assembloit ordinairement; car quelquefois il tenoit des assemblées extraordinaires dans un temple ou dans un palais particulier.

Le Tribunal appelé *Curia Calabræ* au Capitole, étoit le tribunal du second Pontife où se jugeoient les matières qui concernoient le culte religieux; il répondoit à ce que nous entendons par Officialité. Celui de *Curia Saliorum* devoit avoir le même objet. Le Sénat avoit un lieu d'assemblée près de la porte *Capena,* qui fut nommé *Senaculum.* Un autre dans le huitième quartier, distingué du premier par le nom de *Senaculum aureum,* épithète probablement empruntée des ornemens du lieu.

On trouve dans la vie d'Héliogabale par Lampride, que cet Empereur, l'un des monstres qui ont le plus souillé le Trône & dégradé la majesté de l'Empire, fit construire un lieu d'assemblée sur le mont Quirinal, qu'il fit nommer le Sénat des femmes, *Senaculum matronarum.* On avoit encore à Rome plusieurs édifices appelés *Curia,* qui furent autant de Tribunaux pour le jugement des affaires entre les particuliers; tels que ceux appelés *Curia Numæ* ou *Pompiliana, Hostilia, Curia in porticu Pompeii, in porticu Octaviæ, Curia vetus, Tribunal Aurelium,* &c. &c.

Ce que les Romains appeloient *Caſtra*, étoient des quartiers ou corps de caſernes où les Empereurs logeoient les troupes qu'ils gardoient près de leur perſonne. Tels étoient le camp ou le quartier des Prétoriens qui formoient la garde des Empereurs, dans lequel on avoit placé un grand obéliſque; celui des troupes étrangères, dont ils ſe ſervoient comme de plus ſûrs inſtrumens de la tyrannie que les nationaux, qui ne ſe ſeroient peut-être pas prêtés à leurs caprices cruels.

Outre les quartiers des Prétoriens & des étrangers, on en comptoit encore quatre autres; ſavoir, le vieux & le nouveau quartier des Miſénates, ainſi que le vieux & le nouveau quartier des Porteurs de chaiſes.

Parmi les monumens qui ont été les plus célèbres dans Rome ancienne, l'on doit compter ces édifices appelés *Hippodromes*, où ſe faiſoient les courſes de chevaux. Celui d'Aurélien fut le plus conſidérable des monumens de cette eſpèce.

Les anciens Romains joignirent au goût des grands édifices publics de tous les genres, celui de ces jardins magnifiques & en terraſſes portés ſur des voûtes. Tels furent ceux de Mécénas & de Saluſte, dont Tacite & Suétone, dans les Vies de Tibère & de Néron *, parlent comme de choſes merveilleuſes. Outre ceux-là, on en comptoit à Rome un grand nombre d'autres de genre à peu-près ſemblable, qui aux beautés naturelles du ſite, réuniſſoient l'élégance dans la diſtribution, la magnificence & le goût dans le choix des ornemens que l'Art employa pour les embellir.

Les Romains actuels le diſputent aujourd'hui aux anciens à cet égard, & ce qu'on appelle *les Vignes* dans Rome moderne, eſt, au goût près de ces ſiècles ſi différens

entre

entre eux, la même chofe que ce qui s'étoit fait chez les Anciens dans ce genre.

Si la magnificence éclata dans les Monumens publics, les temples, les thermes, les théâtres, les cirques, les portiques, les tombeaux, les palais des Empereurs, l'élégance & le goût ne fe montrèrent pas moins dans les *hôtels* des Sénateurs & les maifons des riches particuliers, dont le détail feroit ici fuperflu; mais le goût des Romains pour les édifices de marque, ne fe renferma pas feulement dans l'enceinte des murs de cette capitale du Monde.

Ces chemins fi folides & fi magnifiques, connus fous le nom de *Voies romaines,* qui partant de Rome comme du centre de l'Univers connu, & communiquant de ce centre à toutes les parties de l'Empire, facilitoient le tranfport des Gouverneurs, des Magiftrats, des Troupes, des Vivres, facilitèrent également le commerce entre les vainqueurs & les nations vaincues.

Denys d'Halicarnaffe * met au rang des principales merveilles opérées par les Romains, les chemins publics qu'ils firent par toute l'Italie, & qui furent prolongés à mefure qu'ils étendirent leurs conquêtes. Les uns partoient de l'intérieur même de la ville ou de fes portes; telles furent les voies *Appia,* qui commençoient à l'endroit où fut depuis bâti le monument appelé *Septizonium Severi :* cette route commencée par le Cenfeur Appius, & que Stace nomme la Reine des grandes voies, fut rétablie par Trajan & Antonin le pieux, comme l'indique une infcription fur le pont de Vulturne, dans la Campanie. Celles appelées *Vitellia & Triomphalis,* dont la première partoit du Janicule, l'autre du pont triomphal, dont on voit encore des veftiges dans le Tibre. Les autres telles que les voies *Flaminia, Conlatina,*

* *Dionyfius
Hal. Roman.
Antiq. l. III.*

Salaria, Nomentana, Tiburtina, Gabiana, Ardentina, Laurentina, Ostiensis, Portuensis, Cornelia, Prænestina, Labicana, Campana, Asinaria, partoient des portes de Rome, d'où elles prirent leurs noms, ou des pays où elles conduisoient. Publius Victor en compte six autres ; mais comme il n'en reste aucune trace, on ne sait d'où elles partoient, ni où elles pouvoient conduire. Outre les voies dont nous venons de parler, la voie *Flaminia,* qui traversoit la Tuscie & l'Ombrie, conduisoit à Rimini, où commençoit la voie *Æmilia* que fit faire Lépidus : cette route menoit à Bologne, de-là à Aquilée, & de cette ville aux pieds des Alpes, d'où tournant autour de certains marais, elle conduisoit dans cette partie des Gaules que les Romains avoient nommée *Gallia togata.* Plusieurs autres routes venoient aboutir à celle-là, qui fut une continuation de la voie *Flaminia.*

Près de Crémone commençoient les voies *Hostilia* & *Cossia,* faites par l'un des Censeurs Cossius, ou en 599 de la fondation de Rome, ou en 628 ; puis la voie *Claudia, Lannia, l'Æmilia Scauri.* La voie *Tusculana* étoit une branche de la voie *Campana ;* celle appelée *Minicia* étoit une branche de la voie *Appia,* ainsi que celle nommée *Domitiana* qui commence à la voie *Appienne,* & conduit jusqu'à Pouzzoli. Cette route est une des plus entières & des mieux conservées de celles dont on trouve encore des restes dans l'Italie & dans les Gaules.

Au moyen de ces routes également superbes & solides, par lesquelles les Romains communiquoient facilement avec toutes les provinces de l'Empire, & celles-ci réciproquement avec la capitale, ils portoient dans toutes leurs provinces le goût de la magnificence qui leur étoit propre, ou celles-ci venoient le prendre à Rome.

Les monumens découverts ou à découvrir dans les diverſes parties de l'Europe, ſoumiſes autrefois à l'empire Romain, intéreſſent donc également la nation maîtreſſe & les nations ſubjuguées; & ce que nous trouvons de monumens des Romains dans des contrées ſi éloignées de leur capitale, doit nous donner une plus haute idée de leur magnificence que ceux qui furent élevés dans Rome même, & leur fait plus d'honneur peut-être que leurs victoires.

Ce ſeroit mal juger d'une nation auſſi éclairée que le fut le peuple Romain, d'attribuer à un vain orgueil les monumens dont elle enrichit les provinces. La politique entra pour beaucoup dans la conſtruction des divers édifices qui nous reſtent d'eux. Il falloit occuper loin de Rome des Troupes que l'inaction eût corrompues & amollies, & qui ſouvent de la débauche paſſent à la révolte; il falloit leur montrer Rome en tout ce qui pouvoit leur retracer ſa ſplendeur : auſſi voyons-nous les amphithéâtres extrêmement multipliés dans l'Italie, l'Heſpérie & les Gaules. Il falloit par des ſpectacles donner aux nations conquiſes les goûts de la nation conquérante, leur inſpirer ſon urbanité, ſa Religion par les temples, ſes arts par les palais, les portiques, les ſtatues, les tombeaux; il falloit occuper les eſclaves & entretenir les Troupes dans l'habitude du travail par des travaux utiles, tels que les ports, les ponts, les chemins, les aqueducs, &c. &c.

C'eſt ſur-tout dans un arrondiſſement de cinq à ſix lieues aux environs de Rome, qu'on voit le pays jonché des débris de la magnificence & du luxe des Romains : tous ces environs ſont, pour ainſi dire, marqués de deſſins variés, de grands jardins, de vaſtes pièces d'eau, de terraſſes, d'amphithéâtres en terres rapportées, de ruines de temples & de divers édifices.

2.me ÂGE
DU MONDE.

ITALIE.
ROME
ancienne.

Les contrées voifines de Rome font également couvertes de reftes fuperbes de ces immenfes édifices, tels que l'amphithéâtre conftruit à Véronne l'an 503 de la fondation de cette capitale, par les foins & aux frais du Conful Quintus Lælius Flaminius; celui dont on voit encore des veftiges entre Macerata & Racanati; le mole d'Ancone bâti en marbre par Trajan & coupé dans fon milieu par un fuperbe arc de triomphe, l'un des monumens les mieux confervés de l'antiquité; l'arc de triomphe élevé à Suze par Coffius, Préfet des Alpes, & le pont de Rimini, bâtis tous deux du plus beau marbre de Carare & dont l'infcription fait honneur à Augufte & à Tibère; ainfi que l'arc de triomphe érigé à la gloire du premier de ces Empereurs après le rétabliffement des voies Romaines, dont la majeure partie venoit aboutir à Rimini; le célèbre port bâti par Augufte entre Clafcé, Céfarée & Ravenne, où les fouilles découvrent tous les jours des veftiges de folides & vaftes bâtimens, qui des trois villes ci-deffus n'en formoient qu'une feule, qui embraffoit un magnifique port d'une lieue de largeur fur autant de profondeur, que des attériffemens fucceffifs ont comblé depuis long-temps, & qui aujourd'hui eft éloigné de la mer de plus d'une lieue.

L'arc de triomphe en marbre blanc, érigé à Fano en l'honneur d'Augufte, & les reftes d'un temple dédié à la Fortune, d'où l'on prétend que cette ville a pris fon nom; les riches & magnifiques débris d'Aquino, qui annoncent l'antique fplendeur de cette ville; l'amphithéâtre de Caffino, le plus entier des monumens de cette efpèce, ainfi qu'un théâtre dont il n'exifte plus que la fcène adoffée à la montagne en forme de demi-cercle de deux cents foixante pieds de diamètre, avec un temple ancien bien confervé dans

toutes

toutes ses parties; les ruines de Poestum & d'Herculanum, tout atteste enfin la grandeur des vainqueurs de l'Italie & des maîtres du Monde.

Rome moderne est tellement connue aujourd'hui, qu'il seroit inutile d'entrer dans les mêmes détails sur les beautés qu'elle renferme, que sur celles de Rome ancienne. Quoi-qu'elle ne soit à présent que l'ombre d'elle-même, elle se montre cependant encore sous un aspect si imposant, que sa vue seule inspire le respect qu'on doit à la métropole du monde chrétien, & cette vénération religieuse qu'inspiroit jadis la souveraine du monde aux étrangers qui venoient admirer les merveilles dont elle étoit remplie. Elle fit des pertes immenses par l'affreux incendie qui la ravagea pendant neuf jours entiers sous l'empire de Néron, à qui Tacite l'attribue; il sembloit, dit cet Historien célèbre, que ce tyran farouche & insensé eût eu le dessein de rebâtir une nouvelle ville sur les cendres de l'ancienne, & de lui donner son nom. Il ne resta des quatorze quartiers de Rome que quatre qui ne souffrirent aucunement de l'incendie. Trois furent entièrement consumés; dans les sept autres il ne fut conservé que quelques maisons délabrées & à demi brûlées. Il n'est pas possible de nombrer combien de temples, de maisons, de quartiers, *Insularum (q)*, périrent dans cet incendie. Parmi les anciens édifices, on compte le temple de la Lune, les autels & le temple d'Hercule, qu'Évandre & Servius Tullius avoient fait élever à l'honneur de ces Divinités; celui de Jupiter Stator, vœu de Romulus; le palais de Remus, le temple de Vesta avec les Penates de Rome; des richesses infinies, fruits des victoires des Romains;

3.me ÂGE
DU MONDE.

ITALIE.
ROME
moderne.

(q) Les Romains appeloient *Insula*, tout ce qui étoit isolé, de sorte qu'un quarré d'une ou plusieurs maisons comprises entre quatre rues, s'appeloit *Insula*.

T

les chef-d'œuvres de la Grèce, l'ornement de Rome. Les divers monumens de l'esprit & des arts furent également détruits, & quoique les quartiers ravagés par cet horrible fléau, fuffent réparés du temps de Tacite, des vieillards de fon temps difoient, ajoute cet Hiftorien, qu'il y avoit une infinité de monumens qu'ils fe rappeloient, & qu'il n'étoit pas poffible de réparer.

Elle fut prife & pillée par les Goths, fous les ordres d'Alaric, l'an 410 de l'Ere chrétienne; par les Vandales fous Genferic, l'an 445 de Jéfus-Chrift; l'an 837, elle fut brûlée en partie par les Sarafins : en 1527, elle éprouva d'étranges calamités, lorfque le Connétable de Bourbon, à la tête de l'armée Impériale, s'en rendit le maître; de forte, dit un Poëte, que qui voit les déplorables reftes de l'ancienne Rome, peut dire Rome n'eft plus; mais que quiconque voit les palais fuperbes dont Rome moderne eft décorée, peut s'écrier Rome fubfifte encore.

Rome moderne a beaucoup plus d'églifes aujourd'hui, toute déferte qu'elle eft, que Rome ancienne n'eut de temples dans fes jours de fplendeur. Parmi les édifices facrés, on en compte fept que la piété des fidèles leur fait vifiter avec une vénération particulière. La première eft la fameufe Bafilique de Saint-Pierre au Vatican, le premier temple du monde par fa grandeur, fa magnificence, fa régularité, la majefté de fes proportions, bien au-deffus de tout ce que l'Univers eut de plus grand dans tous les âges, par fa conf-truction, fa bâtiffe, par le choix des matériaux, par les chef-d'œuvres de tous les genres, qui l'embelliffent. On y voit entr'autres antiquités, deux Paons d'airain qui terminoient les fépulcres pyramidaux des deux Scipions Africains. On y remarque de magnifiques tombeaux de marbre de plufieurs

Pontifes & celui de l'empereur Othon II. Nous ne parlerons point des Reliques qui s'y trouvent; mais on ne peut paſſer ſous ſilence les ſuperbes peintures des Michel-Ange, des Raphaël, des Jules Romain & de tant d'autres Artiſtes les plus célèbres, qui décorent les chapelles du plus auguſte des temples; ni la vaſte colonnade qui décore avec tant de magnificence la place qui eſt devant cette égliſe, & au centre de laquelle on voit un ſuperbe obéliſque qui a été poſé par les ſoins de Sixte V.

L'égliſe de Saint-Paul dans la rue d'Oſtie, où l'on voit une infinité d'antiques inſcriptions, & cette image du Sauveur qui parla, dit-on, à Sainte Brigitte; Sainte Marie-Majeure, temple auguſte dans la rue Eſquiline, où l'on montre la crèche du Sauveur; le tombeau de Saint-Jérôme; ceux d'Albert & Jean Normand; celui de l'hiſtoriographe Platina, de Luc Gauric, célèbre aſtronome, & du Cardinal Tolet. On voit devant cette égliſe l'un des grands obéliſques rétabli par Sixte V, chargé de caractères hiéroglyphiques.

L'égliſe de Saint-Sébaſtien, égliſe fort longue, couverte de pierres, dont le principal mérite eſt de conſerver beaucoup de reliques, de poſſéder les reſtes de quarante-ſix Papes; ce ſaint monument eſt conſtruit ſur la voie Appienne.

Saint-Jean de Latran, au mont Celius, fut autrefois la demeure des Papes; c'eſt la première égliſe de la Chrétienté, vénérable à ce titre, & parce qu'on y conſerve les chefs des princes des Apôtres Saint Pierre & Saint Paul; la tunique de Saint Étienne, teinte du ſang de ce premier martyr de la foi de Jéſus-Chriſt; l'arche d'alliance, la verge d'Aaron & une infinité d'autres anciennes reliques dont divers Auteurs parlent & auxquels nous renvoyons. On voit en perſpective de cette même égliſe un ſuperbe obéliſque.

Sainte-Croix de Jérufalem, belle églife fondée, dit-on, par Sainte Hélène, mère du grand Conftantin; on prétend qu'elle eft bâtie fur un local dont la terre fut apportée de Jérufalem même : une ancienne infcription le dit en termes exprès ; une partie de la vraie Croix y eft précieufement confervée avec le titre qui fut mis deffus par Pilate en trois langues, ainfi que la Couronne d'épines *(r)*.

Enfin l'églife de Saint-Laurent, hors la porte Efquiline, célèbre encore par les reliques de ce faint Diacre qu'on y montre aux Fidèles. Nous ne parlerons pas des autres dont le détail fe trouve dans une infinité d'Auteurs, non plus que des palais modernes dont l'énumération feroit trop longue ; mais qui offrent dans divers genres les modèles les plus parfaits de la magnificence, autant que de l'élégance & du bon goût.

Venife bâtie dans des temps bien poftérieurs, n'a aucun édifice qui foit des Romains ni dans leur genre. Le peu d'ouvrages antiques que cette ville poffède, lui font venus de la Grèce. Tels font les deux lions qui fe trouvent à la place de l'Arfenal, dont celui qui eft de proportion coloffale fut fait dans les plus beaux temps d'Athènes, & placé à la pointe du promontoire de Sunium.

Les chevaux de Néron tranfportés de Rome à Conftantinople par Conftantin, ont été apportés de cette ville à Venife en 1208. On les voit aujourd'hui au-deffus du frontifpice de l'églife patriarchale de Saint-Marc. Les antiques raffemblés dans le veftibule de la Bibliothèque de Saint Marc,

---

(r) Des Auteurs, dignes de foi, prétendent qu'elle fut apportée en France par Saint Louis, & dépofée à la Sainte-Chapelle de Paris ; elle n'eft pas la feule Relique qui fe trouve double ou triple : telles font le Suaire de Jéfus-Chrift & la tête de Saint Jean-Baptifte, dont plufieurs Églifes fe croient en poffeffion.

font

font tous morceaux Grecs ramaſſés dans la Morée &
dans les îles de l'Archipel pendant qu'elles furent fous la
domination de Veniſe. Tout le reſte n'eſt compoſé que
d'antiques du Bas-empire ou du moyen âge, qui échurent
à cette République dans la part qu'elle eut au butin lors
du pillage du palais des empereurs de Conſtantinople, au
temps où cette ville fut priſe & faccagée, en 1205, par
ſes forces combinées avec celles des François. Nous ne
finirons point l'article de Veniſe ſans rapporter quelques
monumens de Délos aujourd'hui le Sdile.

Vers le milieu de l'île s'élève une petite colline ſur
laquelle on voit des reſtes d'édifices qui dûrent être d'une
grande beauté, & que M. *Galland* a jugé être des ruines
d'un temple & des maiſons des Sacrificateurs. Le long du
rivage au nord, on voit une quantité étonnante de colonnes
entaſſées, qui ſont vraiſemblablement des reſtes du magnifique temple conſacré à Apollon Délien. Des ruines de ce
temple à celles de pluſieurs autres édifices, qui paroiſſent
avoir été extrêmement ornés, on remarque les veſtiges de
deux longues galeries dont les friſes & les corniches ſont
d'un travail exquis & aſſez entières. Sur une grande friſe
faite de trois marbres de huit pieds de long chacun, on lit
cette inſcription en grands caractères, ΒΑΣΙΛΕΟΣ. ΦΙΛΙΠΠΟΥ.
ΜΑΚΕΔΟΝΟΣ, & ſur un autre marbre de quatorze pieds de
long ſur trois de hauteur, les mots, ΑΠΟΛΛΟΝΙ. ΝΑΞΙΟΙ, ce
qui veut dire que ce temple fut conſtruit par Philippe, roi
de Macédoine, & conſacré à Apollon par les Naxiens.
Près du temple on voit le tronc d'un coloſſe qui doit avoir
eu vingt-cinq pieds de haut, mais dont toutes les extrémités
ont été briſées. On préſume à la chevelure qu'on voit flotter
ſur ſes épaules, que ce dut être la ſtatue de ce Dieu.

U

Au bas de la colline, dont nous venons de parler, on voit les reftes d'un amphithéâtre, dont on n'aperçoit guère plus que la place & quelques rangs de fiéges çà & là, fur lefquels on lit en caractères Grecs, *Bafileos Mitradatoi Eupatoros*, ce qui doit faire juger que cet ouvrage fut fait par les ordres de ce Prince.

Près de cette Ifle, eft celle d'Ortigya, où l'on trouvoit encore fur la fin du fiècle dernier, quantité d'autels antiques ornés de feftons & de bas-reliefs, le tout du plus beau marbre, & tel qu'on n'en voit point hors de ces ifles.

Celle de Naxe a auffi plufieurs morceaux de ce genre, & entr'autres les veftiges d'un temple à Bacchus, dont il ne refte d'entier qu'une porte d'environ vingt-cinq pieds de haut, faite feulement de trois pièces d'un très-beau marbre, & quelques pans de murailles. Un peu plus loin on voit un marbre quarré & fort maffif, creufé en ovale, que les Naxiens appellent la *taffe de Bacchus*. Ce temple fut bâti fur un rocher efcarpé & tout environné d'eau. Les Anciens firent venir à ce rocher, les eaux réunies de deux fontaines éloignées de deux lieues de cet endroit, en perçant avec beaucoup de travail une montagne qui les féparoit, & en les faifant entrer dans un même aqueduc, qu'on voit encore le long du rivage de Livadi, avec des veftiges qui fortent de la mer que cet aqueduc traverfoit : la maçonnerie en eft tellement liée, que le marteau peut à peine l'entamer.

Dans Paros qui produit le plus beau de tous les marbres, on trouve auffi des ruines d'un grand édifice, où M. de *Nointel*, Ambaffadeur à la Porte, trouva une infcription qui paroiffoit indiquer que cet édifice avoit autrefois été une Académie pour former la jeuneffe aux exercices ; on en enleva un petit autel de marbre, fur lequel on trouva ces

mots en caractères Grecs, *Zabdai Kaire, Adieu Zebedée.*
M. Galland croit que ce fut le tombeau de quelques Élèves
de cette Académie.

On trouve dans Antiparos, une grotte merveilleuse, remplie
des plus beaux criftaux, & quantité de curiofités naturelles;
mais qui ne font point de notre fujet.

Baronius, dans fon Hiftoire eccléfiaftique, à l'an de grâce
902, fait la defcription d'une églife en l'île de Paros, dédiée à
la Vierge, qui a été bâtie fur les ruines d'un ancien temple.

L'hiftorien des îles de l'Archipel, témoin oculaire,
prétend n'avoir rien vu de plus beau ni de plus précieux,
tant pour la conftruction que pour les matériaux. Les
Grecs difent qu'elle a été bâtie fur le modèle de la fameufe
Bafilique de Sainte-Sophie.

Cet édifice nous appelle à la capitale de l'Empire
d'Orient, d'où la barbarie exilant les fciences & les arts,
a rallumé en Europe leur lumière éteinte depuis plufieurs
fiècles. Notre curiofité fera peu fatisfaite; on n'y voit que
des monumens du Bas-empire ou modernes. L'édifice le
plus confidérable de ceux des premiers âges de l'empire
d'Orient, eft la fameufe Bafilique de Sainte-Sophie, dont
le dôme de cent treize pieds de diamètre, eft élevé fur des
ceintres portés fur des colonnes de marbre d'une groffeur
extraordinaire. Ce qu'on appelle actuellement à Conftantinople l'*Alterdam* ou le marché aux chevaux, étoit jadis
l'hyppodrôme de Conftantin; au centre de cette place, on
voit une colonne de bronze formée de trois ferpens entre-
laffés. Quel motif l'a fait faire dans ce genre & l'a fait
élever; c'eft ce que les Grecs actuels ne peuvent dire!

A l'une des extrémités de cette place, on voit un obélifque
chargé de caractères hyéroglyphiques; mais qui doit être de

petite proportion, puisqu'il est porté sur quatre colonnes d'airain fixées sur un piédestal de pierre, & aux deux côtés duquel on voit en relief, une bataille & une assemblée avec des inscriptions Grecques & Latines.

Quant aux monumens de l'Afrique, l'Égypte exceptée, il ne reste que quelques ruines de la rivale de Rome, cette Carthage si fameuse, qui balança plus d'une fois la fortune de la maîtresse du Monde. On voit encore, à six milles de Tunis, les restes d'un aqueduc considérable qui conduisoit l'eau à Carthage par-dessus plusieurs hautes montagnes. Cet aqueduc avoit, dit-on, plus de quarante milles de longueur. On en aperçoit de nos jours plusieurs arcades très-entières. Il ne reste plus de cette ville, que quelques morceaux de colonnes de très-beaux marbres & de Porphyre, avec quelques salles souterraines ; soit que ce soit l'effet des débris amoncelés qui les couvrent, ou qu'elles aient été construites ainsi pour se mettre à l'abri des chaleurs dans un climat brûlant.

L'ardeur avec laquelle les Romains disputèrent aux Carthaginois, premiers occupans, le beau pays qui dans l'antiquité fut appelé l'Hespérie, montre assez qu'ils connoissoient l'importance, les richesses & les délices de cette belle contrée. « Nulle autre sur la Terre, dit un auteur Espagnol *, si l'on en excepté l'Italie, n'a été plus illustrée par les monumens de l'antiquité. On y voit par-tout des ruines de ponts, d'aqueducs, de temples, de théâtres, de cirques, d'amphithéâtres & d'autres édifices publics, que la barbarie des Maures, l'ignorance & la superstition de nos compatriotes ont détruits & renversés plutôt que l'injure du temps. »

Aujourd'hui les Espagnols vivent au sein des richesses qu'ils qu'ils méconnoiffent, ou dont ils dédaignent l'ufage & la poffeffion, au point qu'il n'y a pas un homme dans ce pays qui ne crût faire un acte méritoire & agréable à Dieu en détruifant tous les ouvrages faits dans les fiècles du paganifme. Nous avons cependant une defcription fort intéreffante du théâtre de Sagunte, aujourd'hui Morviedro, par *D. Manuel de Marti.*

Quelques Écrivains moins ignorans & moins fuperftitieux que le général des Auteurs de ce pays, ont parlé des antiquités qui s'y trouvent; mais c'eft plus aux Étrangers qu'aux Nationaux que nous devons ce que nous avons à en rapporter. On trouve peu de monumens de l'antiquité dans les royaumes de Navarre & d'Arragon; Plutarque feulement, dans la Vie de Sertorius, nous apprend que ce Général établit à Huefca une Académie pour former la Jeuneffe aux Sciences & aux exercices. Il y a lieu de croire que ce politique Général en fit le dépôt des ôtages qui lui garantiffoient la fidélité des Chefs du pays, fous le prétexte d'y élever leurs enfans.

À Barcelonne, dans la Catalogne, on voit fept colonnes fur le même alignement & une en retour, de proportion grêle, qui felon *D. Mayans,* doivent avoir fait partie du portique de quelque temple; & dans l'églife de Saint-Michel de cette ville, plufieurs compartimens d'ancienne mofaïque, qui par les figures qu'ils repréfentent donnent lieu de croire qu'il fut le pavé d'un temple dédié à Neptune *. On y voit auffi un bas-relief du meilleur goût de deffin, qu'on croit avoir fait partie de la décoration d'un ancien tombeau.

A Tarragone dans la même province, on bâtit jadis un temple à Augufte. On trouve dans cette ville & fes environs, une grande quantité de médailles, d'infcriptions & de

3.me ÂGE
DU MONDE.

ESPAGNE.

* Recueil
d'Antiquités,
par M. le c.^{te} de
Caylus, t. IV.

X

monumens antiques. La place nommée *de la Fuente*, fut un cirque dont la forme eft encore marquée par les ruines qui s'y trouvent. On y voit encore les reftes d'un théâtre en partie taillé dans le roc & en partie bâti de gros quartiers de marbre, des débris duquel on s'eft fervi dans la conf-truction de l'églife qui l'avoifine.

Ampurias, jadis Emporium, ville fondée par les mêmes Phocéens qui bâtirent Marfeille, éleva du temps de Céfar un temple à Diane, près duquel étoit une colonne qui portoit cette infcription : *Emporitani populi Græci hoc templum fub nomine Dianæ Ephefiæ eo fæculo condidêre, quo, nec relictâ linguâ, nec idiomate patriæ Iberæ recepto, in mores, in linguam, in jura in ditionem ceffêre Romanam, M. Cethego & L. Apronio Coff.*

Nous avons précédemment parlé de Morviedro qui fut l'ancienne Sagunte; on y voit les reftes d'un ancien amphi-théâtre des Romains qui a trois cents cinquante-fept pieds romains de diamètre; il a vingt-fix rangs de fiéges taillés dans le roc : les voûtes en font fi épaiffes & d'une ftructure fi forte que le temps n'a pu les détruire, & qu'il y a lieu de croire qu'elles fubfifteront encore long-temps.

A Cartama, ville du royaume de Grenade, on voit une infcription qui prouve qu'il y eut autrefois des portiques; la voici : *Junia D. F. Ruftica Sacerdos & prima in municipio Cartimitanorium , porticus publicas vetuftate corruptas refecit.*

En 1565, à Séville dans le royaume de Cordoue, on découvrit plufieurs reftes d'anciens monumens & de tom-beaux; entre autres curiofités, on trouva dans l'un de ces tombeaux un cercueil de plomb qui renfermoit une urne de forme ovale, pleine d'os & de cendres, avec trois fioles

de verre. L'infcription gravée fur le tombeau eft d'un ftyle
barbare & qui fent le Bas-empire; on y trouva des cryptes
fouterraines où catacombes, avec deux tombeaux qui furent
ceux de deux Religieufes Chrétiennes, *Paula Excelfa ,*
Cerevella Excelfa; toutes deux fe difent *familia Chrifti :*
l'une mourut en 585, l'autre en 600 *(f).*

A une lieue de-là, on trouve les débris d'un édifice
immenfe, mais les infcriptions qui s'y lifent font voir que
c'eft un ouvrage des Goths. Dans un autre endroit & à
même diftance de cette ville, on voit ceux d'un théâtre
dont la conftruction eft vraiment de ftyle romain.

Dans Alcantara on aperçoit les reftes d'un pont qui fut
d'une grandeur extraordinaire & d'une élévation proportionnée, qui traverfoit des marais. On voit encore fur le
pont des piédeftaux & quelques colonnes de jafpe vert qui
le décoroient, plufieurs de ces colonnes ont été tranfportées
à Séville pour en embellir la métropole.

Cadiz fut une ville que fon port & fa fituation rendirent
célèbre fous l'empire d'Augufte; on y compta cinq cents
chevaliers Romains & des citoyens dans la même proportion. Dans nos temps modernes, les ruines d'un temple

3.me ÂGE
DU MONDE.

ESPAGNE.

(f) Il eft prouvé que lorfque les Maures occupoient l'Efpagne , ils avoient
rendu le Guadalquivir , navigable de Cordoue à Séville, & depuis *Séville*
au-deffous, jufqu'à Xérès. Le bras oriental de cette rivière, fur lequel Xérès
eft fituée, eft actuellement comblé; l'autre eft à quatre lieues de-là. Cette
rivière étoit encore navigable en 1291 fous Alphonfe le Sage, comme il
paroît par un Édit de ce Prince, confirmatif des priviléges accordés par fon
père, à la navigation de Cordoue à Séville, en 1288. *Defcription de l'Efpagne,*
par Colmenao, tome III, page 24; *& les antiquités d'Ecija, par le P. Martin de*
Roa; une Requête des Bateliers de cette rivière à Don Pèdre le Jufticier, de 1398.
Les Annales de Séville à l'an 1561. Philippe III forma le deffein de refaire
ce canal, & d'en faire un fecond pour unir le Guadalète au Guadalquivir ,
comme il paroît par une Déclaration de ce Monarque du 23 décembre 1626;
on ne fait ce qui en a empêché l'effet.

dédié à Hercule y exiſtoient encore, & l'on y apercevoit auſſi deux colonnes de bronze de huit coudées, ſur leſquelles étoit gravée l'époque de la fondation de ce temple, & ce qu'il avoit coûté à bâtir. L'hiſtoire Romaine fait mention d'une ſtatue d'Alexandre le Grand qu'y trouva Jules Céſar : c'étoit ſans doute un ouvrage des Grecs.

On voit à Badajoz dans l'Eſtramadoure, un pont magnifique, conſtruit par les Romains ſur la Guadiana, qui a ſept cents pas de long ſur quatorze de large avec trente arches. À Mérida, autrefois *Emerita Auguſta,* fondée par Auguſte, l'an 706 de Rome, on trouve ſur la même rivière un autre pont d'une conſtruction encore plus conſidérable que le précédent, & deux acqueducs pour y conduire de l'eau de quatre lieues ; d'une voie Romaine que fit rétablir Veſpaſien ; d'un arc de triomphe aſſez bien conſervé. Les matériaux de l'ancien acqueduc ont ſervi à en conſtruire un nouveau bien inférieur au premier, & dont on peut juger par les arcades qui en reſtent. Une partie du pont, dont nous venons de parler, fut emportée en 1610.

On voit encore à Mérida, ville ancienne de cette même province, & qui fut conſidérable ſous l'empire d'Auguſte, des reſtes précieux de la plus belle architecture ; mais cette ville ayant été cinq cents vingt ans au pouvoir des Maures, nation ſuperſtitieuſe & jalouſe des productions du génie des Romains, ils n'y ont laiſſé ſubſiſter que ce qu'ils n'ont pu détruire.

À Alcantara, ſur le bord oriental du Tage, eſt un pont magnifique, conſtruit ſous Trajan ſelon l'inſcription qu'on voit ſur l'une des arches ; il y avoit autrefois quatre marbres incruſtés, ſur leſquels étoit gravée une inſcription qui marquoit les noms des villes qui avoient contribué aux frais de

cette

de cette fuperbe conftruction : des quatre, il n'en refte qu'un feul où on lit : *Municipia provinciæ Lufitan. Stipe collatâ quæ opus pontis perfecerunt. Igoeditani, Lannenfes, Opidani, Talori, Interamnienfes, Colarni, Lanuenfes, Tranfcandani, Aravi, Meidubrigenfes, Arabrigenfes, Banienfes, Pæfures.*

A l'entrée de ce pont élevé de deux cents pieds au-deffus de l'eau, ce qui eft étonnant, de fix cents foixante - dix pieds de long fur vingt-huit de largeur, & qui n'a que fix arches, fait encore plus extraordinaire, on voit une petite chapelle, *facellum*, dédiée à Trajan, taillée dans le roc, avec une infcription à l'honneur de cet Empereur & de l'Architecte du pont, nommé *Lacer ;* les chrétiens l'ont depuis confacrée à Saint Julien.

A la Corogne, ville du royaume de Galice, connue du temps des Romains fous le nom de *Brigantium* ou *Portus Brigantinus,* fubfifte encore une vieille tour dont la ftructure eft fi hardie, & la bâtiffe fi folide, qu'elle excite l'admiration de tous ceux qui la voient. On peut juger de fon antiquité par cette infcription qu'on y lit encore: *Marti Auguft. Sacr. G. Sevius Lupus architectus A. F. Danienfis, Lufitanus exul.* Elle fut bâtie pour fervir de phare, & pour découvrir les vaiffeaux qui navigeoient dans ces parages.

On trouve dans le royaume de Léon les reftes d'un vieux chemin large & pavé par les Romains près de Salamanque; ce chemin qui conduifoit jufqu'à Mérida & de-là à Séville, étoit femé d'efpace en efpace de débris de colonnes abattues par le temps. Il fut réparé par l'empereur Adrien, comme le porte l'infcription fuivante qui y a été trouvée : *Imp. Cæfar Divi Trajani Parthici F. Divi Nervæ nepos Trajanus Hadrianus. Aug. Pont. Max.*

Y

Trib. Pot. V. Cof. III. reſtituit. On a découvert à Oviedo dans le royaume des Aſturies & dans l'égliſe de Saint-Sauveur de cette ville, un ancien tombeau avec une inſcription ſingulière : on n'en connoît pas la date. Dans les provinces de Biſcaye, de Guipuſcoa, d'Alaba & de la Rioja, on ne trouve rien qui mérite d'être ici rapporté.

Près de Logrogno dans la vieille Caſtille, on a découvert une inſcription qui eſt un monument de l'attachement d'un certain Bebricius pour le fameux Sertorius : monument plus reſpectable qu'une infinité d'autres qui n'ont eu que l'oſtentation ou la flatterie pour objet. Cette inſcription eſt telle : *Diis Manibus G. Sertorii M. Bibricius Calagurotanus devovi. Arbitratus eo ſublato, qui omnia cum Diis immortalibus communia habebat, me incolumen, &c.* Un des monumens les plus beaux eſt celui que les Eſpagnols appellent *Puente Segoviana,* aqueduc bâti par les Romains, ſous Trajan, pour la ville de Ségovie. Cet édifice merveilleux va d'une montagne à une autre dans une longueur de trois mille pas, formé de ſoixante-dix-ſept arcades d'une hauteur prodigieuſe & compoſé de deux rangs l'un ſur l'autre. Il fournit encore actuellement de l'eau à toutes les maiſons de la ville & des faubourgs de Ségovie.

Telle eſt la fabrique de ce monument immenſe qu'il ſubſiſte entier depuis bien des ſiècles, tandis que les petites réparations qu'on y fait de temps à autre durent tout au plus quinze à vingt ans.

Dans la Caſtille neuve, hors de l'enceinte de Tolède, on voyoit au commencement de ce ſiècle les reſtes d'un vaſte amphithéâtre, où l'on a trouvé un marbre antique avec cette inſcription : *Imp. Cæſ. M. Julio Philippo. Pio. Fel. Aug. Parthico. Pont. Max. Trib. Pot. P. P. Conſuli.*

Toletani devotiſſimi : Numini Majeſt. que ejus D. D.
ce qui paroît prouver qu'il fut conſtruit aux frais des habitans
de Tolède & conſacré à Philippe.

Parmi les monumens modernes, on compte les bains
d'Alama au royaume de Grenade & à ſept lieues de cette
ville, où les rois d'Eſpagne ont fait élever de vaſtes &
commodes bâtimens avec des cuves de pierre, où l'on
deſcend par des degrés pour ne prendre que la quantité
d'eau qu'on veut ; la métropole de Séville, dont le clocher
eſt regardé comme un chef-d'œuvre de l'art : ce ſont trois
tours l'une ſur l'autre avec des galeries & des balcons ; la
montée en eſt ſi douce qu'on peut parvenir en chaiſe rou-
lante ou même à cheval juſqu'au plus haut.

Les rois d'Eſpagne ont deux palais à Madrid ; l'un eſt
ſitué à l'une des extrémités de cette ville & l'autre nommé
Buen-retiro, bâti par Philippe IV. La ſalle de Comédie de
ce dernier palais eſt belle & magnifiquement décorée. Dans
le parc de Buen-retiro, on voit deux très-jolies maiſons de
plaiſance, l'une appelée *l'hermitage de Saint-Paul,* l'autre
l'hermitage de Saint-Antoine ; le premier eſt plus orné, le
ſecond plus agréablement ſitué : comme l'air de ce ſéjour eſt
pur, la Famille royale y paſſe d'ordinaire le printemps.

A l'oueſt de la ville, dans une vallée très-ſablonneuſe,
paſſe le ruiſſeau de Mançanarès, qui dans les fontes de
neiges & les grandes pluies devient un torrent dangereux.
C'eſt ſur cette rivière idéale que Philippe II fit bâtir le
ſuperbe pont qu'on y voit, dont quelqu'un a dit plaiſamment,
qu'*il faudroit le vendre pour acheter de l'eau ;* un autre,
que *les rivières attendent les ponts, qu'ici le pont attend
la rivière ;* un troiſième, que *ce pont ſeroit beau s'il avoit
une rivière.*

Au bout de ce pont on voit un château appelé *la Casa del Campo*, qui n'est remarquable que par une statue de bronze représentant Philippe III armé en guerre, & une fontaine aussi en bronze, représentant une forteresse avec ses canons & sa garde, dont toutes les pièces jettent de l'eau; à deux lieues de-là sur la même route est *le Pardo*; à cinq lieues est *l'Escurial*, le plus grand & le plus magnifique des édifices de l'Espagne. Philippe II le fit commencer en 1557; il réunit tout ce qu'on peut souhaiter dans une ville, un palais Royal, une église superbe, des cloîtres, un collége, une bibliothèque, de beaux jardins, un parc immense, de grandes promenades, de belles fontaines, des boutiques de Marchands & des ateliers pour les Artistes & les Artisans. Ce qu'il y a de plus beau & de plus remarquable dans ce vaste édifice, est l'église bâtie, dit-on, sur le modèle de Saint-Pierre de Rome. Dans l'une des chapelles on voit Charles-Quint vêtu de ses habits royaux, à genoux, ayant autour de lui ses enfans; & à l'opposite Philippe II, habillé aussi de même & dans la même posture avec sa famille. Ces groupes sont de bronze: les richesses de tous les genres y sont prodiguées; mais ce qu'il y a de plus admirable est une église souterraine appelée le *Panthéon*, faite sur les dessins du fameux temple de ce nom qu'Agrippa, gendre d'Auguste, consacra à l'honneur de tous les Dieux. Cet édifice vraiment auguste sert de mausolée aux rois d'Espagne & aux Princes de leur Sang. On peut voir la description de cette magnifique habitation dans tous les historiens de l'Espagne; ainsi nous nous dispenserons d'un plus grand détail.

Nous finirons cet article par la maison royale d'Aranjuez à sept lieues de Madrid, dans une position assez avantageuse

pour

pour être non-feulement un lieu très-agréable, mais une retraite affurée pour les Princes en cas de révolution; parce qu'on peut y faire une longue défenfe avec fort peu de Troupes.

Comme c'eft à la nation dont nous venons de parcourir les monumens que nous fommes redevables de la découverte & de la conquête d'un nouvel hémifphère, nous joindrons à fon article le peu de monumens que nous fournit le vafte continent de l'Amérique, au premier rang defquels nous mettrons les chauffées qui traverfoient le lac de Mexico pour fe rendre à cette ville des diverfes provinces de cet Empire, & les canaux qui divifoient les quartiers de cette ville célèbre, que les Efpagnols ont comblés depuis, le Palais Impérial & les temples de cette capitale, dont Antoine de Solis exalte les richeffes & la magnificence, le chemin royal du Pérou de cinq cents lieues, pour la confection duquel il fallut couper des rochers, aplanir des montagnes, combler de profondes vallées; chofe prefqu'incroyable pour un peuple à qui le fer manquoit; mais qu'on doit regarder comme un monument précieux de l'amour des Péruviens pour leurs fouverains. On prétend que le fervice des poftes s'y faifoit par des hommes placés de demi-lieue en demi-lieue; cet établiffement fi utile, & qui fait tant d'honneur à fes inventeurs, en doit faire infiniment plus à des peuples à peine fortis de la barbarie *(t)*.

Avant que les Romains euffent porté leurs armes dans les Gaules, on pouvoit regarder les habitans des Ifles qui forment aujourd'hui le royaume de la Grande-Bretagne par rapport à eux, comme font par rapport à nous, les habitans des continens arctiques & antarctiques; auffi Virgile, parlant

---

(t) Les Colléges & la Bibliothèque, fondés par le célèbre Franklin à Philadelphie, font des monumens non moins intéreffans pour les Penfylvains & pour la poftérité, que ceux dont nous avons parlé jufqu'ici.

Z

des Bretons, les regarde comme des barbares féparés du refte de la Terre, *& penitus toto divifos orbe Britannos.* Quels autres monumens peut-on attendre d'un peuple ifolé, que des ouvrages auffi groffiers qu'eux! C'eft auffi ce que nous repréfente parfaitement un amas énorme de ruines du comté de Wilfchire au lieu appelé *Stoneheng.* Tous les Antiquaires fe font partagés fur l'objet du vafte édifice qui y fut conftruit; mais les opinions fe réuniffent toutes actuellement à celle du Docteur Stukély, qui prétend que ce fut un collége & un temple de Druides : les pierres qui ont fervi à la conf-truction de ce groffier édifice, font de telle grandeur, qu'on ne conçoit pas comment elles ont pu être amenées là de fept lieues au moins, d'autant qu'on ne trouve point de carrières à une moindre diftance.

Ce Collége fut élevé fur le penchant d'une colline. Un ancien Auteur Anglois, à l'afpect de ces ruines, comparoit cet amas de pierres à une carrière en l'air, & ce qui refte de cet énorme bâtiment fur pied avec les ruines éparfes, aux débris d'une montagne éboulée; on y diftingue encore deux falles rondes, de cent huit pieds de diamètre, & deux ovales, dont le plus long diamètre eft de cent pieds; des reftes de galeries y fubfiftent encore, ainfi que le fanctuaire où les Druides pouvoient feuls entrer, & un autel au fond de ce fanctuaire, que les ruines du comble ont prefqu'entièrement furmonté, ce qui le fait paroître très-enfoncé. Aux environs de ces reftes de mafures, on trouve beaucoup de tombeaux qui renferment probablement les cendres de ces Druides ou de leurs dévots; mais nul monument écrit ne peut inftruire de la qualité des perfonnages qu'ils renferment.

Dans le comté de Kent, eft un chemin pavé, qu'on croit de fabrique romaine, & un édifice de ftyle romain. Des

Auteurs prétendent que le *Portus lemanus* étoit en cet endroit. Dans le même comté, fur le chemin de Sandvich, on voit les reftes d'un amphithéâtre.

Parmi les monumens du moyen âge, on peut compter un tombeau découvert dans le fiècle dernier, qui renfermoit un fquelette avec une lance de fer, ayant à côté de lui une ftatue d'albâtre, tenant une épée d'une main & portant dans l'autre le bufte d'une jeune fille avec un globe.

L'églife de Salifbury eft un monument dont les connoiffeurs admirent la ftructure élégante & légère. On lit fur l'un des piliers de cette bafilique, cette fingulière infcription en vers Anglois, dont le fens eft : *Dans cette églife, fruit de l'induftrie des hommes, vous trouverez autant de fenêtres que de jours dans l'an. Chaque jour fe repofe fur autant de piliers de marbre qu'il y a d'heures. Chaque chapelle y fert de palais à chaque mois, qui, pour fortir, n'emprunte pas la porte de fon voifin.* Ce faint édifice a la forme d'une lanterne.

On peut mettre au nombre des plus remarquables monumens du moyen âge la tour de Londres, & la célèbre abbaye de Weftminfter.

Cette tour, dont contre toute vraifemblance on attribue la conftruction à Céfar, eft une efpèce de fortereffe dans le genre de la baftille. Sa forme eft quarrée & commande la cité ainfi que la rivière. Elle a, dit-on, un mille de circonférence, & fut dans tous les temps un lieu de retraite pour les Rois lors des troubles de l'État : ils y entretiennent toujours une forte garnifon, & ils l'ont également munie d'une artillerie redoutable.

Ce monument a plufieurs deftinations, dont la principale eft de fervir de prifon d'État ; la monnoie du Prince s'y frappe : elle fert d'arfenal & de dépôt aux joyaux de la Couronne

& aux archives de la Nation, & contient une infinité de titres, de chartes & autres papiers concernant les anciennes Maisons d'Angleterre & de France : objets précieux qui s'y trouvent confondus, &, pour ainsi dire, enfouis. On y voit une salle d'armes, qui contient la collection la plus rare & la plus précieuse qu'il y ait dans ce genre. D'ailleurs cette tour n'a rien de remarquable que son antiquité & sa masse assez redoutable.

L'abbaye de Westminster fut célèbre dans l'antiquité par ses grandes richesses. Sibert, le premier roi Saxon d'Essex, qui embrassa le Christianisme, en fut le fondateur & la dédia à Saint Pierre, l'an de grâce 612. L'édifice, tel qu'on le voit de nos jours, est de l'an 1210, sous le règne de Henri III. Cette église fut sécularisée lors de la réformation, & est actuellement l'un des plus augustes chapitres de l'Europe.

Ce monastère répond en quelque sorte à celui de Saint-Denys en France, soit par sa magnificence, son opulence & sa destination. C'est le lieu du couronnement & de la sépulture des rois de la Grande-Bretagne, ce qui rend ce monument recommandable. Le Parlement de la nation, composé des Seigneurs spirituels & temporels, ainsi que des Députés des provinces, s'y assemble. Une infinité d'autres tombeaux que ceux des Rois s'y trouvent réunis, & les monumens érigés à la mémoire des Seigneurs illustres, y sont remarquables par leur composition & leur exécution.

Celui de Milord Hollis, duc de Newcastle, est un des plus beaux. L'on admire le mausolée du Capitaine Cornval, élevé depuis peu & riche de composition. Les Docteurs, les Poëtes, les Peintres & autres génies & Artistes célèbres, y ont également leurs tombeaux caractéristiques ; jusqu'aux grands Acteurs y ont leur sépulture.

Guillaume

Guillaume Shakefpear, fameux Auteur tragique, y repofe
avec cette infcription remarquable.

Guilielmo Shakefpear,
Anno poft mortem CXXIV,
Amor publicus pofuit.

Celui de Prior, poëte célèbre & Ambaffadeur en France,
ceux de Dryden, Philips, Cowley, Congrêve, Ben-
Jonhfon, tous Poëtes & Savans renommés; comme auffi
le tombeau du divin Milton, de Butler, auteur du poëme
d'Hudibras, & ceux d'une infinité d'autres Savans, tels que
Geoffroi Chaucer, père de la poëfie angloife; de Pope &
d'Adiffon, Poëtes philofophes; de Cambden, Hiftorien;
d'Ifaac Barow, Ernert, Grabe, tous trois Théologiens,
& celui de l'illuftre Saint-Evremont.

Enfin l'on y lit une infcription d'un nommé Parr, natif
de la province de Falop, qui naquit l'an 1483 & vécut
fous les règnes de dix Princes; favoir, depuis Édouard IV
jufqu'au règne de Charles Ier & fut enterré le 15 novembre
1635, après avoir vécu cent cinquante-deux ans : il a été
peint par Vandeick.

Dans plufieurs chapelles font les maufolées les plus dif-
tingués; on y voit ceux de la fameufe Élifabeth, reine
d'Angleterre, & de Marie Stuart, reine d'Écoffe; fous la
même tombe repofent les cendres d'Édouard V & de fon
frère Richard, duc d'Yorck : un monument fimple a été
érigé par l'ordre de Charles II à la mémoire de ces Princes
infortunés.

Une fuite d'autres monumens confacrés également à la
mémoire d'une infinité de Princes & Princeffes, rend ce
monaftère très-recommandable; & l'on eft faifi d'un faint
refpect quand on parcourt cette immenfité de maufolées

tous variés & défignant toujours l'état de ceux pour qui ils ont été élevés ; repréfentant également les différens coftumes des divers fiècles, particulièrement celui des Guerriers, avec leurs attributs & les différentes armes dont ils faifoient ufage.

Quand d'un œil philofophique l'on contemple fous la même voûte un peuple entier de Citoyens de tous états, & qu'on y voit les dépouilles du fubalterne, homme de génie, repofer aux côtés de celles du Souverain, ne peut-on pas s'écrier avec la même admiration qu'un de nos Auteurs les plus célèbres de ce fiècle : *ô Nation, la feule penfante de l'Univers !* Ce feul trait caractérife ce peuple républicain, & le rend bien refpectable en ce qu'il honore d'une manière fi particulière les cendres des Membres qui furent utiles au corps national, foit par leur génie, foit par leurs vertus, leurs fervices perfonnels, ou même par leurs talens.

C'eft avec douleur que nous nous permettons encore ici une obfervation : notre nation femble peut-être trop divifée d'intérêts pour jamais concourir à élever des monumens à fes illuftres concitoyens ; en voici un exemple bien frappant.

Le grand Defcartes retiré dans la Nord-Hollande pour s'y livrer en paix à la méditation des grands objets de la Nature & même de la Morale, eft appelé en Suède par la reine Chriftine & meurt à Stockolm ; les Suédois pleins de refpect pour la mémoire de ce génie fublime, & voulant que la poftérité jugeât de fon mérite éminent par leur reconnoiffance, rendirent à cet illuftre Philofophe tous les honneurs funèbres, & quoique d'une autre communion que la leur, lui érigèrent un monument en marbre avec une belle infcription. La famille de Defcartes réclama fon corps, qui fut auffitôt conduit à Paris & dépofé dans l'églife de

Sainte-Geneviève, où à peine peut-on y lire aujourd'hui une simple inscription fixée sur un des piliers de la nef. Ne seroit-ce donc pas le cas d'élever à ce grand homme une statue dans une des chapelles de Sainte-Geneviève, lorsque ce nouveau & superbe temple sera terminé!

L'incendie de 1666 fut presque général dans Londres, puisqu'il consuma plus de treize mille maisons, & presque tous les édifices publics, tant anciens que modernes, dans l'espace seulement de trois jours, où cependant il n'y eut que huit personnes qui périrent. Cet incendie commença chez un Boulanger; il falloit qu'alors la ville ne fût bâtie qu'en bois, puisque le feu se communiqua aussi promptement. Les habitans eurent sept ans pour construire leurs maisons & autres édifices publics; mais par une espèce de prodige, cette ville fut renouvelée dans l'espace de trois années seulement, & avec bien plus de solidité & d'agrément qu'avant ce désastre affreux. La perte fut énorme, puisqu'elle se monta par un compte, même modéré, à neuf millions de livres sterlings.

Les égouts, les quais furent commencés dans le même temps. On érigea aussi cette superbe colonne appelée *le Monument*, qui en effet en est un bien remarquable de cette affreuse catastrophe; & l'on commença à jeter les fondemens de la nouvelle église métropolitaine de Saint-Paul, sur l'emplacement de l'ancienne qui avoit été également incendiée.

La colonne ou *Monument* fut consacrée en mémoire de l'incendie dont nous venons de parler; elle est d'ordre dorique & cannelée, portant sur un piédestal quarré, de quarante pieds de haut sur vingt-un de diamètre: son exhaussement en totalité est de deux cents deux pieds: l'on monte jufqu'au plus haut par un efcalier en vis, & l'on trouve une baluftrade de fer à fon fommet d'où l'on découvre toute l'étendue de cette ville immenfe & fes environs.

Les infcriptions qui fe trouvent fur les cartels du piédeftal, expriment très au long tous les malheurs que Londres éprouva par cet incendie, & les détails en font toujours intéreffans pour les nationaux qui les lifent. L'on peut encore y lire une infcription qui nous a été confervée, quoiqu'elle ait été détruite par ordre de Jacques II, mais qu'on a rétablie après la révolution qui le détrôna; la voici :

« Cette colonne a été érigée en mémoire perpétuelle
» du terrible incendie de cette ville Proteftante, tramé & exé-
» cuté par la perfidie & malice des Papiftes, au commencement
» de feptembre, l'an de grâce 1666, afin de pouvoir exécuter
» l'exécrable complot fait pour extirper la religion Proteftante
» & l'ancienne liberté Angloife, & pour introduire le Papifme
& l'efclavage. »

Le célèbre M. Hume & tous fes concitoyens philofophes, regardent avec jufte raifon, cette infcription comme l'ouvrage du fanatifme le plus outré.

Ce fut près de l'abbaie de Weftminfter, qu'on commença en 1739, un pont fuperbe, qui n'a été terminé qu'en 1751. Ce monument a douze cents vingt-trois pieds de longueur fur quarante-quatre de large, avec quinze arches; ce pont eft un des plus beaux ornemens de Londres, & répond pour la magnificence à l'utilité & à la dignité de cette immenfe capitale.

On travaille actuellement à la reconftruction de celui qu'on appelle le *pont de Londres*, & l'on a prévu dans cette ville, ce qu'un jour on fentira peut-être dans la capitale de la France, qu'il y a plus d'un inconvénient à écrafer des

ponts

ponts, de maifons extrêmement élevées; qu'un dégel fubit & confidérable ou une crûe extraordinaire, peuvent entraîner dans la ruine des ponts, la perte d'un grand nombre de citoyens. C'eft à côté de ce pont qu'eft une des plus belles machines hydrauliques connues, qui donne à la ville un volume confidérable d'eau, & cette machine qui s'élève avec le flux, fe baiffe par conféquent à la marée tombante.

Les édifices publics de Londres font en général très-vaftes & d'une diftribution propre aux ufages auxquels ils ont été deftinés, mais ils ne peuvent point être cités comme des monumens remarquables. La partie des arts d'Architecture & de Sculpture y eft abfolument négligée; difons cependant à la louange de cette nation, qu'il fe trouve dans fon fein des hommes d'un goût éclairé par l'habitude de voir & de comparer, & continuellement occupés à parcourir les pays étrangers pour y faire des collections en tous genres, riches par le nombre & précieufes par le choix, foit en fculpture, en antiques, & fur-tout en tableaux des écoles d'Italie & de France; mais les Artiftes, dans ces deux parties principales, n'y font point renommés.

Nous ne pouvons paffer fous filence la fuperbe bafilique de Saint-Paul, la première de ce nom, fondée par Éthelbert, l'an 610, qui, ainfi que nous venons de l'obferver, fut réduite en cendres par l'incendie de 1666. On commença donc à la rebâtir fur le même emplacement le 21 juin 1675. Le chevalier Chriftophe Wren, qui en donna les plans, eut la fatisfaction de la voir finir, quoiqu'on eût employé quarante ans à la terminer, ainfi que Strong qui en conduifit l'exé-cution; cette Bafilique a cinq cents pieds de long, deux cents quarante-neuf de large : fon pourtour, deux mille deux cents quatre-vingt-douze pieds; la nef a quatre-vingt-huit pieds

B b

d'exhauffement dans œuvre, & le dôme trois cents quarante, dont le diamètre eft de cent treize pieds. D'après ce qu'on en vient de dire, l'on peut donc certifier que c'eft le temple le plus vafte du Monde après Saint-Pierre de Rome.

La Bourfe, la Banque royale, le Bureau général de la pofte, la Douane, les Colléges, les Hôpitaux, le *Mufæum* Britannique, font des bâtimens dont la grandeur répond à l'importance de leur deftination.

Les Palais des rois d'Angleterre n'ont de remarquable que l'immenfité du terrein qu'ils embraffent. Les promenades de Saint-James & Hideparc, ne font point comparables, ni pour la diftribution ni pour la magnificence & les richeffes en fculptures, au jardin des Tuileries de Paris. Hamptoncourt, Kinfington & Windfor, n'ont rien qu'on puiffe comparer à Verfailles, à Marli, à Trianon.

Avant d'en venir à la France, par laquelle nous terminerons cette Differtation, nous ne pouvons nous difpenfer de recueillir quelques monumens du nord de l'Europe.

Les Cimbres, les Teutons & ces Hordes hyperborées qui, comme des torrens, n'ont laiffé fur leurs paffages que des veftiges de deftruction, ne doivent pas avoir été très-propres à conftruire; & le peu qui nous refte des monumens anciens de ces pays feptentrionaux, eft auffi fauvage & auffi barbare que les peuples qui les habitoient. Cependant la Suède nous en fournit quelques-uns qui, par leur antiquité & leur fingularité, méritent bien d'avoir place dans ce Difcours.

On voit entr'autres dans les environs de Stockolm, un antique Palais entouré de fortes chaînes qui le foutiennent & retardent fon entière dégradation. Si l'on en croit la tradition du pays, les Auteurs qui en parlent, & particulièrement une

inícription qui fe trouve fur cet édifice, fa conftruction
remonte à l'an 266 après le déluge; on fent de refte l'in-
vraifemblance d'une pareille affertion. Quelle apparence, en
effet, que les Grecs, près du berceau du genre humain,
n'aient été inftruits que tard, & que ces peuples feptentrionaux
aient eu l'écriture à une date fi peu éloignée de cette affreufe
cataftrophe qui bouleverfa toute la Terre!

On voit aux environs de ce même édifice, qui dut être
un temple, des puits où l'on égorgeoit les victimes, &
les autels fur lefquels on les brûloit; une fingularité de la
Nature, & qui doit certainement étonner fi elle eft vraie,
c'eft un chêne toujours vert, dont le tronc & le branchage
atteftent l'antiquité, & qu'on dit également être du même
âge que cet édifice, & le contemporain des ruines amon-
celées qui jonchent les campagnes d'alentour, & d'une
infinité de pierres hyéroglyphiques jufqu'à préfent indéchif-
frables, mais dont quelques-unes portent l'empreinte de la
nouvelle loi.

Il eft certain que les matériaux de ces édifices paroiffent
à la qualité de leur grain, être d'une nature prefque
indeftructible; ce qui n'a pas peu contribué à les conferver
jufqu'à nos jours. On voit auffi dans plufieurs cantons de la
Suède, de ces tertres élevés au milieu des campagnes,
femblables à ceux qu'on voit près de Tongres, & qu'on
appelle tombes, *Tumuli,* qu'on dit être les tombeaux des
guerriers illuftres de ces temps.

Quant aux édifices modernes, nulle part, même à Rome,
on n'en voit de plus magnifiques & en plus grand nombre
que dans la Suède; il ne faut que jeter les yeux fur la belle
collection qui s'en trouve à la Bibliothèque du Roi, dans
deux gros volumes de gravures précieufes, pour juger

qu'on n'exagère point à cet égard, nous y renvoyons nos Lecteurs.

Quant à la Ruſſie, le monument le plus ſingulier dont ce vaſte empire puiſſe ſe glorifier, c'eſt le *Czar Pierre 1.er* ſurnommé le Grand, à plus juſte titre qu'aucun Monarque de la terre. Ce Prince, le phénomène le plus rare qui ait paru ſous le ciel, a tout créé dans ſes États, juſqu'à ſa nation même : arts, ſciences, commerce, navigation, guerre, politique, légiſlation, ſociétés réunies, villes, temples, tout enfin y eſt paſſé, dans le plus court eſpace de temps, de l'enfance à la virilité ; & cette nation, *nulle,* pour ainſi dire, avant lui ſur la terre, y joue actuellement un rôle diſtingué, & n'a peut-être déjà que trop d'influence ſur le ſyſtème politique de l'Europe.

L'art offre en Ruſſie pluſieurs choſes qu'on peut admirer ; la première, & la plus étonnante peut-être, c'eſt une ville conſidérable, *Péterſbourg,* capitale de ce vaſte Empire, avec port, arſenal, fonderie, corderie, écoles de Cadets de terre & de mer, autres maiſons d'éducation, & un très-grand nombre d'égliſes, d'édifices particuliers & publics, de palais & de grandes maiſons, couvrant un eſpace immenſe qui n'étoit, il y a ſoixante ans, qu'un vaſte marais : lorſque cette penſée ſe réunit au ſpectacle des lieux, elle effraie. La ſeconde eſt un très-beau quai, conſtruit ſur un des bords de la *Neva,* rivière rapide & profonde ; cet ouvrage eſt digne par ſa difficulté & par ſa beauté, de la hardieſſe des Grecs & de la grandeur des Romains. La troiſième eſt le monument élevé par *Catherine II* à la gloire de *Pierre 1.er*

C'eſt une ſtatue équeſtre ; l'homme & le cheval ſont d'une grandeur double de nature ; l'idée en eſt hardie : on

voit

voit le héros fondateur & protecteur de l'Empire, fran-
chiffant une montagne efcarpée, au galop; le cheval ne
touche au roc qui lui fert de bafe, que par fa queue & fes
deux pieds de derrière; le refte de l'animal eft en l'air &
fans aucun fupport fous le ventre ni d'aucun autre côté; il
s'appuie fur fes jarets, le gonflement des mufcles de l'arrière-
main montre toute la violence de fon effort, & il s'élance.
Sur ce cheval fougueux, *Pierre I.er* eft tranquille, noble &
fier : les pieds de derrière de l'animal écrafent un ferpent,
fymbole de l'Envie qui a traverfé dans tous les temps les
grands hommes dans leurs entreprifes. Ce ferpent très-natu-
rellement imaginé, fert encore à confolider le monument fur
fon piédeftal. Des connoiffeurs nous ont affuré que ce grand
travail réuniffoit la vérité de la Nature au merveilleux de la
Poëfie, la force de l'exécution avec le charme de la grâce.

C'eft la production d'un célèbre artifte François, appelé
Étienne Falconnet (dont nous aurons encore occafion de
parler dans la fuite de cet ouvrage), qui s'étoit diftingué
en France par de beaux ouvrages, lorfque l'Impératrice
régnante l'appela en Ruffie, où fon génie fut encore encouragé
par la faveur de cette grande Souveraine. L'ouvrage eft
achevé, & fon entier fuccès ne dépend plus que de la fonte;
plaife au ciel qu'elle foit heureufe !

Mais nous oublierions un objet trop important pour les
Amateurs des mécaniques, fi nous paffions fous filence le
piédeftal de ce fuperbe monument.

C'étoit une très-grande difficulté à furmonter; conftruit
de plufieurs quartiers de pierre reliés par les plus fortes
attaches de fer, il étoit encore à craindre que l'extrême
rigueur des hivers ne les féparât; & qu'un jour le tout
n'expofât qu'un amas de ruines. On étoit occupé à prévenir

3.me ÂGE
DU MONDE.

RUSSIE.

cet évènement, lorfque l'on découvrit dans une baie voifine du golfe de *Finlande*, à neuf *verftes* du bord de l'eau, un bloc de granite de quarante-quatre pieds de longueur fur vingt-fept de largeur & vingt-deux de hauteur; mais il s'agiffoit de tranfporter ce bloc, dont le poids total étoit de cinq millions de livres. Où fe trouvoit la machine capable de mettre en mouvement cette énorme maffe ! dans la tête d'un homme de génie. On commença par en rétrancher fur le lieu environ deux millions de livres; enfuite, avec des peines infinies, on parvint à enlever la maffe reftante de trois millions, & à la placer fur de longues poutres creufées en gouttières & revêtues de fortes lames de cuivre; ces gouttières fervoient à retenir des boulets de fer : la poutre inférieure, qui touchoit à la terre, formoit le chemin; la gouttière fupérieure, le moyen de tranfport, fur laquelle repofoit le bloc ; & les boulets contenus entre les deux gouttières, faifoient la fonction de roues.

Ce fut à l'aide de cet appareil fort fimple, qui traînoit à fa fuite & des hommes de fervice & des ateliers, que le bloc, après une infinité d'accidens occafionnés par les difficultés d'une marche fouvent tortueufe, & à travers un terrein inégal, mou & fangeux, parvint à la rive du golfe, où il fut placé fur un radeau piloté, & tranfporté à Péterfbourg où fon débarquement préfenta de nouvelles difficultés; mais de quoi ne vient point à bout l'homme, lorfqu'il entend la voix d'un maître chéri qui l'invite par ces fortes de récompenfes qui le déterminent fouvent jufqu'au facrifice de fa vie ! c'eft ce que *Catherine II* fait faire. C'eft elle qui fans effort oublie fouvent fon autorité illimitée, pour ne s'adreffer qu'à l'amour de fes fujets.

Remontons aux monumens des 1.ers âges de ce vafte Empire.

Avant que l'Apôtre Saint André eût prêché la foi évangélique dans ces climats barbares, on adoroit à Nowogrod une idole coloffale de pierre, qui avoit la forme humaine & tenoit une pierre enflammée dans la main. On entretenoit un feu perpétuel de bois de chêne à fes pieds, & fi ce feu venoit à s'éteindre par la négligence des Miniftres à ce prépofés, ils étoient auffitôt punis de mort.

Dans la province d'Obdorie, on voit encore une idole de la plus haute antiquité, que les habitans appellent *Zolota Baba* ou la *Vieille d'or*, quoiqu'elle ne foit cependant que de pierre. C'eft l'image d'une vieille femme tenant un enfant fur fon giron & en ayant un autre à côté d'elle. On lui offre des fourrures les plus précieufes, & on lui frotte le vifage & les yeux du fang des bêtes qu'on tue à fon intention. On dit que la montagne fur laquelle cette idole eft placée, rend continuellement des fons comme ceux de la trompette ou comme le mugiffement des bœufs; ce qui peut naturellement fe faire par des canaux fouterrains, où l'air paffant continuellement produit cet effet *. Il ne paroît pas que les Mofcovites, les Ruffes, les Tartares ni les Sarmates aient eu des temples. Jean Melet qui a féjourné pendant long-temps dans le duché de Pruffe en Samogitie, dans la Lithuanie & la Livonie, dit que ces peuples facrifioient jadis aux démons, & que malgré la lumière de l'Évangile, dès long-temps reçue dans ce pays, le peuple pratiquoit encore de fon temps en fecret ces abominations.

Chez les Sudins, peuple de la Pruffe, vers la fin d'avril on faifoit une fête en l'honneur d'un génie qu'ils appeloient *Pergrubius*. Le Sacrificateur prenoit un vafe plein de bière, & après une invocation à ce Génie, il lui adreffoit ces mots: *C'eft toi qui chaffes l'hiver & ramènes les charmes du*

3.me ÂGE
DU MONDE.

RUSSIE.

* *Hodoepor.*
Ruthenicum,
Jacob. Dan.

PRUSSE.

printemps ; c'est par ton pouvoir que nos campagnes, nos jardins & nos forêts se couvrent de fleurs & de verdure ; puis prenant le vase dans ses dents, il buvoit sans se servir de ses mains, & après avoir bu, il jetoit, par un effort de sa bouche, le vase par - dessus sa tête, après quoi tous les assistans buvoient l'un après l'autre dans le même vase. On chantoit ensuite un cantique à l'honneur de ce Génie, & le reste du jour se passoit en festins & en danses.

En commençant la moisson, ils sacrifioient au génie *Zazinck ;* & à la fin de la moisson, au génie *Ozinck.*

Le sacrifice du chevreau se faisoit ainsi. Le Sacrificateur, après avoir rassemblé le peuple dans un grenier, faisoit venir le chevreau qu'il devoit sacrifier, invoquoit ensuite *Occopirnus,* le Dieu du ciel & de la terre; *Autrimpus,* le Dieu de la mer; *Gardoœtes,* le Dieu des Nautonniers; *Potrympus,* le Dieu des rivières & des fontaines; *Pilvitus,* le Dieu des richesses; *Pergrubius,* le Dieu du printemps, dont nous venons de parler; *Pocclus,* le Dieu de l'enfer & des ténèbres; *Poccolus,* le protecteur des forêts sacrées; *Ausceurus,* le Dieu de la santé & de la maladie; *Marcoppolus,* le protecteur des grands & des nobles; les *Baurstcces* ou les Génies qui habitent dans le sein de la terre.

Cette invocation faite, tous les assistans levoient ensemble le chevreau jusqu'à ce que le cantique qu'on chantoit en l'honneur de ces Divinités imaginaires fût fini, après quoi on le mettoit à terre. Le Sacrificateur exhortoit ensuite à renouveler cette cérémonie, sagement instituée par leurs ancêtres, avec la piété requise. Cette courte exhortation terminée, alors il égorgeoit la victime, dont le sang étoit reçu dans une coupe, il en aspergeoit l'assemblée, en donnoit aux femmes la chair pour la faire cuire; & pendant qu'elle

cuisoit,

cuifoit, elles faifoient des petits gâteaux de farine de feigle, que les hommes qui entouroient le feu jetoient dedans, & qu'ils y laiſſoient jufqu'à ce qu'ils durciſſent. Cette cérémonie finiſſoit par un grand feſtin où l'on paſſoit la nuit ; & le lendemain, à la pointe du jour, on fortoit de ce lieu pour aller enterrer les reſtes de ce feſtin, afin que ni les oifeaux, ni les autres bêtes ne les puſſent manger.

Dans la Samogitie on avoit une vénération toute particulière pour *Putfcætus*, le protecteur des forêts facrées : on lui facrifioit avec du pain, fous un fureau, que ces peuples barbares croyoient qu'il aimoit préférablement à tous les arbres. Ils prioient cette Divinité de leur être favorable auprès de *Marcoppolus*, le Dieu des grands, pour que leurs fouverains ne leur rendiſſent pas le joug trop dur, & pour que les Génies fouterrains les viſitaſſent, parce qu'ils croyoient que les Génies fecondaires, venant habiter avec eux, feroient profpérer leur maifon; enfin pour fe les rendre favorables ils leur fervoient le foir du pain, du beurre, du fromage, de la bière; & fi le lendemain ils ne trouvoient pas ce qu'ils avoient fervi, ils fe croyoient favorifés de ces Génies.

Dans la Lithuanie, les peuples nourriſſoient dans leurs foyers des ferpens qu'ils adoroient, comme les Anciens faifoient leurs Pénates; dans un certain temps de l'année leurs Prêtres, par de certaines paroles, les faifoient venir à table fur un linge très-propre où ces reptiles mangeoient de ce qui leur étoit offert, & retournoient enfuite dans leur trou; s'ils refufoient de fortir ou de goûter des mets qui leur étoient fervis, ces barbares croyoient que l'année feroit malheureufe pour eux.

L'Auteur que nous citons, raconte un fait dont il prétend

3.me ÂGE DU MONDE.

PRUSSE.

SAMOGITIE.

LITHUANIE.

avoir été témoin oculaire : c'eft qu'une femme, dont le fils fe trouvoit abfent depuis long-temps, & dont elle n'avoit point eu de nouvelles depuis fon départ, étant allée confulter un Burty ou Sorcier du pays, cet homme, après avoir invoqué *Potrympus,* le Dieu des fleuves & des eaux, ayant verfé de la cire fondue dans de l'eau, cette cire rendit la forme d'un vaiffeau fracaffé & d'un cadavre flottant auprès des débris; fur quoi le prétendu Sorcier affura que le jeune homme avoit péri par un naufrage; ce qui fe confirma peu de temps après, & ne manqua pas d'accréditer fingulièrement l'impofture chez cette Nation barbare & fuperftitieufe. Perfonne n'ignore que la Lapponie eft pleine de ces prétendus forciers qui trafiquent des vents avec les navigateurs, ou du moins leur en promettent à fouhait.

Sur une haute montagne de la Samogitie, au pied de laquelle paffe la rivière Nauvaffa, on voit encore un autel fort élevé fur lequel on entretenoit autrefois un feu perpétuel en l'honneur du dieu *Pargni,* qu'on regardoit comme le maître de la foudre. Nous venons de voir des monúmens d'ignorance & de fuperftition, paffons actuellement à d'autres qui feront plus intéreffans pour l'efprit.

La Tranfylvanie, que les Romains nommoient *Dacia,* fut une contrée célèbre par le courage de fes habitans, qui coûta infiniment de fang aux Romains avant de fubir le joug qu'on vouloit lui impofer. Décébale enfin vaincu par Trajan, avoit été rétabli dans fes États à condition de fe reconnoître fujet de l'Empire; mais cet Empereur n'eut pas plutôt quitté le pays que ce Prince barbare fait réparer les fortereffes démantelées & fe prépare à fecouer le joug : Trajan revient fur fes pas, & pour pouvoir entrer dans le pays quand il voudroit, il fit bâtir un pont fur le Danube qui avoit vingt piles; ce pont, outre les fondemens, avoit cent cinquante pieds d'élévation, soixante pieds de largeur & cent quatre-vingts pas de longueur : on y mit l'inscription suivante : *Providentia Augusti Pontificis, virtus Romana quid non domet ? sub jugum rapitur ecce & Danubius.* Adrien fit depuis détruire ce pont, craignant que si les légions Romaines, en station dans ce pays-là, venoient à être repoussées, ces barbares ne s'en servissent pour ravager les pays d'en deçà du Danube. Décébale, se défiant de ses forces, se tua de sa propre main. Trajan, ayant de nouveau soumis ce pays, fit chercher à Zarmes, capitale de cette contrée, les trésors de Décébale; un prisonnier Romain nommé *Biculus,* lui ayant appris que ce Roi barbare les avoit fait cacher au fond de la rivière *Sargetia,* où ils furent trouvés; en mémoire de cette découverte, Trajan fit élever une colonne, sur laquelle on grava cette Inscription : *Jovi inventori, diti patri, terræ matri, detectis Daciæ thesauris, divus Nerva Trajanus votum solvit.*

Dans ce même pays, près de la même ville appelée depuis *Alba Julia,* on trouva, il y a environ cent cinquante ans, un monument érigé à la gloire du même Trajan, sur lequel étoit cette Inscription : *Jovi Statori, Herculi Victori, M. Ulp. Nerva, Trajanus, Cæsar, victo Decebalo, domitâ Daciâ, votum solvit.*

Sur les frontières de ce pays, à Colofwar, on voit sur une des portes de cette ville, cette autre Inscription :

I. M. N.

Trajano pro salute Imp. Antonini & M. Aurelii Cæsar. Milites consistentes municipio posuerunt.

C'est près de cette ville qu'on voit sur un roc très-élevé un ancien château qu'on juge clairement, par la comparaison des monumens Romains, dont on trouve un grand nombre en cette contrée, être un ouvrage de cette nation; on y a trouvé plufieurs Infcriptions, celles-ci entr'autres:

I. O. M. E. Junoni.

Pro falute Imp. M. Aurel. Anthonii, Pii, Aug. & Juliæ Aug. matris Aug. M. Ulpius Mucianus miles Leg. XIII. Gem. horologiare Templum a folo de fuo ex voto fecit Falcone & Claro Coff.

Divo Severo Pio
Colonia Ulpia Trajana Aug. Dacia Zarmis.

I. O. M.

Romulo parenti, Marti auxiliatori, felicibus aufpiciis Cæfaris, divi Nervæ Trajani Augufti condita Colonia Dacia Zarmis per M. Scaurum ejus pro P. R.

À Arbrughiana, fur l'autel d'un petit Temple qui fubfifte encore, on lit cette Infcription:

D. M.

Caffiæ perigrinæ integ. Fa. I. Vir. Ann. XXII. F. Bifius Sunob. Sard. Conjug. S. M. P. I.

À Zalathuya, on a trouvé plufieurs marbres gravés, fur l'un defquels on lit:

D. M.

M. Aure. Anthonini. Mil. Leg. XIII. Gem. vixit annos XII. men. XI. diebus II. militavit an. V. Lib. Rara. Ure I.
Marcianus & Val. Valentiana filio Pientiffimo.

À Bude dans la Hongrie, on voit encore les ruines des monumens qu'y firent élever les empereurs Antonin & Sévère.

La Germanie, cette vafte région, à préfent connue fous le nom d'Allemagne, eft bornée par le Rhin à l'oueft, au

nord

nord par la mer Baltique, à l'orient par la Viſtule, la Pologne & la Hongrie; au midi par les Alpes; les Romains ne connurent les peuples qui l'habitoient que ſous les noms de Cimbres, de Teutons & de Suèves. Saint Jérome les diſtingue en Francs, en Saxons & en Allemands : « Les Francs, dit-il, habitoient le pays compris entre le Rhin « & le Mein; les Saxons habitoient le pays au-delà de l'Elbe, « & les Allemands le pays entre l'Elbe & le Rhin. »

Oroſe diviſe les habitans de ce pays en cinquante-quatre nations; mais il faut obſerver que les Auteurs qui ont écrit ſur la Germanie, n'ont pas été de cette nation, ainſi la différence d'écrire ou de prononcer les noms a multiplié les dénominations ſans multiplier les nations; mais nous ne les ſuivrons pas dans ce détail. Les bonnes mœurs chez ces peuples, dit Tacite, avoient plus de pouvoir que les bonnes loix n'en ont ailleurs : on ne peut rien ajouter à un tel éloge.

Avant Jules Céſar les habitans de la Germanie étoient peu connus des Romains; ce fut ſous Auguſte qu'ils commencèrent à pénétrer dans ce pays. Tacite dit que de ſon temps, c'eſt-à-dire, environ l'an de Jéſus-Chriſt 116, il n'y avoit ni villes ni fortereſſes dans ces contrées. Cet Hiſtorien, qui connoiſſoit la Germanie, aſſure que ſous l'empire de Veſpaſien, ſoixante-onze ans après Jéſus-Chriſt, les Germains vivoient encore en nomades & n'avoient point de demeure fixe.

Il eſt certain que ſi Jules Céſar en eût fondé quelques-unes, il n'eût pas manqué de nous l'apprendre; ſous Auguſte & Druſus, ni ſous Trajan, on ne connoiſſoit dans toute la Germanie que Cologne, Trèves, Saverne en Alſace, Soleure en Suiſſe, & quelques villes de l'Auſtraſie, actuellement la Lorraine. Les ravages d'Attila donnèrent lieu aux

Germains de conftruire des villes fortifiées, pour y retirer leurs effets, & fe mettre à l'abri des fureurs des Huns & des autres barbares du Nord, qui à plufieurs reprifes exer-cèrent les plus horribles cruautés dans ce pays.

Les Hongrois, vers l'an de Jéfus-Chrift 908, firent de tels ravages dans cette malheureufe contrée, que ce fut un nouveau motif de fe fortifier autant qu'on le put contre les incurfions de ces farouches ennemis qui faccageoient le pays, laiffant toutes les villes fortifiées; mais les habitans des campagnes furent obligés, pour fe fouftraire aux excès de ces barbares, de fe cacher dans les plus épaiffes forêts, ou dans les creux des rochers & dans des cavernes profondes.

Avant les temps dont nous parlons, les habitans de la Germanie n'habitoient que des bourgs ou lieux non murés; & fi chez des peuples long-temps errans on trouve encore quelques anciens monumens qui aient précédé l'invafion des Romains dans la Germanie, ce ne peuvent être que des monumens de fuperftition auxquels ils furent affervis, comme à Wurtzbourg, ville de la Franconie, où il y avoit un temple à l'Érèbe ou à Pluton, dans lequel les peuples de ce canton fe rendoient pour confulter l'oracle qui y étoit fameux. Le culte de Bacchus y fut auffi connu, & on lui avoit confacré un antre profond où ce Dieu étoit adoré.

À Merfbourg en Saxe, ville qu'on prétend avoir tiré fon nom de Mars, *Martis Burgum*, on voit encore les reftes d'un temple confacré à ce Dieu; & l'on trouve fur l'une des portes de cette ville qui va à la cathédrale, une ancienne infcription qui prouve que ce Dieu y fut parti-culièrement adoré.

Les villes qui ont été les premières connues des Romains furent Trèves & Mayence. On fait remonter la fondation de la première à la plus haute antiquité : elle est connue par les commentaires de César. Titus Labienus, l'un de ses Lieutenans, la soumit à la domination des Romains; Ausone parle d'un palais qu'y fit bâtir Constantin : elle passa sous la domination des François long-temps même avant que Charlemagne eût fondé le second empire d'Occident. On sait que César fit construire un pont près de Mayence pour passer en Germanie. Drusus, gendre d'Auguste, agrandit & embellit cette ville, près de laquelle, sur une colline, on éleva à ce Prince un monument de la figure d'un gland, que les Allemands appeloient *Aichelstein.* Cette ville revendique l'honneur de l'invention de l'Imprimerie que les villes d'Harlem & de Strasbourg se disputent entr'elles & disputent également à cette première.

Soltwedel, ville de la vieille Marche, fut célèbre par un temple du Soleil, d'où cette ville tira son nom. Drusus détruisit cette ville sous Tibère; mais l'idole du Soleil & son culte subsistoient encore sous Charlemagne, qui renversa l'un & détruisit l'autre en faisant reconstruire cette ville.

Drusus fit bâtir une forteresse au confluent de l'Aliso & de la Lippe, pour contenir les Sicambres. Sous l'empire d'Auguste, Varus fut défait par Arminius, qui rassembloit sous ses drapeaux les Germains, les Cherusques, les Bructères, les Marses & plusieurs autres nations de la Germanie. Le lieu du combat fut la forêt de Teutbourg; il y périt avec la majeure partie de son armée; on dit même qu'il se tua de sa propre main.

Sous Tibère on retrouva sur le champ de bataille l'aigle de la cinquième Légion & celle de la Légion de Varus, qu'on y avoit enterrées; on regarda cette découverte comme un évènement si heureux, qu'on éleva un arc de triomphe à Rome pour la célébrer.

Sous l'empire de Claude on retrouva chez les Cattes, la troisième Enseigne & la seule qui restât à recouvrer. Charlemagne remporta au même endroit une victoire signalée en 783.

On voyoit à Stadtberg, sur une haute montagne consacrée à Mars, les restes d'une ancienne forteresse des Saxons avec un temple dédié à *Irminsul*, le Dieu de cette Nation. Ce temple fut détruit par Charlemagne, qui en fit élever un autre au vrai Dieu, au même lieu, & qui fut consacré par le Pape Léon III. Les Suédois le détruisirent en 1646 le 24 septembre.

Ratisbonne fut fondée par Tibère; Trajan y construisit sur le Danube un pont de vingt arches. On croit que Wirtemberg eut le même fondateur que Ratisbonne, ce qui se prouve par une ancienne inscription trouvée dans le pays, qui fait voir que les Romains y avoient des Légions stationnaires.

Quant à Cologne, nommée dans les itinéraires Romains *Colonia Agrippina*, les uns en attribuent la fondation à Agrippa gendre d'Auguste, d'autres à l'Impératrice Agrippine.

L'an 213 de l'ère Chrétienne, l'empereur Caracalla fit bâtir à Tubinge un palais, une place & un cirque, & y institua des jeux pour inspirer aux Germains le goût des exercices & des spectacles de Rome; il paroît que ce goût y prit assez bien, puisqu'en 938 on fait mention d'un Louis, comte de Tubinge, qui se distingua dans des courses de chevaux qui se faisoient à Magdebourg.

Zurick, capitale du canton de ce nom dans la Suisse, fit autrefois partie de la Gaule Belgique. Les habitans de ce canton furent de la ligue des Tulingiens, des Rauraciens

ou

ou habitans du canton de Baſle, & des Latobriges ou habitans du Briſgaw, qui brûlèrent leurs villes pour ſe faire un établiſſement dans quelque contrée fertile de la Gaule. Vaincus par Jules Céſar dans deux batailles, les reſtes de cette ligue rentrèrent dans leur pays : ceux de Zurick rebâtirent leur ville & l'embellirent. Sous Conſtance Chlore les Germains la ſaccagèrent; Dioclétien la fit rebâtir : ſaccagée une ſeconde fois par les Germains, Clovis III du nom, roi de France, la fit reconſtruire. Charlemagne y fit bâtir un palais & un monaſtère, qui fut le dernier des vingt-trois que ce grand & religieux Empereur fonda dans le cours de ſa vie. Ce même Prince éleva en 778 à Halberſtad une ſtatue à Roland ſon neveu.

Nous ne pouvons nous diſpenſer de rapporter ici un monument du moyen âge, qui, par ſon objet & ſa ſingularité, mérite d'être diſtingué & d'avoir place ici.

Près de Bilfeldt, le 8 ſeptembre de l'an de grâce 1377, l'empereur Charles IV vint viſiter le tombeau du célèbre Wittigingk, douzième roi des Saxons; autour de ſa tombe, élevée d'environ cinq pieds de terre, & ſur laquelle on voit la ſtatue de ce grand homme, avec les ornemens & l'habit de ſa dignité, tenant ſon ſceptre en main, on lit ces mots : *Oſſa viri fortis cujus ſors neſcia mortis iſte locus munit ; euge bone Spiritus audit. Omne mundatur hunc Regem que veneratur. Egros hic morbis cœli Rex ſalvat & orbis.* A la droite de cette ſtatue, on lit ces mots : *Hoc collegium Dionyſianum in Dei Opt. Max. honorem privilegiis reditibuſque donatum fundavit & confirmavit. Obiit anno Chriſti 807, relicto filio & Regni hærede Wigberto.*
A la gauche : *Wittikindi Warucchini filii Angrivarincum Regis monumentum X I I , Saxoniœ procerum Ducis*

F f

fortiſſimi. Sa tombe eſt ſoutenue de huit pilaſtres cannelés, & dans leurs intervalles ſont des trophées militaires.

L'an 794, on éleva dans les campagnes de Sintfeldt un obéliſque à la gloire de Charlemagne, pour avoir ſoumis les Saxons. Ce Prince politique & guerrier emmena le tiers de la nation hors de ſon pays, qu'il pacifia par ce moyen.

Au reſte, toutes les villes de ce vaſte pays doivent leur origine aux ravages des Huns & des Hongrois, & la plupart d'entr'elles ont eu pour fondateur les empereurs de la race Carlovingienne ; & s'il y a quelques monumens dans ce pays, ils ſont du moyen âge, & par conſéquent d'un genre & d'un goût bien inférieur à ceux du haut empire.

Après l'Italie, le pays que les Romains ont le plus favoriſé a été les Gaules ; ils y ont ſemé avec profuſion les monumens de leur goût & de leur magnificence : il n'y a, pour ainſi dire, aucune province des Gaules qui ne porte encore l'empreinte de la prédilection qu'ils ont eue pour cette vaſte contrée.

Nous devons croire que les premières provinces des Gaules qui aient été connues des Romains furent la *Provence* & le *Languedoc,* comme ſe trouvant les plus près d'eux. Perſonne n'ignore que la ville de *Marſeille* doit ſon origine aux Phocéens, dans les premiers temps de Rome, c'eſt-à-dire, ſous Tarquin l'ancien ou ſous Servius Tullius ſon ſucceſſeur. Cette nation Grecque, reſſerrée dans un territoire étroit & peu fertile, fut obligée de s'adonner au commerce maritime. La piraterie, qui dans ces temps étoit une profeſſion honorable, avoit rendu cette nation ſi puiſſante qu'elle avoit été pendant quarante-quatre ans maîtreſſe de la mer. Les *Marſeillois* conſervèrent l'eſprit de leur métropole & firent un Code nautique pour étendre leur navigation & leur

commerce. Ils civilisèrent les Gaulois leurs voifins, & leur
donnèrent le goût des arts de la Grèce. Leur profpérité
leur fit des jaloux & des ennemis; mais les Romains, qui
eftimoient les républicains, recherchèrent leur amitié & les
prévinrent par leurs bienfaits, que les *Marfeillois* reconnurent
de leur côté dans des occafions très-importantes. Le proconful
Sextius, qui fonda *Aix,* accorda à *Marfeille* la poffeffion
des ports de fon voifinage & de toute la côte tendant vers
l'Italie. Marius lui donna celle du canal qu'il fit creufer pour
recevoir les eaux du Rhône, en reconnoiffance du fecours
qu'elle lui procura contre les *Ambrons;* Pompée augmenta
ces bienfaits, & Céfar, après s'être rendu maître de cette
ville, y ajouta encore de nouveaux dons. Il y eut fous les
Romains une Académie célèbre en cette ville, dont il ne
refte que le fouvenir.

On remarquera que par-tout où les Romains ont trouvé
des *eaux thermales,* ils y ont fait des établiffemens & ont
confidérablement embelli ces lieux: *Aix, Luxeuil, Montdor,
Bourbon, Neris* & une infinité d'autres endroits en font la
preuve. Cette ville tira fon nom de fes eaux & du Proconful
Sextius qui la fonda; auffi les Romains l'appelèrent-ils *Aquæ
Sextiæ.* * On y remarque aujourd'hui un très-beau Baptiftaire
décoré de huit colonnes du plus beau marbre, qu'on prétend
avoir fait partie d'un ancien temple.

Arles appelée par Pline, *Colonia Sextanorum,* parce que
fes premiers habitans furent les vétérans de la fixième Légion,
fervit autrefois d'entrepôt aux Romains pour la conquête des
Gaules. Le féjour qu'y fit ce peuple vainqueur, fut le
motif des édifices fuperbes qu'ils y firent élever. On y trouve
les reftes d'un magnifique amphithéâtre; ils y bâtirent auffi
deux portiques d'une ftructure admirable. On y voit encore

* *Vid. Strab.*

une tour, qu'on dit avoir appartenu à un temple de Diane, plufieurs reftes d'arcs triomphaux. On prétend que le nom d'*Arelate* lui fut donné d'une longue & large pierre fur laquelle on facrifioit anciennement, & qu'on nommoit *Ara - lata*.

Sous le règne de Louis XIV, on trouva fous des ruines un obélifque de granite, qui fut reconnu pour être véritablement égyptien, aux caractères hyéroglyphiques dont il étoit chargé : il fut réparé avec foin, élevé fur une bafe très-ornée, & confacré à la gloire du Monarque. On y a feulement un peu dénaturé l'antique, en le terminant par une couronne telle que celles de nos Rois, au lieu du *pyramidion* qui terminoit tous ceux qui furent amenés à Rome fous les Empereurs.

L'Ifle de Camargue formée par deux bras du Rhône, qu'on prétend avoir été creufés par les ordres de Marius, eft une fource inépuifable de monumens de l'Antiquité; chaque jour on y fait de nouvelles découvertes en ce genre. On y trouva, au fiècle paffé, une belle ftatue de femme, que Louis le Grand fit placer dans fa galerie de Verfailles, qu'on appelle la *Vénus d'Arles*. Feu M. le *comte de Caylus* croit que cette prétendue Vénus étoit une Baigneufe à qui le célèbre *Girardon*, en la réparant, a donné les attributs de Vénus, ce qui depuis l'a fait ainfi nommer.

Une des villes que les Romains aient le plus embellie, c'eft celle d'*Orange*, où fut élevé un fuperbe arc de triomphe érigé en l'honneur des Confuls Caius Marius & Quintus Luctacius Catulus après la victoire remportée fur les Cimbres & les Teutons; on y voit les reftes d'un très-grand cirque, d'un magnifique aqueduc, de reliefs du

meilleur

meilleur goût de deſſin repréſentant la victoire de Marius, dont on vient de parler.

À *Mornas*, dans le même pays, on voit des reſtes d'édifices de la plus belle conſtruction & du meilleur goût d'architecture, mêlés avec d'autres de différens temps & de genres diſparates; il eſt même probable qu'avant la conquête des Gaules par les Romains, les Grecs avoient déjà beaucoup fréquenté ce pays, & l'avoient décoré d'édifices dans leur genre.

Une des plus anciennes colonies des Romains dans les Gaules, fut la ville de *Nîmes* qui éprouva quatre fois le pillage & l'incendie par les Viſigoths & les Saraſins. Quoique ces barbares aient détruit une grande partie des monumens qui décoroient cette ville, dont il paroît que les Romains faiſoient un cas particulier; elle eſt encore pleine des plus beaux reſtes de l'Antiquité. Son luſtre ne commença guère que ſous Auguſte, qui y envoya une colonie de Vétérans ſous les ordres d'Agrippa ſon gendre.

L'amphithéâtre bâti en cette ville, le fut, ſelon les apparences, ſous Adrien; il eſt de forme ovale, avec deux rangs d'arcades poſées l'une ſur l'autre. On y entre par quatre portes qui répondent aux quatre points cardinaux du monde: l'intérieur a cent pieds de diamètre. Les Viſigoths en avoient fait une ſorte de fortereſſe en abattant un des côtés, où ils avoient conſtruit un château, dont on voit encore deux tours preſque ruinées; un nymphée, où l'on trouva une belle ſtatue d'Apollon aſſis, avec une magnifique galerie ſouterraine en péryſtile.

L'édifice appelé *Maiſon-quarrée*, porte douze toiſes de long ſur ſix de largeur & dix de hauteur, avec trente colonnes d'ordre corinthien, une corniche & une friſe qu'on

G g

regarde à jufte titre comme des modèles de perfection. On y entroit par un portique ouvert qui conduifoit à la porte d'entrée de cette bafilique, ou plutôt de ce tombeau. Quelques Auteurs l'ont regardée comme un prétoire, d'autres comme un tribunal; plufieurs, & ce fut long-temps l'opinion la plus vraifemblable, ont prétendu que cet édifice avoit été élevé par Adrien à l'honneur de Plotine. Enfin M. Séguier, originaire de *Nifmes*, très-verfé dans les matières de l'anti-quité, a fixé l'époque & l'intention de cet édifice; & s'eft fervi d'un expédient très-ingénieux, en fuivant par une application & une patience fans exemple, la pofition des clous qui fixoient les lettres de l'infcription placée fur la frife, & qui probablement caractérifoit le motif de cet édifice. Cette découverte fut communiquée à l'Académie des Inf-criptions à Paris, & fut trouvée démonftrative : elle eft trop connue pour qu'on la rapporte dans cet Ouvrage.

Les reftes du *Temple de Diane* & de la *Tour Magne*, ouvrages qu'on prétend avoir précédé les bâtiffes romaines, & qui en effet ne font pas de leur genre d'architecture, confervent encore des veftiges de mofaïque qui feront toujours précieux pour les amateurs de l'antiquité, & fur-tout pour les citoyens de cette ville fi antique. Les infcriptions & bas-reliefs dont cette ville eft remplie, fourniffent une ample matière aux recherches des Savans, qui y trouvent la confirmation d'une infinité de faits hiftoriques, ou des moyens de rectifier les erreurs dans lefquelles il eft ordinaire de tomber lorfqu'on écrit fur des temps déjà fi loin de nous.

On a trouvé dans le dernier fiècle & dans celui-ci, beaucoup de monumens antiques au bourg *Saint-Andiol*; ce qui femble prouver que ce lieu fut autrefois confidérable.

Le *Pont-du-Gard*, fitué à trois lieues de *Nifmes*, fut

conſtruit, ſelon toute apparence, vers le même temps que les
Romains décoroient cette ville de grands monumens : leur
intention, dans la conſtruction de ce pont, fut de pouvoir
faciliter la conduite des eaux de la fontaine d'*Aure*, qui eſt
près d'*Uzès*, pour l'approviſionnement de *Niſmes*; l'aqueduc
étoit porté par ce fameux pont, compoſé de trois rangs
d'arches les unes ſur les autres; ces trois ponts formant trois
étages, ont environ quatre-vingts pieds d'exhauſſement du
niveau de l'eau d'un petit ruiſſeau qui paſſe dans des gorges
de rochers ſervant de culées au pont.

 Béſiers, appelé *Colonia Septimanorum* ou *Beterra
Septimanorum*, eut deux temples conſacrés, l'un à Auguſte
& l'autre à Julie ſa fille, que les Goths ruinèrent dans le
cinquième ſiècle.

 Narbonne, qui fut la capitale du pays nommé par les
Romains *Gallia Braccata*, fut appelée *Colonia Decuma-
norum*, parce que les Vétérans de la dixième Légion furent
ſes premiers citoyens après la conquête qu'ils en firent. On
y voit quelques reſtes d'un amphithéâtre que la barbarie des
Goths & des Vandales n'a pu détruire entièrement; mais
les matériaux épars ont ſervi à élever les murailles de cette
ville : cent quarante-cinq ans après Jéſus-Chriſt, un affreux
incendie détruiſit la plus grande partie des monumens qui
la décoroient.

 Toulouſe fut encore une des villes du Languedoc, de
l'embelliſſement de laquelle les Romains prirent un ſoin
particulier; ils y bâtirent un *Capitole* (la Maiſon-de-ville
de cette cité conſerve toujours la dénomination de *Capitole*),
un amphithéâtre & pluſieurs autres monumens de la plus
grande magnificence; mais les rois Goths y ayant fixé leur
ſéjour, & jaloux de la gloire des Romains dont les monumens

leur rappeloient la mémoire, les ruinèrent de fond en comble : il n'en reste actuellement que quelques débris de l'amphithéâtre, près du *château Saint-Michel*.

A *Fréjus*, à *Cahors*, à *Saintes*, à *Bordeaux*, à *Périgueux*, à *Poitiers*, à *Limoges*, à *Tintiniac* près de *Tulles en Limosin*, à *Doué en Anjou*, à *Neris-les-Bains en Bourbonnois*, à *Autun en Bourgogne*, à *Metz*, à *Lyon*, à *Grand en Champagne*, à *Drévant & Bruères en Berri*, à *Valognes* ; près de *Montargis* entre *Monboui & Montresson*, on voit des restes d'amphithéâtre plus ou moins bien conservés, & selon qu'ils ont été plus ou moins exposés aux fureurs de ces nuées de barbares Hyperboréens qui ont renouvelé plus d'une fois la face de l'Europe par des scènes d'horreur, de carnage & de destruction.

On trouve dans les Gaules une infinité de vestiges des camps des Romains, dont on distingue deux espèces ; les uns étoient ceux que les armées faisoient en présence de l'ennemi dans le cours de leurs opérations militaires, & qui s'établissoient pour la circonstance : ces camps sont encore faciles à distinguer par l'étendue de terrein qu'ils occupoient. Les autres étoient appelés *stativa*, & tous de grandeur différente, selon l'importance du poste qu'on avoit à garder. Les uns ne contenoient que deux ou trois cohortes ; plusieurs une demi-légion ; d'autres une légion, & quelques-uns enfin deux légions. Les camps étoient d'ordinaire près des villes qu'on vouloit ou protéger ou contenir, & toujours sur les voies publiques, pour favoriser les convois ainsi que les voyageurs commerçans & autres.

Telle étoit la rigueur de la discipline militaire que les Soldats & les Officiers destinés à la garde de ces postes ne pouvoient, même dans le cours de leurs stations, aller à la
ville

ville prochaine. On voit encore des restes de ces camps appelés *stativa*, à *Périgueux*, à *Drévant en Berri*, à *Bar-le-Duc*, sur les frontières de la *Champagne*, à *Sougé* dans le *Vendômois*; deux autres en *Normandie* près d'*Argentan*; dans cette même province proche de *Bernières*, à *Estrun*, non loin de *Bouchain*; en *Franche-Comté* à côté de *Conliège* & près d'*Orchamps*, dans la même province; aux *Alleux en Bourgogne* près d'*Avallon*, à *Viélaon* près de *Laon*.

Les camps retranchés pour les opérations de guerre, ont dû être en plus grand nombre encore. Ceux dont on voit des vestiges plus marqués, sont ceux près de *Châlons* en *Champagne* & de *Lesmont*, dans la même province; ceux du *Puy - dissolu*, jadis *Uxello dunum*, en *Querci*; de *Millancey*, proche de *Romorentin*; deux autres, l'un voisin de *Dieppe* & l'autre d'*Abbeville*, & une infinité d'autres en divers endroits, mais dont les traces sont oblitérées ou par la culture du terrein, ou par les changemens qu'un si long espace de temps a nécessairement occasionnés, sur-tout dans ceux qui ont été faits sur des hauteurs, & dont les pluies ont dégradé & emporté à la longue les retranchemens.

Quant aux voies ou chaussées romaines, il est étonnant combien les *Gaules* ont été traversées par ces routes si solidement faites qu'en plusieurs endroits de la France on en a trouvé & on en découvre encore chaque jour de très-considérables. Ces travaux publics sont une des plus fortes preuves de l'importance qu'ils attachoient à la conquête d'un pays tel que les Gaules. Le détail de ces sortes de monumens est trop intéressant pour n'en pas faire mention dans un Discours où ceux d'utilité publique doivent avoir la préférence sur les monumens de décoration, d'autant *plus* que c'est l'un des objets que le Gouvernement françois a

H h

pris le plus en confidération, qui depuis environ cent ans eft le plus fuivi ; & en quoi nous avons le plus approché de ce peuple célèbre, fi nous ne l'avons même furpaffé dans cette partie, mais que nous reconnoiffons avec juftice pour notre maître en une infinité d'autres objets.

On fait que la voie *Flaminia*, dont l'*Æmilia* fut une continuation, paffant à *Rimini* & *Bologne*, de-là à *Aquilée*, alloit enfuite dans les Gaules par *Savone*, *Vintimille* ; & en-deça du *Var* par *Antibes*, *Fréjus*, *Saint-Maximin*, nommé *Zaccolata* dans l'itinéraire d'Antonin, & *Arles*. Il y avoit une autre route par le *Milanès*, *Sufe*, *Briançon* & *Embrun* ; une autre par *Verceil*, la *Vallée d'Aoft*, le *grand Saint-Bernard*, le *Vallais* & *Genève*.

On doit penfer que les pays limitrophes des débouchés des Alpes ont été les premiers où les Romains aient fait des routes pour pénétrer dans l'intérieur du pays, & du centre aux extrémités. Les Gaulois, qui pafsèrent à cinq reprifes différentes en Italie, ainfi qu'Annibal, n'apprirent que trop aux Romains que ces montagnes, qu'ils avoient cru inacef-fibles, ne l'étoient pas, & ce fut de leurs vainqueurs qu'ils apprirent la route qui devoit les mener à l'Empire des nations qui faillirent à détruire le leur encore naiffant.

Nous voyons que la *Provence* & les provinces limi-trophes furent les premières conquifes : *Aix*, *Arles*, *Orange*, *Vienne*, *Lyon*, *Narbonne*, fe reffentirent auffi les premières des bienfaits du peuple conquérant. Céfar fut à peine arrivé dans les Gaules, qu'il s'y occupa de la confection des chemins. Il y en fit faire un d'*Arles* à *Lyon*. De cette ville à *Nantua*, *Conliège*, *Poligny*, *Dôle*, *Orchamps*, *Befançon* ; on trouve des traces de voies Romaines qui paffant de *Challon-fur-Saône* à *Verdun*, de-là par les bois de *Cîteaux* conduifent à

Langres. On en voit d'autres qui vont d'*Autun* à *Saulieu*, *Rouvray*, *Avallon*, *Crevant* & *Auxerre.*

On trouve encore une route très-bien conservée, de *Langres* à *Châlons* en *Champagne* ; une de cette ville à *Bar-sur-Aube* ; une de *Bar-sur-Aube* à *Troyes* ; une de *Reims* à *Bar-le-Duc* passant à *Fains* ; une autre de *Reims* à *Saint-Quentin*, & de cette Ville à *Amiens* : cette dernière est des mieux conservées. Le lieu de *Grand* en *Champagne* étoit le point de réunion de deux voies Romaines, dont l'une alloit par *Neuf-château* à *Toul*, l'autre conduisoit à *Ligny* en *Barrois.*

Bavay, qui fut une des principales villes de la Belgique, & la capitale du pays des Nerviens, l'une des plus belliqueuses nations de cette partie des Gaules, étoit le point de réunion de six voies romaines, au moyen desquelles les Romains se portoient avec facilité dans tous les endroits de la Belgique où l'intérêt de leurs affaires exigeoit leur présence.

Dans l'*Isle de France*, à *Pontchartrain*, anciennement appelé *Diodurum*, on voit des vestiges de voies romaines qu'on présume avoir dû conduire dans le *Perche* & le *Maine.*

La *Normandie* a beaucoup de restes de ces anciens monumens ; tels sont la chaussée qui conduit de *Bayeux* à *Bernières* ; une autre de *Bayeux* à *Caen.* Dans le *pays de Caux*, à quatre lieues de *Caudebec*, se voient les restes de l'ancienne *Juliobona*, aujourd'hui *Lillebonne*, dont le château, en l'état où il est avec les débris d'un théâtre & beaucoup de médailles qui y ont été trouvées, annonce l'ancienne splendeur ; elle fut le point de réunion de trois voies romaines, mais on ne nous apprend pas où ces routes menoient.

La *Bretagne* est encore une des provinces les plus

riches en ce genre de monumens ; tels font les chauſſées de *Carhaix*, à la *pointe du Ras*, celle de *Penmarc*, celle de *Pontchâteau* à *Vannes*, qui va finir à la *Vilaine;* celle de *Vannes* à *Rieux*, endroit peu conſidérable aujourd'hui, mais dont les ruines annoncent la ſplendeur paſſée ; celle de *Vannes* à *Rhédon :* toutes ces chauſſées ſont de conſtruction romaine.

On voit encore dans la riviere d'*Aurai*, les reſtes d'un très-grand pont de conſtruction très-ancienne, dont tous les caractères doivent le faire attribuer aux Romains, & qui dut être une communication de *Vannes* à d'autres pays. On trouve des veſtiges d'une autre chauſſée romaine, qui paſſant par *Jugon* va ſe rendre à *Corſeul;* une autre qui paſſe à *Romaſi*, une troiſième à *Fains*, une quatrième qui traverſe les bois de *Derval*, au - delà d'*Ancenis*, le long de la *Loire;* enfin une dernière, depuis le *Créhat* juſqu'à *Finine*, qui doit être la continuation de celle qui paſſe à *Saint-Albans.*

Orléans, du temps des Romains, fut l'entrepôt commun des peuples appelés *Carnutes*, ou les habitans du pays *Chartrain*, du *Bléſois*, du *Vendômois*, du *Bourbonnois*, du *Nivernois*, & le point de réunion de ſix voies romaines qui diſtribuoient les denrées à ces divers pays. On voit encore de beaux reſtes de celle qui conduiſoit d'*Orléans* à *Chartres.*

La province du *Berri* fut le centre des conquêtes des Romains. Dans la Gaule Aquitanique, on voit des reſtes des voies romaines qui paſſoient près de l'amphithéâtre de *Néris-les-eaux en Bourbonnois*, où les bains d'eaux très-chaudes & ſulfureuſes exiſtent toujours dans la même forme qu'ils furent conſtruits par les Romains, & le principal puits

d'eau

d'eau la plus chaude s'appelle encore *le puits de César*; &
les voies qui conduifoient à *Bourges* longeoient le *Cher* fur
lequel il y avoit un très-beau pont à l'ancienne ville de
Bruères, aujourd'hui très-petit bourg, & traverfoient en
droite ligne une plaine dite *de Saint-Loup*, de huit lieues
pour arriver jufqu'à Bourges en paffant auparavant par
Allichamps, village où l'on a découvert une quantité pro-
digieufe de Médailles romaines & de tombes éparfes dans
les champs, dont on voit encore fur les bords des chemins
des reftes endommagés *(u)*.

Poitiers fut une ville confidérable, qui devint le point de
réunion de quatre voies romaines, dont l'une alloit à *Bourges*,
une autre à *Tours*, une troifième à *Nantes*, la quatrième
enfin à *Saintes*.

Cæfarodunum, aujourd'hui *Tours*, métropole de la
troifième *Lyonnoife*, communiquoit de même par cinq voies
romaines avec *Bourges*, *Poitiers*, *Angers*, le *Mans* &
Orléans. *Périgueux* communiquoit de même par quatre voies
romaines, dont cette ville étoit le centre avec *Bordeaux*,
Saintes, *Limoges* & *Cahors*.

Après les chemins publics, l'un des objets dont les
Romains s'occupèrent le plus, fut de conduire des eaux
dans les lieux principaux de leurs conquêtes, en raifon de
l'importance de ces lieux même & des befoins de leurs
habitans. Nous avons vu plus haut les travaux immenfes
faits pour conduire des eaux à *Nifmes*; ceux qu'ils firent
pour en amener à *Lyon*, font fupérieurs, à une infinité
d'égards, à ce qu'ils firent en ce genre pour Rome même.
Il fera facile d'en juger quand on faura que la dépenfe

____

(u) C'eft au Curé de cette paroiffe d'*Allichamps*, vivant encore, à qui l'on
doit toutes ces découvertes. *Voyez* les Œuvres du *comte de Caylus*.

I i

pour la matière & la façon des tuyaux en plomb, dans ces endroits où il n'étoit pas possible de faire des arcades ou des conduits de maçonnerie, a dû excéder douze à treize millions au cours actuel.

A *Grand*, village de *Champagne*, qui, à en juger par les ruines immenses qu'on y trouve, doit avoir été une des villes des Gaules des plus décorées par les Romains ; on trouva les restes d'un magnifique amphithéâtre, d'un cirque de canaux souterrains & voûtés, de salles basses voûtées & soutenues par de belles colonnes, de beaux escaliers à noyaux pour y descendre, des vestiges de murailles soutenant des jardins en terrasses. L'arène de cet amphithéâtre avoit trente toises de longueur & dix de largeur ; on y entroit par trois portes, qui conduisoient aussi aux souterrains de ce même amphithéâtre.

On trouve encore aujourd'hui à *Doué*, petite ville de l'*Anjou*, à trois lieues sud-ouest de *Saumur*, un amphithéâtre très-entier & des mieux conservés qu'il y ait en France ; il prouve que les Romains ont long-temps habité cette partie de l'*Anjou* : les ruines qui se trouvent entre cette ville & le village de *Donne*, viennent encore à l'appui de cette conjecture ; on y découvre plusieurs tuyaux de terre qui conduisent l'eau à cet amphithéâtre, & qui prouvent le soin & les recherches des Romains sur cet objet de première nécessité. On voit de même à *Tintiniac*, près de Tulles en *bas Limousin*, les restes d'un amphithéâtre & ceux d'un aqueduc qui y conduit des eaux : l'arène de celui-ci avoit deux cents pieds de longueur sur cent cinquante de largeur, on l'appelle encore aujourd'hui les *Arènes de Tintiniac*. Les vestiges qui en restent, attestent sa magnificence passée, & prouvent que les Romains ont aimé ce séjour.

On voit à *Poitiers*, ville très-décorée par les Romains, les restes d'un amphithéâtre & d'un aqueduc considérables, dont les ruines se trouvent hors de l'enceinte de cette ville. Parmi les monumens qui attestent son antiquité, il en est un d'espèce singulière qu'on appelle *Pierres-levées*, au village d'*Auvillé* & aux environs de ce lieu : ces pierres plantées sur une même ligne, sont la plupart debout; quelques-unes ont été renversées, d'autres cassées. Ces monumens bruts, ou d'autres d'espèces semblables, se trouvent assez communément dans le *Poitou*, l'*Anjou* & la *Bretagne*. La plus grande de ces pierres a neuf pieds de base & vingt-deux pieds de hauteur; on estime qu'elle peut peser cent cinquante mille livres : on en trouve de semblables dans les environs, & de plus considérables encore pour la hauteur & l'épaisseur, dans les bois & les campagnes. Ces masses sont de la même carrière, & l'on ne peut trop s'étonner que des pierres d'un poids aussi considérable aient pû être transportées à de telles distances.

Entre *Martigney* & *Villeneuve* en *Anjou*, près du château des *Noyers*, on voit quelques monumens de cette espèce. Un des plus singuliers de ce genre est celui qu'on appelle *Pierre - couverte*, près de *Saumur* en *Anjou* : ce monument a cinquante pieds de longueur; il est composé de deux files parallèles de grès brut, distantes entr'elles de onze pieds, recouvertes de pierres semblables, qui forment un plafond de sept pieds de haut. Le côté de la campagne est fermé. La seule ouverture qu'il y ait se trouve du côté du chemin de *Saumur* à *Montreuil - Bellay*. On en voit encore de semblables, aux environs de cette ville, de celle de *Doué*, ainsi qu'aux environs de *Chinon* & de l'*Isle-Bouchard*, mais bien inférieurs à celui nommé *Pierre-*

couverte. Ces monumens antérieurs aux Romains, prouvent l'exiftence de quelque peuple dont la tradition ne s'étoit pas confervée jufqu'au temps de la conquête des Gaules ; car Céfar qui féjourna dans ce pays n'en dit rien, ni du motif qui a donné lieu à ces finguliers monumens, qui ne peut cependant avoir été que religieux , puifqu'on ne fauroit raifonnablement en fuppofer aucun autre.

Périgueux , l'une des villes les plus décorées par les Romains, renferme un édifice de ftructure bien étonnante, qu'on appelle la *Tour de Véfune.* Plufieurs Auteurs qui en ont parlé, paroiffent n'avoir pas bien jugé de fa deftination. L'opinion la plus probable eft que ce fut un temple confacré à Vénus , dont on trouva la ftatue de marbre blanc aux environs de cette tour, il y a environ foixante ans ; ftatue que mutilèrent horriblement les religieufes de la Vifitation, par un zèle auffi indifcret que déplacé *(x)*. On voit dans la même ville les ruines d'un magnifique amphithéâtre & d'un fuperbe aqueduc, avec des fouterrains qui paroiffent avoir fervi d'égout ; ces édifices y furent faits vers le temps des Antonins , autant qu'on peut le conjecturer de quelques infcriptions qui y ont été trouvées.

Dans la *Touraine* , à *Maillé* près de *Luynes* , à cinq mille toifes au-deffous de *Tours* , on voit des ruines qui marquent que ce lieu dut être confidérable , & entr'autres celles d'un aqueduc immenfe qui y conduifoit l'eau des lieux circonvoifins. Entre *Luynes* & *Tours* , à quelque diftance de la levée de la *Loire* , au pied d'une montagne, fe trouvent

____

(x) Une des fingularités de la tour de *Véfune,* c'eft qu'on n'y voit point de fenêtres , & ce dont on ne voit nul exemple ailleurs , c'eft qu'elle eft revêtue en-dehors d'un enduit arrêté par des clous fichés à des diftances très-prochaines dans les joints des matériaux qui la compofent. Du refte la ville prefqu'entière eft bâtie des débris des anciens édifices qui l'avoient décorée.

trois

trois énormes piliers de briques, dont on ne connoît point l'objet ni l'époque de leur conftruction : ils font bien conferyés.

On voit à *Saintes* les reftes d'un amphithéâtre, ainfi qu'un arc triomphal qui fe trouve actuellement au milieu d'un pont conftruit fur la Charente.

Près de *Luzets* en *Querci*, on admire un ancien château fort, qu'on appelle dans le pays *Caftel Cafaris*. Il ne paroît pas qu'on puiffe attribuer à Céfar un pareil monument, qui cependant eft de la plus haute antiquité.

A *Cahors* il exifte quelques reftes d'un aqueduc, ainfi que d'un amphithéâtre ; on doit croire que cette ville fut confidérable, car les Romains n'exécutoient de ces grandes fabriques que dans des lieux importans, & elles n'étoient jamais feules. On doit attribuer à l'injure des temps, à la barbarie des nations deftructrices & à des arrangemens particuliers des propriétaires, l'ignorance où l'on eft fur les monumens qui y ont pu & dû exifter.

Une des provinces de France la plus riche en monumens extraordinaires eft la *Bretagne* ; & pour être bruts ils n'en font pas moins intéreffans. C'eft particulièrement entre *Vannes*, *Hennebond* & *Auray*, près du *bourg de Carnac*, qu'on en rencontre le plus : ces monumens font de l'efpèce de ceux de *Poitiers*, *Saumur* & *Doué* ; ce font des plaines hériffées de ces rochers debout ; il y en a un entr'autres fur les confins des paroiffes de *Teil* & d'*Effé*, qu'on appelle dans le pays *la Roche aux Fées*, parce que le peuple eft toujours porté à attribuer à des puiffances furnaturelles, les chofes qui lui femblent, au premier coup-d'œil, furpaffer les forces ordinaires ; & ce qui a donné lieu à cette opinion, c'eft que les pierres de l'efpèce de celles qui compofent ce fingulier monument, ne fe trouvent point dans l'endroit où

K k

il a été fait, & qu'on ne connoît pas d'où elles ont pu être apportées. On en voit une, dit-on, d'espèce à-peu-près semblable dans le comté de Salisbury en Angleterre.

Un des monumens les plus rares qui se voie encore sur la terre, est une double rotonde qui sert de vestibule à l'église de *Lantef*; cet édifice est composé de deux enceintes circulaires qui laissent entr'elles un vide ou corridor d'environ six pieds; la première de ces enceintes est percée de seize portes, & la seconde de douze; le diamètre de cette seconde enceinte est de cent dix pieds de vide. Il ne paroît pas que cet édifice ait jamais été ni voûté, ni couvert. Précisément au centre de cette bâtisse singulière, se trouve un cyprès d'une hauteur considérable, qui y fait le plus grand effet. Tout ce qu'on peut conjecturer de l'intention d'un semblable édifice, c'est qu'il fut un temple érigé à l'honneur de quelque Divinité du pays; mais rien ne nous instruit sur l'époque de sa construction, qui porte tous les caractères de la plus haute antiquité.

Le bourg de *Locmariaker*, situé dans une langue de terre à la gauche de l'entrée dans le *Morbihan*, présente des objets d'un genre plus satisfaisant pour l'esprit. Tout ce territoire est semé de ruines considérables qui annoncent que ce bourg est bâti sur les ruines & des débris d'un lieu autrefois très-considérable. On présume avec beaucoup de fondement, que ce fut le *Dariorigum* dont parle César; d'autant que cette position présente encore tous les caractères que cet Empereur donne à cette ville, qui fut la capitale des peuples nommés *Veneti* dans ses Commentaires. On aperçoit aussi aux environs de cet endroit, un monument connu sous le nom de *Butte de César*, fait de pierres sans liaison, & quantité de ces monumens bruts qu'on croit être des tombeaux des anciens Celtes. Il s'en trouve de femblables aux environs de la *baye de Quiberon.*

3.me AGE
du Monde.

GAULES.

Ceux qui aiment les détails, pourront confulter fur ces lieux le Recueil des Antiquités de feu M. le *Comte de Caylus*, qui les a rendus très-intéreffans, comme tous les autres objets dont a parlé ce célèbre Antiquaire, & qui eft de tous les Auteurs, celui auquel la France en particulier doit le plus, par les recherches pénibles, favantes & utiles qu'il a faites pour éclaircir les points les plus obfcurs de fon Hiftoire.

On voit à *Bordeaux* de très-beaux reftes d'un amphithéâtre qu'on appelle dans ce pays, le *palais de Galien.* On y apercevoit encore dans le dernier fiècle, quelques veftiges d'un temple confacré aux Dieux tutélaires de cette ville, & qu'on nommoit *piliers de tutelle.*

A *Aramont* dans le *Languedoc*, fur les bords du *Rhône*, on découvre tous les jours des monumens fans nombre, d'une haute antiquité. On a trouvé près de *Valognes* en *baffe Normandie*, divers monumens & deux cents médailles en or du haut Empire. Les ruines d'un édifice appelé le *château des bains*, & les reftes d'un amphithéâtre y paroiffent encore : toutes ces chofes prouvent que les Romains connurent l'importance de ce pofte, & qu'ils en aimèrent le féjour. Ces édifices font confidérablement dégradés, & fe dégradent chaque jour par les matériaux qu'on en tire.

Dans la même province à *Bernières*, village fitué fur le bord de la mer, il y eut anciennement un havre ; à l'embouchure de la rivière de *Seule*, dont l'entrée étoit défendue par une fortereffe : il n'en exifte plus que quelques veftiges. Sa bâtiffe eft de la plus haute antiquité. Il paroît que les Anglois, dans le temps qu'ils étoient maîtres de la

Normandie, y firent des réparations ; ce qui se remarque à la différence de bâtisse en plusieurs endroits. Ce port fut autrefois considérable , mais il s'est comblé depuis , parce qu'on a changé le cours de la rivière.

Les *Bollandistes* parlent d'un cirque magnifique, d'édifices vastes, d'aqueducs construits à *Bavay* : ce qui en restoit de leur temps est absolument dégradé ; mais on trouve encore dans ses environs des restes précieux de la belle antiquité. Nous avons précédemment vu que cette ville, capitale des *Nerviens* , fut regardée par les Romains comme un poste très-important.

On a trouvé à *Soissons* plusieurs bas-reliefs chargés de figures des Dieux du paganisme ; heureusement pour les Antiquaires , ces reliefs précieux par le goût de dessin & bien conservés , ont été dérobés au zèle indiscret des premiers Chrétiens , & sont tombés entre les mains de gens qui ont su en apprécier le mérite.

Avant la descente des *Normands* dans la Neustrie , & les ravages que ces barbares exercèrent dans Paris , cette ville eut toutes les grandes décorations dont les Romains embellissoient les lieux auxquels ils attachoient quelqu'importance. Cette ville eut des amphithéâtres , un *forum* , un cirque , des thermes & plusieurs aqueducs.

Les monumens trouvés sous le chœur de l'église de *Paris* , & dont M. Leroy a donné une explication si satisfaisante dans les Mémoires de l'Académie des Inscriptions & Belles-Lettres , *tome III*, semblent démontrer qu'il y eut autrefois un temple payen au même emplacement où la métropole est bâtie , & que les débris de l'ancien temple ont servi en partie à la construction du nouveau.

Quant au *palais des Thermes* , le seul monument de

l'ancien

l'ancien *Paris* dont il refte encore quelques veftiges qu'on peut examiner, derrière l'*hôtel de Clugny, rue des Mathurins*, il eft inconteftable qu'il fut habité par l'empereur Julien; mais il avoit été bâti long-temps avant que ce Prince vînt à *Paris*. Il ne fut pas fimplement deftiné à l'ufage des bains, puifqu'il renfermoit dans fon enceinte de vaftes logemens. Les Souterrains, dont on découvre des traces de temps à autres dans les reconftructions qui fe font dans ce quartier, prouvent qu'il s'étendoit fort loin, & qu'il joignit autrefois le *petit Châtelet*, où l'on voit encore de nos jours des arrachemens de murs antiques.

Il eft inconteftable que l'ancien aqueduc d'*Arcueil* eft un ouvrage des Romains, l'identité de bâtiffe avec tout ce qui nous refte de monumens de ce genre, reconnus pour être de conftruction romaine, le prouve invinciblement : on fait qu'il y en eut un autre qui amenoit à *Paris* les eaux de fource des hauteurs de *Chaillot*.

Il y avoit dans le faubourg *Saint-Victor* un amphithéâtre; & l'endroit où on le conftruifit, derrière les *Pères de la Doctrine Chrétienne*, s'appela long-temps *le Clos des Arènes*. L'on y voyoit, ainfi qu'à Rome, un lieu d'exercice pour les troupes, qu'on appeloit *champ de Mars*; c'eft d'Ammien Marcellin que nous apprenons ce fait. Les affemblées du peuple s'y faifoient également dans un *forum*.

Paris eut auffi des cirques; le témoignage de Grégoire de Tours[b] eft précis fur ce point. Cet Hiftorien célèbre parlant de Chilpéric, dit : *Circos ædificare præcepit eofque populis fpectandum præbens, &c.*

Flodoard, dans fa chronique, parle d'un temple renommé, confacré à Mars, fur la montagne de *Montmartre*, qui fut renverfé par un ouragan furieux, malgré la folidité de la bâtiffe.

3.me AGE DU MONDE.

GAULES.

[a] *Lib. xx, cap. 5, & lib. xxi, cap. 2.*

[b] *Lib. V, cap. 18.*

Du temps des Romains il y avoit plufieurs fontaines fur cette même montagne ; une entr'autres confacrée à Mercure, dont les eaux n'étoient employées qu'aux ufages religieux, comme celles que les Romains appeloient des *Eaux faintes*.

Dans le fiècle dernier, dit *Sauval*, on voyoit encore à *Iffi* près *Paris*, les reftes d'un temple qu'on croit avoir été confacré à Ifis. Une infcription trouvée dans le bois de *Vincennes*, & actuellement confervée parmi les antiquités de l'abbaye de Saint-Germain-des-Prés, prouve que l'empereur Marc-Aurèle fit rebâtir dans ce bois un Collége à l'honneur de Silvain, qui datoit probablement d'une haute antiquité.

Langres eft célèbre par les antiquités qu'on y a trouvées, on y voit entr'autres les reftes d'un arc de triomphe érigé à la gloire de Conftance Chlore, qui, furpris avant la jonction de fon armée, fut battu par les Germains, & eut peine à fe fauver à *Langres*, dont on n'ofa lui ouvrir les portes ; mais où on le fit entrer en le montant par-deffus les murs avec des cordes. Cet Empereur ayant, dans le jour même, raffemblé fes Légions, défit entièrement les Germains, à qui il tua, dit-on, foixante mille hommes. Les reftes de ce monument préfentent un modèle d'un goût trop pur pour être un ouvrage du bas Empire.

Non loin de *Montargis*, l'on voit encore des veftiges d'une fortereffe & d'un palais qui donnent à penfer qu'il dut y avoir dans ce canton un lieu confidérable, d'autant plus, que les reftes d'amphithéâtre y exiftent toujours ; efpèce de décoration qu'on fait n'avoir été faite que pour des fites de choix.

A *Eftavaye*, bailliage de *Poligny*, dans le *comté de Bourgogne*, on a découvert les fondemens & les ruines d'un édifice qui porte tous les caractères d'une conftruction romaine de la plus grande magnificence ; on en peut voir le détail dans l'hiftoire de l'églife de *Befançon*, par Dunod. Dans cette capitale du *comté de Bourgogne*, joignant la métropole, eft un arc de triomphe dédié à *Aurélien*, qu'on appelle *porte noire*. En fortant de *Befançon* pour prendre le chemin des montagnes à l'eft de cette ville, fur la rive gauche du *Doubs*, on voit un rocher fendu de fon fommet à fa bafe, & laiffant paffage à une voiture feulement : on y a gravé l'infcription fuivante : *Hanc viam excavatâ rupe Julius Cæfar aperuit. Regnante Ludo. XIV. Præfeĉtus apud fequanos D. le Guerchois ampliavit & ornavit.* L'*ornavit* eft une fuperfluité dans cette infcription ; car rien n'eft moins décoré que cette entrée. Que Céfar ait ouvert le rocher, cela eft poffible, puifqu'il paroît certain que cet illuftre Romain fit quelque féjour à Befançon. Il y a lieu de croire que les Romains firent de cette ville une place d'armes, qu'ils l'embellirent de monumens, & il s'y trouve aujourd'hui un emplacement affez confidérable appelé *Cham Mars*, *Campus Martius*, & planté pour fervir de promenade aux citoyens qui habitent cette cité, dont les dehors ne font pas fort embellis. Il y a auffi une place appelée *les Arènes*, qui dans tous les pays des Gaules a toujours fignifié l'emplacement d'un amphithéâtre, & cet amphithéâtre avoit, dit-on, cent vingt pieds de diamètre.

Dôle, *Dola fequanorum*, dans la même province de *Franche-comté*, fut très-décorée par les Romains : les noms & quelques reftes des monumens s'y confervent encore. On ne voit plus de l'amphithéâtre qui y fut fait, que la place qu'on appelle des *Arènes* ; mais on y voit de nos jours les reftes de deux aqueducs qu'ils y firent conftruire. La voie romaine qui alloit de *Lyon* au *Rhin* paffoit par cette ville ; & le *camp d'Orchamps*, deſtiné à la protéger, étoit entre cette ville & Beſançon.

Autun, *Bibracte Auguſtodunum*, fut une des villes les plus puiſſantes des Gaules : de bonne heure alliée aux Romains qui l'embellirent de divers monumens. On y voyoit dans le ſiècle dernier un amphithéâtre hors des murs de la ville, ſur l'emplacement duquel l'Evêque, M. de la *Rochette*, fit bâtir un ſuperbe Séminaire ; au bout de ſes jardins, on voit encore des reſtes de ce grand édifice.

Au-delà d'un vallon qui ſe trouve entre la hauteur ſur laquelle cet amphithéâtre étoit conſtruit, & au pied de la montagne qui lui eſt oppoſée, eſt une pyramide de pierre aſſez élevée, qu'on nomme dans le pays la *Pierre de Couar*. On s'eſt épuiſé en conjectures ſur ce monument ; il eſt probable que ce fut le tombeau de quelque perſonnage illuſtre de l'Antiquité : ſur cette montagne, qu'on nomme *Monjeu*, *Mons Jovis*, on voit encore des reſtes d'un ancien temple qu'on dit avoir été conſacré à Jupiter. A l'oueſt de cette ville, ſur le bord de la rivière d'*Aroux*, on trouve un arc de triomphe qu'on prétend avoir été érigé à la gloire de Jules Céſar ; vis-à-vis de la rive oppoſée, on découvre les reſtes d'un ancien temple ; & plus loin ſur la route de *Nevers* à un bon quart de lieue des murs, d'autres ruines d'un ancien temple. Ces bâtiſſes ont toutes les caractères du goût Romain ; une infinité d'autres monumens de cette ville ſont enſévelis actuellement ſous leurs ruines.

On a découvert près de *Pont-à-Mouſſon* deux autels votifs, dont les inſcriptions prouvent qu'ils furent élevés du temps de Veſpaſien, Tite & Domitien ſes fils.

Metz, autrefois *Divodurum*, fut une place très-importante pour les Romains. On y voit un édifice quarré

très-

très-antique, d'environ douze toises de long sur neuf de large. Le *comte de Caylus* a jugé, sur la construction de cet édifice, de sa destination, & nous croyons qu'il en a bien jugé; selon lui, il fut un tribunal sous lequel il y avoit une prison. Sur le terrein qu'occupent aujourd'hui les *Dames de la Congrégation*, on a trouvé les restes d'un temple & un pavé mosaïque avec quantité de monumens antiques que les bonnes Dames, par ignorance & par sottise, ont fait jeter dans les fondations de la nouvelle église qu'elles ont fait construire sur l'emplacement de l'ancienne. On a découvert dans la même ville un autre pavé mosaïque d'une composition très-élégante, près la paroisse Saint-Gorgon. Il y avoit, à de courtes distances & à des intervalles égaux, des pots de terre cuite dans la maçonnerie qui soutenoit ce pavé, dont l'objet fut sans doute de renforcer le son des instrumens & des voix dans le chant des hymnes : il est étonnant, malgré les fréquens témoignages que nous fournit l'Antiquité, de cette sorte d'industrie, qu'on n'ait point tenté ces essais, soit dans nos églises, soit dans nos salles de spectacles.

Les Antiquaires voient avec satisfaction à *Jouy-aux-Arches*, les restes d'un aqueduc que les Romains y firent bâtir pour porter les eaux de *Gorze* à *Metz*. On prétend que cet ouvrage eut plus de deux cents arcades, dont il ne reste que quelques-unes sur le penchant de deux montagnes. Les débordemens de la *Moselle*, joints à l'injure des temps, ont détruit celles qui étoient dans le vallon où coule cette rivière.

Reims, jadis *Durocortorum*, est une des villes de France, dont l'ancienneté & l'importance ne peuvent être contestées. Les quatre anciennes portes de cette ville avoient

M m

chacune le nom de quelque Divinité du paganifme, dont
deux les confervent encore; l'une, celui de *Mars*; & l'autre,
celui de *Cérès*. Celle qu'on appelle *porte aux Ferrons*, étoit
nommée *porte de Vénus*, & la *porte Bazée*, *porte de
Bacchus*. On y voyoit deux arcs de triomphe, dont l'un
eft actuellement détruit; l'autre fubfifte, & eft muré: il y
a fur ce monument un bas-relief repréfentant une femme
affife, & tenant une corne d'abondance avec quatre enfans
qui défignent les faifons; d'autres bas-reliefs repréfentent
Remus & *Romulus*; *Jupiter* métamorphofé en cygne &
careffé par Léda, avec un Amour qui les éclaire. On trouve
les reftes d'un ancien fort, de conftruction antique, démoli
en 1594, qu'on dit être du temps de Céfar, ainfi que des
veftiges d'un amphithéâtre à deux cents pas de la ville, &
ceux d'un troifième arc de triomphe, près de l'Univerfité.

Nous avons parlé ci-deffus des travaux immenfes des
Romains pour conduire des eaux à *Nîmes* & à *Lyon*:
ce qui nous refte à dire de cette dernière ville, c'eft qu'on
y voit au haut du jardin des Minimes, les décombres de
l'amphithéâtre qui y fut bâti; il n'en refte actuellement
qu'une partie des murs en demi-cercle qui fubfifte en fon
entier. On prétend que l'arène étoit l'emplacement qu'occupent actuellement leur facriftie & leur églife, avec le
terrein qui eft au-deffous. Plufieurs des premiers chrétiens
y fouffrirent le martyre; on y voit une croix très-antique
qui porte encore le nom de *Croix des décollés*, *Crux
decollatorum*. Il fut découvert à la porte de *Vaize* un
tombeau de deux Prêtres Auguftaux, du nom d'*Amandus*,
qui a fait donner à ce monument celui de tombeau des
deux Amans; on y trouve encore tous les jours dans les
fouilles une infinité de monumens antiques qui prouvent

que cette ville, du temps des Romains, fut très-confidérable, & qui juftifie le cas fingulier qu'ils faifoient de cette place.

Vienne, Vienna Allobrogum, eft une des villes les plus anciennes des Gaules : elle fut non-feulement une Colonie romaine ; mais felon toute apparence, le fiége du Préfet de la première *Lyonnoife*, d'un Prétoire ou Tribunal fuprême. La preuve de la confidération que lui accordèrent les Romains, fe tire de tant de beaux reftes qu'on y voit, de forterefles, d'amphithéâtres, d'aqueducs, de bains, de grottes, de pyramides & d'anciennes infcriptions, toutes chofes qui rendent témoignage de fa fplendeur paflée. Près de la porte du côté de *Lyon*, on voit une tour très-ancienne, qu'on appelle *la Tour de Pilate*. Adon, Archevêque de *Vienne*, dit, que ce Romain y fut relégué & y finit fes jours, s'étant ôté lui-même la vie. Un Ecrivain du onzième fiècle eft un mauvais garant pour un fait femblable.

Un monument d'efpèce rare, qui fe trouve dans cette ville, & qu'on ne voit nulle part dans les Gaules, eft celui qu'on appelle *Table ronde*. Soit qu'il y en ait eu une en cet endroit, ou par d'autres raifons ; ce font quatre piliers qui fubfiftent encore, élevés fur une plate-forme. C'étoit un afyle inviolable pour les perfonnes qui s'y étoient retirées, ou pour les effets qu'on y dépofoit.

Caftor & Pollux, Hercule & Mercure, y avoient non-feulement leurs Prêtres, mais des Prêtreffes, comme on le voit par l'infcription fuivante : *D. D. Flaminica Vienna, tegulas auratas cum carpufculis & veftituris bafium, & figna Caftoris & Pollucis cum equis, & figna Herculis & Mercurii D. S. D.*

Il nous refte à dire un mot des eaux *Thermales des Gaules*, & du foin que prirent les Romains des lieux où

3.me AGE
DU MONDE.

GAULES.

ils en trouvèrent. Nous avons déjà vu ce que ces Maîtres du Monde avoient fait à *Neris en Bourbonnois*, & l'on fait l'attention qu'ils avoient pour des endroits que la Nature avoit favorifés d'un pareil avantage, qu'ils foutenoient de leur côté par des bâtimens utiles, agréables & magnifiques. La pierre qui porte l'infcription fuivante : *Orvoni Tomenæ C. Jatinius Romanus in G. pro Salu-e Cociliæ Fi. F. ex voto*, avoit été placée dans une face du donjon de l'ancien château de *Bourbonne*, & fe trouve aujourd'hui fixée dans le mur d'une maifon particulière. Elle prouve au moins que les Romains connurent les vertus des eaux de cet endroit, & des bains, dont ils firent ufage ; mais on n'y trouve nuls veftiges des bâtimens de leur fabrique.

L'ancien château, dont un incendie confuma les reftes en 1717, étoit du feptième fiècle, & fut conftruit fous les rois Theodebert & Thierry, felon Aimery & M. de Valois.

A *Plombières* & à *Luxeuil en Franche-Comté*, on a trouvé dans les bains, des monumens qui prouvent que ces lieux ont été connus & fréquentés par les Romains.

Après avoir parcouru les principaux monumens dont les Romains ont embelli les diverfes villes des Gaules où ils ont fait un féjour habituel, nous jetterons un coup-d'œil rapide fur ceux du moyen âge, pour nous rapprocher du fiècle préfent, qui en offre d'efpèce égale à ceux qui furent élevés par ces Souverains de la terre, & d'autres d'un genre où nous les avons furpaffés.

FRANCE
ancienne.

Nous avons vu la fcène du Monde occupée tour-à-tour par des peuples différens : les uns prefque éphémères, dévorent les productions d'une terre, fur laquelle ils ne paroiffent que comme ces nuées d'infectes qui confomment

en

en une nuit la verdure & les fruits , pour difparoître le
lendemain; tels furent les Goths , les Vifigoths , les Huns ,
les Vandales , les Alains , les Lombards , les Sarafins ; hordes
barbares qui fe fuccédèrent à diverfes époques dans l'Europe.
D'autres qui croiffent plus lentement , s'affermiffent par la
lenteur de leur développement, & imitent les forêts immenfes
qui femblent de même âge que la terre qui les nourrit ; &
tels furent les Francs dont nous fommes les enfans, nation
qui depuis quatorze fiècles conferve fon rang dans l'Univers
& tient le premier dans l'Europe ; nation qu'on a vue fous
le règne de plufieurs de fes Rois, étendre fon empire auffi
loin que fa réputation ; donner fous Charlemagne des loix
aux Puiffances voifines , réfifter par fon propre poids aux
plus grands efforts , & malgré le choc violent des revers ,
réparer en une année les ravages d'un demi-fiècle; maîtrifer
par la force de fes armes, les paffions funeftes aux fages
conftitutions d'un Etat monarchique ; devenir enfin la nation
la plus éclairée, la plus heureufe, & fi c'étoit un éloge, la
plus redoutable de l'Univers.

Paffons d'un vol rapide fur les trônes des Pharamonds
& des Clovis : l'enfance des Etats, ainfi que celle des
Hommes, ne fut jamais intéreffante ; fixons-nous d'abord
à ceux de Charlemagne & de fes fucceffeurs.

A peine les Apôtres des Gaules eurent-ils cimenté la
foi de nos pères, par leurs exemples plus encore que par
leurs prédications, que les peuples devinrent pacifiques,
humains & unis entre eux : la loi civile & la loi divine fe
prêtèrent mutuellement des fecours; toutes deux d'accord
jetèrent alors les fondemens inébranlables de l'empire des
lys, & le culte de l'Eternel devint le premier & le plus
facré des devoirs du peuple Gaulois.

3.me AGE
DU MONDE.

FRANCE
ancienne.

N n

Les étendards de la foi & ceux de la guerre portèrent également l'empreinte auguste de la Croix. Les peuples, environnés de ces drapeaux, ne quittoient les armes que pour creufer les fondemens des temples qu'ils élevoient au vrai Dieu.

Ces édifices facrés fe multiplièrent dans toutes les villes, & tels furent les monumens de ces premiers âges dans les Gaules. Plufieurs fiècles s'écoulèrent fans que ni les Arts ni les Sciences fiffent de progrès fenfibles ; loin de-là même, la religion & fes devoirs remplirent, pour ainfi dire, l'homme tout entier. Rome faccagée confervoit fous fes débris les beaux modèles enfans de la Grèce ; les reftes des grands édifices y offroient ceux des plus belles proportions de l'Architecture, & le ftyle des Arts fous les Empereurs. Nos Gaulois loin de s'approprier le goût riche & varié de ces mêmes Romains, qui en avoient enrichi toutes les provinces de leur pays, & dont la plus grande partie avoit échappé à la barbarie des peuples du Nord, ajoutent aux fureurs deftructives de ces fléaux de l'humanité & des Arts, le zèle ignorant & fuperftitieux ; au lieu de fanctifier les monumens du Paganifme en les confacrant à la Religion Chrétienne, ils aimèrent mieux les démolir.

L'avarice commence par fouiller les tombeaux ; un zèle indifcret & mal entendu, détruit des chefs-d'œuvres pour n'en faire que des maffes informes & groffières. Ce qui s'eft fait dans des temps d'ignorance profonde, a du moins cette ignorance pour excufe, mais lorfqu'on verra de nos jours même des exemples d'une femblable barbarie, on ne pourra trop déplorer les effets du faux zèle, qui a fait mutiler ou enfouir des monumens précieux de l'antiquité, ou d'excellens modèles. Ce qui fe fit dans les Gaules à mefure que la lumière de l'Evangile pénétra dans les diverfes contrées de cette partie la plus noble de la terre, se fit également dans toute l'Europe.

C'est très-mal-à-propos qu'on attribue aux Normands, après leur prise de possession de la Neustrie, & aux Anglois après eux, les édifices sacrés du genre de ceux que nous appelons *Gothiques*, comme s'ils eussent été les seuls constructeurs de leur temps.

Avant Charles VI, les Anglois n'avoient point pénétré dans l'intérieur de la France. Qu'ils aient élevé les cathédrales de Rouen & de Bordeaux dans le long espace de temps qu'ils ont été souverains de ces provinces, cela est probable ; mais nous avons plusieurs Métropoles célèbres, ouvrages de nos pères, qui dans ces temps reculés firent la gloire & l'admiration de la chrétienté. Telles sont celles de Paris, Reims, Bourges, Orléans, Amiens, Beauvais & plusieurs autres : en Angleterre, Saint-Paul de Londres, tel qu'il étoit avant l'incendie affreux de 1666, & qui, reconstruit, est aujourd'hui la seconde Basilique du monde.

Les Corps religieux déja institués & dispersés dans l'Europe se multiplièrent dans l'Italie & les Gaules. Le cénobite Benoît consomma seul ce que vingt Souverains réunis n'eussent pu entreprendre ; disons plus : si toutes les possessions de cet Ordre, célèbre à tant de titres, avoient été réunies au treizième siècle, elles auroient certainement formé le plus grand royaume de cette partie du monde. Ce n'est pas même sans étonnement qu'on a vu des Souverains se faire leurs vassaux, & devenir en quelque sorte leurs tributaires ; mais comme tout est vicissitude dans la Nature, & que les ouvrages les plus affermis de l'homme s'écroulent avec le temps, ce Corps en sentit les longs outrages, & eut ses temps de splendeur, ses crises & ses révolutions.

Quelles que foient les pertes qu'il a fouffertes, quant à la puiffance qu'il eut dans fes beaux jours, il eft encore de tous les Ordres monaftiques, celui qui jouit de la plus grande confidération, & qui mérite le plus notre reconnoiffance. Nous avons, aux foins de ces vrais Religieux, l'obligation d'avoir fauvé des ravages des barbares, les monumens des Sciences, d'avoir développé le germe des connoiffances néceffaires à l'homme. Ce furent eux qui apprirent aux conquérans des Gaules à changer les déferts & les forêts en plaines fertiles & riantes. C'eft fous leurs voûtes facrées, dépofitaires des monumens les plus précieux pour l'Hiftoire & les plus intéreffans pour les grandes Maifons, qu'il eft libre à tous les amateurs des Sciences de les aller confulter, & qu'on trouve dans ceux qui en font chargés, les lumières & l'affabilité des vrais Savans.

Le monaftère de Saint – Denys devint l'habitation de plufieurs de nos Rois, & fut fouvent leur maifon d'inftruction; cette églife eft reftée le dépôt de leurs dépouilles mortelles. C'eft dans cet antique & vénérable édifice, qu'on peut fuivre d'âge en âge les monumens confacrés à la mémoire de nos Princes. On y verra fur le marbre & fur le bronze la rudeffe des premiers âges de notre monarchie; des efpèces de momies que des foldats, ou plus fouvent encore, des moines fabriquoient eux-mêmes : les uns pour tranfmettre à la poftérité la reffemblance groffière de leurs Généraux, & les autres à la vénération des fidèles, les images de leurs Saints.

En fuivant l'ordre des temps, nous voyons comment les productions de ce cifeau ruftique fe font infenfiblement perfectionnées, comment les Arts fe font développés, comment l'efprit de l'homme s'eft créé des principes & a

raifonné

raisonné son ouvrage ; comment les François parvinrent à se faire un genre particulier d'ornement & d'architecture inconnu jusqu'à eux ; nous verrons avec étonnement dans l'exécution de plusieurs morceaux, régner un ton si lugubre & si effrayant même, où les caractères de la mort, je dirai plus, les effets de la putréfaction saisissent tellement par leur expression, que nos plus habiles Sculpteurs auroient peut-être, de la peine à réussir dans ce genre sépulcral qui n'inspire que la tristesse & l'horreur.

Mais quittons ces temps de barbarie ; & pour nous rapprocher des temps de la renaissance des Arts, parcourons les monument auxquels on a attaché quelqu'intention utile & patriotique.

Que j'aime à voir le brave Duguesclin reposer aux côtés de son Prince, le sage Charles V. Ici j'apperçois qu'à l'exemple de ce Monarque, Louis le Grand a placé Turenne parmi les Bourbons. Louis XV eût fait sans doute le même honneur au Maréchal de Saxe, si la même croyance eût existé entre ce Monarque & son Général.

Des monumens de cette espèce honorent autant le Souverain qui les élève, que le héros à la gloire duquel ils sont érigés. Les uns & les autres, en nous donnant une histoire suivie, &, pour ainsi dire, parlante de leurs temps, nous transmettent jusqu'aux attributs qui, dans les divers règnes, caractérisèrent la Royauté, & nous peignent même les mœurs grossières de leur siècle.

A mesure que ces objets s'éloignent de nous, & se rapprochent de Dagobert, ils en deviennent plus précieux & plus intéressans. La force de nos anciens François y est exprimée par la longueur & le poids énorme de leurs armes ; la rudesse de leurs mœurs & de leur goût, par la bizarrerie de leur accoutrement militaire ; des cottes de mailles, des corcelets, des braſſarts, des cuiſſarts, des héaumes, des gantelets, enfin des hommes factices de fer, dont toutes les articulations & les jointures flexibles en receloient de réels, impénétrables, pour ainſi dire, à toutes les atteintes qu'on leur portoit, la chûte de Philippe-Auguſte à Bovines, les efforts inutiles qu'on fit pour le percer, en ſont la preuve. Enfin tous ces reſtes de notre antique Chevalerie ſont autant d'objets curieux & piquans pour ceux qui aiment à examiner ces ſiècles ſi étrangers au bon goût, mais qui furent ceux de l'honneur.

L'Hiſtorien, qui nous peint avec tant d'exactitude les faits & l'eſprit de notre ancienne Chevalerie *(y)*, nous diſpenſe des détails abſolument étrangers à ce Diſcours, dont le ſeul objet regarde les monumens, pour ainſi dire, matériels, qui nous repréſentent les mœurs & l'eſprit de leurs Auteurs, & des ſiècles où ils ont été exécutés.

Manier les armes avec dextérité, fut l'apanage de la Nobleſſe, comme le peu de ſcience qui ſubſiſtoit alors, étoit celui du Clergé ſéculier & régulier.

L'eſprit d'abnégation de ſoi-même & de renoncement aux choſes de ce monde, pour ne s'occuper que de celles du Ciel, vaquer à la prière, à la méditation, ſe livrer aux auſtérités ; eſprit qui peupla dans les premiers ſiècles de l'Egliſe, les déſerts de la Thébaïde, ſubſiſtoit encore du temps de Philippe Ier dans preſque toute ſa ferveur.

Quelques Religieux de l'abbaye de Moleſme, ordre de Saint-Benoît, par zèle pour la plus grande perfection religieuſe, vont en 1092, fonder dans les forêts de Cîteaux,

____

(y) M. de la Curne de Sainte-Palaye, de l'Académie royale des Inſcriptions & Belles-Lettres.

près de Nuits en Bourgogne, une nouvelle colonie de
Cénobites : soit horreur du lieu ou excès d'auftérité dans
le nouvel inftitut, il périffoit fous Etienne, fucceffeur de
Robert, lorfque Bernard, de l'illuftre maifon de Châtillon,
vient s'y préfenter & donne à ce pieux établiffement une
nouvelle vie & le plus grand éclat. Ce beau génie, brillant
de toute la force & des grâces de l'éloquence, à laquelle fe
joignoit une grande pureté de mœurs, acquit bientôt une
confidération fupérieure à l'autorité ; il s'en fert pour faire
condamner au concile de Sens les erreurs d'Abélard. Le zèle
qui le dévoroit pour la propagation de la Foi, lui fait voir
dans l'ardeur de ce temps pour la conquête des faints lieux,
un moyen qui lui parut infaillible pour l'étendre : il prend
occafion des remords de Louis VII, dit le Jeune, qui avoit
pouffé trop loin la vengeance contre un vaffal rebelle, en
livrant aux flammes, dans Vitry, des victimes infortunées
des crimes de leur maître, pour l'engager à expier fa faute
par une nouvelle croifade.

 En vain le fage & politique Suger s'oppofe à cette pieufe
mais indifcrète ardeur ; l'éloquence du Cénobite prévaut fur
la raifon & l'intérêt de l'Etat ; le zèle ardent du faint Religieux
l'emporte fur l'expérience du Miniftre : faint Bernard ofe
annoncer & garantir des fuccès éclatans, Suger ne voit que
des défaftres ; le Prophète & le Saint, par malheur pour la
France, vit moins bien que l'Homme d'Etat.

 Louis, entraîné par cette éloquence onctueufe & perfuafive
de Bernard, raffemble quatre-vingts mille hommes, & les
conduit dans la Paleftine, où, comme l'avoit prévu Suger,
ils périrent ; & ce fut avec la plus vive douleur que ce fage
adminiftrateur vit fon maître rentrer fans armée, & prefque
feul dans fes Etats dépeuplés & appauvris par une expédition

dont il avoit prévu le malheureux fuccès. Saint Bernard continue fes travaux apoftoliques, s'occupe à groffir fa tribu, élève une infinité de nouveaux monaftères, qu'il difperfe dans plus de vingt royaumes, & confomme en quelque forte la grande entreprife du premier fondateur, Saint Benoît, en portant la fécondité dans les campagnes arides, & en affurant à cent générations qui doivent fuccéder à la fienne, la vie, le repos, la douceur de la retraite, & les moyens de fe fanctifier.

L'expérience défaftreufe du paffé n'avoit point encore corrigé les Puiffances de l'Europe de la fureur des guerres d'outre-mer ; il en manquoit une plus malheureufe encore que les précédentes pour les en dégoûter tout-à-fait, & ce fut le plus faint de nos Rois qui la fit, & qu'elle ne découragea pas même affez pour n'en pas entreprendre une feconde, la plus funefte de toutes, puifque fes armées y furent détruites & que lui-même y perdit la vie.

Si ce Monarque, infiniment refpectable par fes talens politiques, fon courage & fes vertus chrétiennes, fe fût uniquement renfermé dans les foins du gouvernement intérieur de fes Etats, il eût été, n'en doutons pas, le plus grand Souverain de la Terre.

Il dépofa dans la chapelle qu'il fit bâtir dans fon palais, les faintes reliques qu'il put fe procurer dans la Paleftine, & celles qu'il acheta des Vénitiens. Il fonda auffi l'hopital des Quinze-vingts pour trois cents Officiers ou Soldats qui perdirent la vue dans fon expédition de la Terre-Sainte. Un zèle plus éclairé n'eût certainement point néceffité un établiffement fi extraordinaire. On lui doit l'affranchiffement des communes, & ce fut le premier pas que firent les Rois vers l'autorité dont ils jouiffent aujourd'hui.

La

La police de la ville de Paris doit à ce Monarque fes premiers règlemens. Son directeur, Robert Sorbon, jeta les premiers fondemens de la première école de Théologie de l'Univers.

Le fucceffeur de ce faint Roi donna le premier l'exemple de ce qu'on doit au mérite, en anobliffant le plus célèbre Artifte de fon temps, le fameux Raoul l'orfévre; les exceptions à cet égard font fi rares, qu'elles ne peuvent jamais être une charge à l'Etat. Il donna donc au mérite ce qu'on a depuis prodigué à l'argent, fans donner plus de luftre à la Nobleffe & de force au Trône, dont cet ordre eft le principal appui : au contraire cette grâce, en levant la féparation qui exiftoit dans l'état des perfonnes, a affoibli l'heureux préjugé de la Nobleffe, fans pour cela donner à la roture autre chofe que les priviléges d'un rang qu'elle ne tient point de la naiffance, ou d'actions utiles à la Patrie.

Ce fait illuftre plus le Prince qu'un monument matériel, qui peut-être n'eût rien appris à la poftérité. Une Ordonnance de Philippe-le-Bel fur le luxe, curieufe par les détails où ce Prince entre pour chaque condition, & qui peint les mœurs & les ufages de ce fiècle, eft encore un monument du genre à peu-près de celui dont nous venons de parler, quoique ni l'un ni l'autre ne puiffent entrer dans le plan de ce Difcours.

Ce fut fous le règne de Philippe-le-Hardi & fous l'empereur Edouard II, que fut bâtie la fuperbe tour de la cathédrale de Strafbourg, de quatre cents cinquante pieds de haut, mefure de France : le chef-d'œuvre d'Ervin de Steinbach, & le plus beau monument d'architecture gothique qui exifte dans l'Europe. Nous ne pourrons paffer

P p

sous silence celui qui fut érigé dans la métropole de Paris, en mémoire & pour rendre grâces de la victoire remportée par Philippe-le-Bel sur les Flamands le 18 Août 1304 (z).

Sous ce Monarque, le Prieur & les habitans de Saint - Saturnin, construisirent le fameux pont appelé du *Saint-Esprit*, & qui donna son nom à la ville, qu'elle a toujours porté depuis, connue jusque - là sous celui de Saint - Saturnin. Ce pont, sur un fleuve aussi profond & aussi rapide que l'est le Rhône en cet endroit, suppose dans celui qui conçut ce projet & ceux qui l'exécutèrent, des connoissances en architecture & sur-tout de la hardiesse.

On ne sait trop si l'on doit mettre au nombre des monumens du règne d'un Prince sage (*) la construction de la Bastille, dont les fondemens furent jetés en 1369, par Aubriot, Prevôt de Paris. Ce Magistrat crut sans doute donner une défense à la capitale, & ne prévit pas que cette espèce de forteresse n'auroit, par la suite des temps, d'autre destination que celle de servir de prison d'Etat.

Ce fut sous le règne de ce Prince, qui honora les Savans, (il tenoit pour maxime que *les clercs ou à sapience l'on ne peut trop honorer ; & tant que sapience sera honorée en ce royaume, il continuera à prospérité : mais quand déboutée y sera, il déchéera*) que commença la Bibliothèque royale par neuf cents volumes manuscrits, qui furent placés dans une des tours du Louvre. On auroit difficilement imaginé que d'après de si foibles commencemens elle eut dû devenir

---

(z) M. de Saintfoix attribue ce monument à Philippe de Valois avec beaucoup de fondement, & prétend qu'il fut érigé en mémoire de la victoire mémorable qu'il remporta sur les Flamands au mois d'Août 1328. *Voyez le Supplément aux Essais historiques sur Paris.*

(*) Charles V.

ce qu'elle est de nos jours, la plus riche & la plus précieuse collection de l'Univers.

La minorité & la démence de Charles VI, l'ambition du duc de Bourgogne, le caractère impérieux d'Isabelle de Bavière, accumulèrent sur le Royaume les calamités les plus horribles : le Royaume fut livré en proie à l'Etranger ; l'Anglois devenu le maître de presque toute la France, fit couronner dans Paris même, Henri VI roi de France, enfant de six ans ; Charles VII reprend sur lui ses Etats usurpés : une Fille vient trouver ce Prince à Chinon, se dit envoyée du Ciel pour délivrer Orléans & faire sacrer le Roi à Reims ; son enthousiasme se communique aux Troupes, le siége d'Orléans est levé. Auxerre, Troies, Châlons, Soissons rentrent au pouvoir de Charles ; Reims lui ouvre ses portes, il y est sacré. La mission de Jeanne d'Arc finissoit là, selon qu'elle l'avoit annoncé ; elle se jette dans Compiegne, est prise dans une sortie, menée à Rouen, jugée & condamnée au feu, au rapport d'une infinité d'Historiens, & brûlée dans la place *aux Veaux* de cette ville, où peu de temps après on éleva un monument à sa mémoire, qui depuis quelques années vient d'être refait d'un meilleur goût & d'une manière plus agréable. Orléans a conservé aussi un monument de sa reconnoissance, qui vient d'être placé dans la rue Royale, où il forme un objet de décoration d'un genre assez singulier ; & cette rue qui passe pour la plus belle rue des villes de France, conduit au pont superbe qu'on y a fait il y a quelques années, & qui devient un des plus beaux monumens de ce siècle.

L'art de l'Imprimerie commence à être connu en France à cette époque, & se communique bientôt dans toute l'Europe. Plusieurs villes se disputent cette invention ; on montre dans la cathédrale de Strasbourg le tombeau de *Jean Mentelin*, qu'on dit en avoir été l'inventeur : en supposant la vérité de cette prétention, ce monument, d'un homme qui a si bien mérité de ses contemporains, des Savans & de la postérité, mérite bien à son tour d'être distingué des tombeaux de cette foule de morts qui n'ont eu pour tout mérite que des titres de convention, & peut-être pas un seul pris de l'essence de leur être & de la convenance morale des choses *(a)*.

Sous le règne de son successeur, furent établies les Universités de Bourges, de Bordeaux & les Postes, devenues si généralement utiles *(b)*.

Louis XII augmenta la Bibliothèque. Saint Gelais fait en deux mots le plus bel éloge de ce Prince : *Il ne courut oncques du règne de nul des autres si bon temps qu'il a fait durant le sien.* « Il aima ses sujets, dit encore
» le Président Hénault, sa plus forte envie fut de les rendre
» heureux, & il mérita d'en être surnommé *le Père*, tant il
» est vrai que le premier *bien* d'un Roi est l'amour de son
» peuple; il diminua les impôts & jamais il ne les augmenta ».
L'aurore du Monarque qui nous gouverne n'annonce-t-elle pas le *bon temps* dont parle Saint Gelais ? & le jeune Prince sera sans doute comme Louis XII, le père de son peuple.

(*a*) L'opinion la plus vraisemblable, attribue cette invention à Jean Guttemberg, d'une famille noble de Mayence. Polydore-Virgile, presque contemporain de cette invention, assure tenir ce fait des concitoyens même & des contemporains de l'Inventeur. *De Inventoribus rerum, lib. II, cap. 7.*

(*b*) C'est l'opinion commune que l'invention des Postes est dûe à l'Université de Paris. Si l'Etat & les sujets en tirent une grande utilité, la bienfaisance de nos Rois pour ce Corps respectable, l'a fait jouir d'une partie du profit qui lui en revient, & ce bel établissement profite plus à ses Membres actuels qu'il n'a fait à ses Inventeurs.

Les

Les Lettres & les Sciences avoient déja trouvé en Italie
un afyle ou plutôt une patrie; & comme le bien tend de fa
nature à fe répandre, les François, fous Charles VIII &
Louis XII, en avoient fenti le charme dans les guerres que
firent ces deux Rois par-delà les monts.

François Ier, autant fait pour les fciences par fon efprit
& par fon goût, que pour la guerre par fa bravoure, voulut
que fes Etats partageaffent avec l'Italie les douceurs qu'y
répandoient les Sciences & les Arts; il appelle les Savans dans
fon royaume, encourage par fes bienfaits ceux de fa nation,
fonde le Collége Royal, & mérite le titre glorieux de
Père des Lettres.

Henri II fon fils, enthoufiafte de la Chevalerie, ne
fut occupé que de guerres, de tournois & de galanteries.
Catherine de Médicis fa veuve, jeta en avril 1564 les fondemens du château des Tuileries; la galerie du Louvre, commencée par Charles IX, fut achevée par Henri IV en 1596.
Dès 1533 on avoit commencé l'Hôtel-de-ville; le palais du
Louvre, celui du Luxembourg, l'aqueduc d'Arcueil furent
conftruits dans les temps les plus orageux de la Monarchie:
preuve que les Arts étoient cultivés malgré les calamités qui
défoloient le Royaume.

Heureufement pour le progrès de la raifon & des
Sciences fous les trois règnes fuivans, ou l'une & les autres
parurent étouffées par les cris du fanatifme, & noyées dans le
déluge de fang que firent couler l'ambition & la fuperftition,
des Savans au milieu des bûchers qui s'allumoient de toutes
parts contre les hérétiques, & parmi le bruit des armes, les
cultivèrent dans le fecret; à dater de François Ier il y eut
une fucceffion non interrompue de Philofophes, de Savans,
d'Hiftoriens judicieux & exacts, de Poëtes mêmc. Au fein

3.mo AGE
DU MONDE.

FRANCE
moderne.

Q q

des horreurs des guerres civiles , le beau feu du génie s'entretenoit ; aux Baïfs, aux Marots, à Ramus, à Claude Seiffel, fuccédèrent Alciat, Tiraqueau, les Etiennes, Sleidan ; les Dubellay, Jodelle, Belleau, Monluc, Pibrac, Ronfard, Amiot, du Bartas, Bodin, Montaigne, d'Aubigné, Brantôme, Pafferat, Rapin, Cafaubon, Malherbe, Regnier ; les Sainte-Marthe, les de Thou, Benjamin Priolo, Balzac, Sarazin, Voiture & une infinité d'autres, dont le génie & les travaux forment la chaîne qui lie les temps de l'enfance des Sciences & des Arts, à ceux de leur virilité, c'eft-à-dire, au règne de Louis - le - Grand , époque à laquelle ils fe montrèrent avec le même éclat qu'aux plus beaux jours de la Grèce & de Rome.

Ce fut encore dans le feu des factions & des guerres civiles, que la vertu & le courage des Magiftrats brillèrent de la plus grande fplendeur. Notre Hiftoire confervera à jamais comme les monumens les plus précieux, la mémoire des l'Hôpital, des le Maître, des de Thou, des Briffons, des Séguier, des Harlay, des Servins & de quelques autres, dont les noms immortels feront dans tous les temps , la gloire de la Nation & l'honneur de la Magiftrature.

Le grand Henri , *qui fut de fes fujets le vainqueur & le père* , eût été de même le père des Artiftes & des Savans , fi le foin de réparer les malheurs de l'Etat & d'établir fa profpérité fur des fondemens durables , n'eût occupé fon ame toute entière. Difons encore que fi ce Prince n'eût pas été forcé de conquérir le royaume qui devoit lui être affuré par droit de naiffance, s'il n'eût pas éprouvé des traverfes qu'aucun Roi de l'Univers n'a jamais effuyées , s'il n'eût pas été contraint d'étouffer les ligues malheureufes & deftructives, fomentées depuis long-temps

par les intrigues & la jalousie de Philippe II & par les
nouveaux systêmes de religion ; si enfin quelques années
pacifiques eussent été ajoûtées à sa carrière trop tôt terminée
par le forfait le plus abominable , & s'il n'eût enfin été
enlevé tout-à-coup à l'amour & à la vénération des François,
ce Monarque eût exécuté le vaste projet d'assoupir les
factions qui désoloient ses peuples & écrasoient les Grands,
& eût porté la Monarchie françoise au dernier terme de la
gloire & du bonheur ; peut-être encore eût-il laissé aux
successeurs de son Trône, un code fait pour les guider dans
l'art de régner pour la félicité des peuples , & non pas
seulement sur des peuples.

Ce grand Prince mort, la France fut aussitôt replongée
dans les horreurs des factions, suite nécessaire d'une longue
minorité & de l'ambition contrainte des Grands , qui ,
n'attendant qu'une occasion d'éclater, la trouvent presque
toujours dans les temps d'une régence. Il est le premier
de nos Rois auquel la Nation ait élevé un monument public
de sa tendresse & de sa reconnoissance , & qu'elle voit
toujours avec attendrissement ; mais ce n'est qu'avec regret
qu'elle voit aux pieds du plus sensible des hommes & du
meilleur des Princes, des esclaves attachés en criminels ,
d'un Prince qui ne voulut enchaîner que la discorde , le
fanatisme & leur affreux cortége. Au lieu de ces accessoires
de l'adulation la plus basse , que ce grand Monarque eût
certainement désavoués ; que ne plaçoit-on plutôt à ses côtés
le plus honnête des hommes , le plus grand des Ministres ,
le meilleur ami de son maître, l'immortel *Sully (c) !*

____

(c) Cette statue, envoyée par Cosme II de Médicis , fut érigée sur le
Pont neuf, le 23 Août 1614. Jean-Armand du Plessis-Richelieu , évêque
de Luçon, ne fut fait Secrétaire d'Etat que le 25 Novembre 1616. C'est

Les orages de l'enfance de Louis XIII, l'épuifement des finances abandonnées au pillage des Etrangers, ne permirent guère, pendant cette minorité, de fe livrer aux recherches du luxe & du bon goût. Outre que ce Prince, d'un caractère mélancolique & férieux ne parut pas avoir celui de la décoration, il fe trouva tellement embarraffé de tant de guerres ou de négociations, qu'il ne lui fut pas poffible de s'occuper de l'embelliffement de fa capitale. Si fon Miniftre, qui avec le plus grand génie eut le fentiment & le goût des belles chofes, n'eût point été emporté par le torrent des affaires, & fans ceffe occupé du foin de réprimer l'ambition des Grands, ou les entreprifes des Puiffances ennemies, & fur-tout de l'abaiffement de la Maifon d'Autriche, dont la jaloufie avoit été fi fatale à la France, il auroit certainement eu la gloire d'établir le règne des Arts & des Sciences; mais on lui doit au moins celle de l'avoir préparé en fondant l'Académie Françoife. Ce fut lui qui éleva à fon Maître le monument qu'on voit à la Place Royale, qui bâtit le Palais Cardinal, actuellement le Palais Royal, nom qu'on lui donna après la donation que ce Miniftre en fit à Louis XIII.

Paffons rapidement encore fur la minorité de fon fucceffeur, & hâtons-nous d'arriver à l'époque brillante où Louis, juftement furnommé le Grand, prend en mains les rènes de l'Etat.

Le calme renaît, les Arts éplorés & tremblans fortent enfin de leurs retraites, paroiffent avec tout l'éclat qui leur eft propre, & viennent embellir un fiècle qui fut celui des

---

donc mal-à-propos que les Auteurs des Infcriptions qu'on lit fur le piédeftal de ce monument, ont fait à ce Miniftre l'honneur de lui en attribuer l'érection.

merveilles

merveilles dans tous les genres. Des fuccès rapides élèvent la France au comble de la fplendeur & de la profpérité. Son heuréux Monarque, adoré de fon peuple, refpecté de fes voifins, fait triompher des ligues étrangères & de la rivalité, trop long-temps alarmée de fon pouvoir.

Mazarin avoit introduit parmi nous un nouveau genre de fpectacle, qui uniffoit au charme de l'harmonie & de la mélodie, ceux de la danfe & la magie brillante des décorations. Mairet, Rotrou, avoient déja effayé leurs forces pour faire revivre les théâtres des Grecs & des Romains; le génie de Corneille s'allume aux premiers traits de lumière qui brillent fur la fcène françoife, & il l'enrichit de chef-d'œuvres bien fupérieurs à fes modèles : Racine lui fuccède; il égale déja fon maître en ce qu'il a de fublime, & le furpaffe du côté de l'élégance & de la pureté du langage : l'inimitable Molière combat & corrige les ridicules de fa nation par fes propres armes, démafque les vices que Defpréaux foudroie.

Tous les genres fe perfectionnent; dans la capitale de la France, s'ouvre tout-à-coup une forte de volcan qui lance des flammes : de ce foyer brûlant, partent de traits de feu; quiconque en eft touché, paroît auffitôt transformé en un autre homme : Defcartes, Gaffendi & Rohault ont frayé la route de la faine philofophie, où entrent après eux Newton & Léibnitz ; Boffuet, Bourdaloue, Fléchier, Fénelon; Patru, le Maître, Cochin, rivaux des Démofthènes & des Cicérons, annoncent, les uns les fublimes vérités de la religion, les autres défendent les droits des citoyens contre l'injuftice ou la puiffance de leurs oppreffeurs. Malbranche, Pafcal, Arnaud, Nicole, montrent à l'Europe comment la profondeur du raifonnement peut s'allier avec l'éloquence &

le brillant de l'imagination. Caſſini, la Hire, ſondent les pro-
fondèurs du ciel, calculent les grandeurs des aſtres, celles des
orbes qu'ils parcourent. D'Eſtrées & Tourville, Bart, Forbin
& Dugay-Trouin, font reſpecter les pavillons de la France
ſur toutes les mers. Condé, Turenne, Luxembourg, Catinat,
Vendôme, Noailles, font reſpecter de même ſur terre les
armes du grand Monarque dont ils conduiſent les armées.

Quarante ans de ſuccès continuels en avoient impoſé à
l'Europe; mais ils l'alarmoient encore plus qu'ils ne l'avoient
étonnée. L'hydre de la guerre renaiſſoit ſans ceſſe; il falloit
l'écraſer entièrement, ou ſe voir continuellement en butte à
de nouvelles atteintes. La ſucceſſion au trône d'Eſpagne
rouvre des plaies qui ſaignoient encore. L'Europe ſe conjure
de nouveau; les ſuccès précédens avoient épuiſé en quelque
ſorte le ſang & les reſſources de l'Etat : cependant l'âge
commençoit à amortir la vigueur du Monarque.

Douze ans de revers preſque continuels firent à l'Etat
des maux dont il ſe reſſent encore. L'heureux & brave
Villars arrête le torrent; mais les traces profondes de ſes
ravages ne pouvoient ſi-tôt ſe réparer, & pour comble
d'infortune, le Monarque voit ſur le déclin de ſes
ans périr pour lui preſque juſqu'à l'eſpoir de la poſtérité
la plus brillante; il ſurvit à ſes arrières-petits-fils, &
meurt abîmé dans la douleur de voir celui de la France
réduit à un unique rejeton, dont la ſanté chancelante
préſageoit à ſes Etats, des révolutions funeſtes s'il venoit à
leur manquer.

Le Monarque enfant, monta ſur un Trône, pour ainſi
dire miné de toutes parts. Les monumens érigés à la gloire
de ſes prédéceſſeurs, ſembloient n'exiſter autour de ſa
perſonne que pour contraſter d'une manière plus marquée

avec l'épuisement & la misère affreuse où ses sujets étoient plongés. Tels sont, pour l'ordinaire, les fruits amers d'une grandeur trop long-temps appuyée sur les succès militaires : & quelle leçon pour les Rois !

Mais quel génie heureux & puissant soutiendra le jeune Monarque chancelant, & que la plus légère secousse peut renverser ? Le Ciel, qui toujours proportionne les remèdes aux maux, les ressources aux circonstances, le tenoit en réserve, & le montre aussitôt à la Nation.

Philippe d'Orléans se charge du poids de l'Etat & prend les rênes du gouvernement, que la foiblesse du Monarque ne lui permettoit pas de tenir. Aussi actif que prévoyant, il voit les factions naître & les dissipe ; il devine les projets des Puissances voisines, & les déconcerte. Une longue paix répare peu-à-peu les brèches que la guerre avoit faites à l'Etat. Le cultivateur long-temps effrayé de labourer des plaines ensanglantées & couvertes d'ossemens & d'armes rouillées, reprend courage ; l'olive de la paix refleurit, l'abondance revient sous son ombrage avec les fruits qui l'accompagnent. Cet autre Joas est toujours sous le bouclier d'Abner, & un autre Joad le guide dans les sentiers de la vertu dont il a su lui inspirer l'amour. Ce tendre arbrisseau s'élève insensiblement, & sa cime va bientôt surmonter les plus hauts cèdres.

Une paix de vingt ans a rendu enfin à la France toute sa vigueur : un trône vaque, deux Concurrens également dignes de le remplir, se le disputent ; mais il n'y avoit qu'un trône à donner. L'incendie s'allume dans le Nord, & bientôt ses ravages s'étendent ; l'Empire & la France prennent parti dans cette querelle : le repos de l'Europe en est troublé. La victoire suit les drapeaux de Barwik, d'Asfeldt & de

Noailles à Philifbourg : le fuccès couronne nos entreprifes en Italie. Eugène, fi fatal à la France, cède à fon afcendant. L'acquifition de la Lorraine eft le fruit d'une guerre auffi glorieufe pour le Roi, que juftement entreprife.

La mort de l'Empereur Charles VI, le dernier mâle de cette maifon d'Autriche, fi puiffante & fi redoutable à l'Europe, fait éclore des prétentions fans nombre fur les vaftes Etats qu'il laiffoit. Au nord de l'Allemagne, Frédéric III veut faire revivre des droits prefcrits fur la Siléfie, & auxquels fes prédéceffeurs avoient renoncé. L'Electeur de Bavière, fils d'un père profcrit par les Autrichiens, leur captif lui-même dans fon enfance, veut venger les anciens affronts de fa Maifon & les fiens propres : aidé de la France, il menace Vienne même. Augufte III alléguoit des droits récens, ceux de la fille aînée de l'Empereur Jofeph, fa femme ; le roi d'Efpagne étendoit les fiens à toute cette riche fucceffion ; Louis avoit des droits auffi fondés & n'en réclamoit aucun. Environnée d'ennemis ambitieux & puiffans, fans troupes, fans argent, Marie-Thérèfe, par fon courage, fait face à tous. Les Hongrois maltraités par les pères, fe dévouent avec tranfport à la défenfe de la fille, qui, hors d'état de réfifter, devient bientôt en état d'attaquer.

Des portes de Vienne, de Prague & des rives du Danube, l'incendie fe propage jufqu'à celles du Rhin & jufqu'aux frontières de la France. Louis, brillant de la vigueur de l'âge, arrive fur celles de la Flandre autrichienne, fe met à la tête de fes armées ; Courtrai, Menin, Ypres, la Kenoque, Furnes font affiégées, leurs remparts tombent en préfence de ce Monarque comme devant un autre Gédéon.

Au

Au milieu de ces fuccès, le Prince Charles de Lorraine paffe le Rhin, preffe Seckendorff, pénètre dans l'Alface avec foixante mille Autrichiens, menace la Lorraine. L'expérience, la fageffe & la valeur du maréchal de Coigny retardent les progrès de l'ennemi ; mais des forces fupérieures font appréhender qu'il ne pénètre dans nos provinces. Le vertueux Sftaniflas fuit un pays qu'il rend heureux ; mais qu'il ne peut défendre. A la premiere nouvelle de cet évènement inattendu, Louis quitte le théâtre de fa gloire, vole à la défenfe de la Lorraine menacée.

Le maréchal de Noailles qui avoit initié fon Maître aux connoiffances du grand art de la guerre, le précède. Le duc d'Harcourt vole de fon côté aux gorges de Phalfbourg. Le rendez-vous des troupes eft affigné à Metz ; le Roi y arrive le 5 août, le 8 il y tombe malade, & prefque tout-à-coup la maladie prend un caractère terrible. Aux premières nouvelles de fon danger on frémit dans la capitale : bientôt les extrémités du royaume répondent aux accens de fa douleur. Tout dans la France eft dans la confternation, les larmes & les prières, la crainte & l'efpérance viennent tour-à-tour accabler & raffurer les peuples ; mais l'orage fe diffipe enfin, & les jours de Louis paroiffent affurés. Le courrier qui apporte à Paris la nouvelle de la convalefcence du Roi, eft, pour ainfi dire, étouffé par les careffes du peuple. *Qu'il eft doux d'être aimé de cette forte, & qu'ai-je fait pour le mériter*, s'écrie Louis attendri jufqu'aux larmes, des tranfpors d'allégreffe de fes fujets ! Peuple aimable & fenfible, idolâtre de tes maîtres, quel retour ne mérites-tu pas de leur part !

Cependant Noailles marche à l'ennemi ; calculateur profond de toutes les opérations militaires, il le force à fon approche

3.me AGE
DU MONDE.

FRANCE
moderne.

de repasser le Rhin, tandis que son disciple, & déjà son rival de gloire, le maréchal de Saxe, contient les Alliés à Courtrai, & les force par ses savantes manœuvres, à se consumer eux-mêmes.

Louis échappe à la mort qui le menaçoit, & à peine est-il rétabli, qu'aussitôt il reprend ses projets & veut finir la campagne par une expédition glorieuse qui en impose à l'ennemi, venge la nation des alarmes qu'il lui a causées, & assure la tranquillité de ses frontières. Malgré la saison qui s'avance & les obstacles qu'elle semble accumuler, il investit Fribourg, l'assiége, & s'en rend le maître, rentre triomphant dans sa capitale, & jouit des transports d'un peuple innombrable qui soupiroit après son retour, & qui d'un concert unanime le proclame *Louis le Bien-aimé*.

Tout est prévu pour la campagne suivante, & les opérations commencent par le siége de Tournai. Les Hollandois alarmés veulent qu'on risque tout pour sauver cette place. Louis, averti du projet des Alliés, se propose de les combattre lui-même; il mène avec lui son fils nouvellement marié à la seconde des Infantes d'Espagne.

Champs de Fontenoy, théâtre de la gloire du Monarque François, vous serez un monument éternel de sa tendresse pour ses sujets, & de sa pitié pour ses ennemis terrassés. La victoire balance long-temps indécise entre les deux partis également animés au carnage. L'Anglois farouche, qui fait la principale force des Alliés, paroît quelque temps écraser de sa masse énorme l'armée Françoise. Enfin cette cavalerie noble & brillante, qui fait le cortège ordinaire du Souverain, s'avance contre cette forteresse ambulante, la foudroie, la disperse, & sa destruction décide la victoire.

Louis, maître du champ de bataille, jouit un instant avec son fils, de l'ivresse d'un premier triomphe; mais les tourbillons de fumée & de poussière en se dissipant, présentent une scène d'horreur qui épouvante & attendrit également les deux Princes. C'est la fleur d'une génération presqu'entière moissonnée par la flamme & le fer. C'est parmi les débris amoncelés des armes brisées, des membres épars, que des troncs mutilés invoquent à grands cris la mort trop lente à terminer leurs souffrances.

Guerriers, à qui ce récit retrace cette journée si glorieuse & si terrible, dites-nous, quelle impression de terreur & d'attendrissement ce spectacle effroyable porta dans l'ame sensible de ces Augustes Princes ? rendez-nous ces paroles mémorables que la compassion leur arracha, & faites qu'elles parviennent jusqu'au Trône du jeune Monarque qui nous gouverne ? *Mon père,* s'écria le Daüphin traversant cette scène ensanglantée, *ah mon Pere ! qu'il en coûte à une ame sensible pour remporter de telles victoires. Mon fils,* lui répond le Roi pénétré de la même douleur, *ce que vous voyez, ce que vous touchez, doit vous apprendre à quel prix on achette de pareils triomphes.*

Orateurs chrétiens qui venez de prononcer les éloges funèbres de ces deux Princes magnanimes, si vous n'avez point rappelé à vos concitoyens ces élans précieux de leur ame, leurs vrais caractères vous ont échappé.

La défaite de l'armée ennemie est presqu'aussitôt suivie de la reddition de Tournai. Le combat de Mêle, la prise de Gand, celle d'Oudenarde, de Bruges, de Dendermonde, d'Ostende qui avoit résisté trois ans & demi à Spinola, & qui ne tint pas quinze jours devant Lovendhall, ajoutent à la gloire de nos armes. Il ne restoit plus pour être maître du comté de Flandre, que Nieuport, & cette ville céda bientôt à l'ascendant des François.

Les campagnes fuivantes font couronnées par des fuccès auffi éclatans, & c'eft au fein de la victoire que Louis fignale fa modération, offre & donne la paix à fes ennemis, content de les avoir humiliés & de leur faire refpecter fa puiffance; s'il s'eft armé, ce n'a été que pour repouffer leurs atteintes, & non pour agrandir fes Etats; il ne prétend tirer d'autre avantage de fes triomphes, que de montrer à fes ennemis qu'il fait réprimer des entreprifes injuftes & non en former. C'eft une juftice que l'Europe entière fe plut à lui rendre pendant fon règne, & qu'elle ne ceffe de proclamer depuis qu'il n'eft plus.

De nouvelles prétentions élèvent de nouveaux orages; l'Europe entière s'embrafe; le feu s'allume en Amérique, & l'Océan qui les fépare ne peut arrêter cet affreux incendie. Seule paifible au milieu des orages, la fage & politique République de Hollande s'enrichit des pertes des Nations rivales qui fe difputent des deferts. La France s'annonce par des fuccès; mais le défaut d'harmonie dans l'exécution des projets formés fous les yeux du Monarque, fait infenfiblement évanouir & perdre tous les avantages d'une guerre dont les commencemens annonçoient l'iffue la plus glorieufe. Louis fait des facrifices énormes au bien de la paix; le calme fans doute va réparer nos défaftres : vain efpoir, les beaux jours de la France femblent tous écoulés; des pertes bien plus douloureufes encore vont l'accabler.

Un jeune Prince de la plus grande efpérance eft moiffonné comme une tendre fleur à l'aurore de fes beaux jours. Louis Dauphin de France, dans la vigueur de l'âge, voit fans la moindre crainte arriver une mort lente, dont il eft la victime. Si la vertu & tous les dons de l'ame pouvoient toucher ce monftre impitoyable, quel Prince mérita de vivre plus long-temps? Sa tendre époufe fe confume

lentement

lentement dans les douleurs, sans que l'aspect de sa prochaine destruction ébranle son courage. Ses seuls regrets en quittant la vie, sont de se séparer pour toujours de ses enfans; mais la mort, en la leur enlevant, la réunit au ciel à son auguste & tendre époux, & le même tombeau renferme ici bas leur dépouille mortelle.

La Famille royale n'éprouve plus que des pertes de cette nature : c'est le sage, le bienfaisant Stanislas, ce Philosophe Roi, les délices du pays qu'il gouverne; c'est une pieuse Reine qui ne peut survivre à la perte d'un fils & d'un père dignes de tout son amour. Nos malheurs finiront-ils enfin? non : la main qui s'appésantit sur la Famille royale a sans doute des crimes à punir sur toute la nation; des corrupteurs politiques s'emparent de toutes les avenues du Trône, & en ferment l'accès à la Vérité & aux accens de la douleur des peuples qu'ils écrasent.

Mais le bien & le mal ont leurs périodes & leurs vicissitudes; les générations des Rois & des Sujets sont comptées : le venin de la mort saisit le Monarque & circule dans ses veines; sa faulx glacée l'a touché : en cet instant fatal où le prestige cesse, la Vérité se présente avec un appareil terrible; les sentimens naturels reprennent toute leur énergie, le cri du cœur & de la conscience se fait entendre, la Religion négligée reprend ses droits.

Le lit du Monarque mourant est entouré de sa famille en larmes, des Princes de son Sang, des Ministres de la Religion sur laquelle il s'appuie dans cette crise redoutable. L'intérêt de l'Etat en défend l'accès aux Princes ses petits-fils; mais si cette puissante raison nécessite ce sacrifice douloureux de leur part, rien ne peut arrêter l'effet de la tendresse des augustes Princesses pour le Roi leur père; envain son amour paternel leur oppose les dangers du venin

3.me AGE DU MONDE.
FRANCE moderne.

T t

puiſſant ſous lequel il ſuccombe, leur courage héroïque n'en
eſt point ébranlé; elles bravent la mort qui menace de les
envelopper dans la ruine de ce tendre père, & ces auguſtes
victimes ſe dévouent généreuſement aux ſoins pénibles de le
ſoulager & de le conſoler, en conſervant juſqu'au dernier
moment l'eſpoir de le dérober aux atteintes du trépas.

Des courtiſans tremblans des pertes qu'ils redoutent,
d'autres fondans des projets ſur les révolutions néceſſaires
qu'opère une adminiſtration nouvelle; des oiſifs avides de
nouveautés, quelles qu'elles puiſſent être, rempliſſent le
palais : l'inquiétude & l'eſpoir volent autour d'eux, ſous ces
magnifiques lambris que les couleurs ſombres du deuil vont
bientôt obſcurcir.

Louis ſent les approches de la mort; il la voit d'un œil
fixe : ſon ame inacceſſible à la crainte, ſe repoſe ſur la
miſéricorde infinie de l'Etre ſuprême, par qui règnent les
Rois. Il demande avec inſtance le gage ſacré de la récon-
ciliation, & c'eſt devant lui qu'il fait l'avéu public de ſes
fautes, qu'il en implore le pardon, qu'il s'engage à les réparer,
ſi le Ciel veut lui en accorder le temps.

François, peuple ſenſible, idolâtres de vos maîtres, avec
quel attendriſſement vous apprites les regrets du Monarque
& les engagemens qu'il prenoit dans ces terribles momens!
Le Ciel les reçoit, mais il veut qu'un autre les rempliſſe : le
décret eſt porté; Louis n'eſt plus !

Son ſucceſſeur que nous contemplons aujourd'hui ſur le
trône de ſes pères, a ſenti avant de le remplir, que les
vertus ne ſont utiles que par l'application qu'on en fait.
Inſtruit dans le ſilence du cabinet, des grands principes du
gouvernement, il s'occupe en en prenant les rênes, du ſoin
de ſe choiſir un coopérateur capable de le ſeconder dans
l'exécution de ſes projets : il appelle près de lui un autre

Polyclète, qui a confumé prefque fa vie entière dans le pénible métier de gouverner les hommes, dont l'ame honnête & mûrie, pour ainfi dire, par les affaires, le temps & les revers, n'a plus qu'une paffion, l'amour du bien & les lumières néceffaires pour l'opérer.

Mais quelle que foit la vigueur de l'ame de ce Sage, elle fuccomberoit fous le poids d'une adminiftration immenfe, fi les détails n'en étoient partagés : chaque branche exige un homme tout entier ; le Monarque le fait, mais il attend pour annoncer fon choix, que les vœux de la Nation femblent le néceffiter. C'eft à un Militaire vertueux, confommé dans la fcience de la Guerre, qu'il confie ce département ; un Négociateur habile eft chargé de celui des relations politiques de l'Empire françois avec les autres Puiffances de l'Europe ; celui de la Marine eft donné à un Magiftrat, dont les grands talens fe font montrés avec éclat dans les fonctions non moins importantes que délicates de la Police de Paris : la régie des Finances eft confiée à un autre, dont le nom feul fait naître l'idée de l'intelligence unie à tout le zèle d'un citoyen vertueux. Il donne pour chef à fes Cours de juftice, un Magiftrat qui a long-temps préfidé, avec l'applaudiffement général, l'une des plus célèbres d'entr'elles ; enfin chaque branche de l'adminiftration eft régie par l'homme que la Nation eût choifi elle-même, fi ce choix lui eût été remis, mais que fes vœux du moins y appeloient. Qu'eft-ce que la France ne doit pas attendre d'un Souverain qui fait choifir ainfi (*) ?

(*) M. le Duc de la Vrillière, après le plus long fervice qu'ait fait aucun Miniftre, ayant obtenu fa retraite : S. M. a donné le département dont il étoit chargé à M. le Préfident de Malesherbes, dont les vertus & les talens héréditaires au fang des Lamoignons garantiffent à la Nation tout le bien qu'elle peut attendre de cette partie de l'adminiftration.

Contemplez, François, ce rejeton sacré de la plus augufte tige du monde; à peine affis fur fon trône, la fageffe & la juftice viennent s'y placer à fes côtés, & la bienfaifance attend à fes pieds les ordres qu'il va lui donner. Ses premières paroles font des oracles, fes premières actions des bienfaits. Pénétrons fans crainte jufqu'à lui; nous le verrons entouré des productions de ces génies immortels, qui embrafés de l'amour de leurs femblables, leur ont donné des loix, & leur donnent encore par l'hiftoire, l'expérience de tous les fiècles. C'eft-là que paffent fous fes yeux les Princes célèbres, les Héros, & fur - tout les Rois fes aïeux, & ces grands hommes vont être fes modèles.

Le grand courage de Clovis, le génie vafte & puiffant de Charlemagne, le zèle ardent, la foi vive & pure de Saint-Louis, la fageffe & la politique de Charles V, la tendreffe de Louis XII pour fes peuples, l'amour de François Ier pour les Sciences & les Lettres, la bonté, la loyauté de l'immortel Henri, la magnificence & la grandeur d'ame de Louis XIV, la douceur & la modération du Roi fon aïeul, les vertus fublimes & modeftes de fon augufte père, voilà les modèles qu'il étudie fans ceffe, & dont il fe pénètre.

Quelle carrière s'ouvre devant lui! Il brûle d'y courir, & de laiffer loin de lui, le vulgaire des Rois, dont il ne refte que les noms pour groffir la lifte de ces Princes, qui n'ont été que des êtres inutiles fur la terre, qu'ils ont au moins furchargée du poids de leur oifiveté, quand ils ne l'ont pas défolée par leurs caprices deftructeurs.

Louis connoît l'intervalle immenfe qu'il y a de la théorie à la pratique, & il ne veut pas le franchir fans s'être affuré des moyens de le faire fûrement. Il fait que les fpéculations les plus belles en apparence, n'ont fouvent d'application qu'au cabinet; que pour juger fainement des hommes &

des

des chofes, il faut avoir vu les uns & les autres ; auffi veut-
il tout examiner par lui-même, pour faire aux objets réels,
l'application des connoiffances qu'il a acquifes par l'étude &
la réflexion.

3.me AGE
DU MONDE.

FRANCE
moderne.

Ce jeune Roi va donc parcourir fes Etats ; fuivons
François, fuivons notre augufte Monarque dans ce voyage
intéreffant. Ce n'eft point une curiofité ftérile ; ce n'eft
point le frivole orgueil d'étaler aux yeux de fes fujets, la
pompe & l'éclat du Trône qui le guide ; c'eft le tendre
intérêt qu'il prend au bonheur de fes peuples, c'eft le defir
ardent de le faire lui-même, qui lui ont infpiré cette généreufe
réfolution.

Il parcourt les provinces du nord de fon Empire, avec
les Princes fes frères ; le génie de *Vauban* l'introduit dans les
fortereffes dont il a hériffé fes frontières, & en lui montrant
les règles de fon art, il lui développe toutes les reffources
qu'on en tire pour l'attaque & la défenfe. Le Monarque voit
à l'aide du flambeau que porte devant lui ce génie fublime,
la correfpondance de toutes les parties, & comment elles fe
prêtent mutuellement du fecours.

Les arfenaux s'ouvrent, & les Princes n'aperçoivent autour
d'eux que de vaftes amas de toutes fortes d'armes, qu'un
premier fignal de guerre va mettre dans les mains de cent
bataillons, qui brûlent de fignaler leur bravoure & de voler
à la gloire : le jeune Monarque vifite les places maritimes
de fes provinces, & ce n'eft pas fans douleur qu'il voit l'une
des plus importantes d'entre elles tellement déchue de la
fplendeur qu'elle avoit encore au commencement de ce fiècle,
qu'elle en eft méconnoiffable ; par-tout il porte le même
intérêt, la même attention, le mêmed efir de connoître la
fituation réelle des pays qu'il vifite.

U u

Il a vu dans fes ports de *Flandre* & de *Normandie*, les détails de la conftruction, autant que la nature des lieux peut le permettre, mais c'eft dans le port le plus vafte & le plus sûr de l'Univers, qu'il va fe mettre au fait des détails de la grande conftruction, de l'armement de fes flottes & de la théorie de la manœuvre.

Arrivé à *Breft*, le Monarque avide de toutes les connoiffances qui peuvent conduire à faifir l'enfemble de la grande machine du gouvernement, vifite les chantiers, les arfenaux, les corderies, le port, entre dans tous les détails de l'armement de ces citadelles flottantes, qui portent tour-à-tour la joie ou la terreur dans toutes les parties de la terre connue. Il ne peut fe raffafier du fpectacle impofant d'une infinité de vaiffeaux de différentes grandeurs, qui rempliffent ce vafte & fuperbe port; mais on lui en prépare un plus impofant encore: placés fur les remparts de la fortereffe qui commande la rade, d'où le Monarque & les Princes peuvent embraffer d'un coup-d'œil toute l'étendue de ce vafte baffin, ils voyent une flotte formidable fur fes ancres & prête à mettre à la voile.

Un vent frais a balayé les nuages, le ciel eft pur & ferein; la furface des mers, ridée feulement par un fouffle léger, femble n'avoir que le degré de mouvement néceffaire pour mettre en action ces citadelles mobiles. Les chaloupes font rangées, dans le meilleur ordre, à l'entrée du port; les Troupes s'avancent & s'embarquent fans confufion; les rames fendent l'onde, & chaque troupe arrive au vaiffeau qui lui a été marqué.

Les ancres font levées; au fignal du Commandant un monde de Matelots vole aux haubans, on appareille, les voiles fe déployent, le vent fraîchit & les enfle, la flotte s'ébranle, prend le large & se partage pour donner à son Roi le spectacle de ces combats sanglans, qui de la surface des eaux jusqu'au plus profond des abîmes de l'Empire de Neptune effrayent ses habitans.

Louis contemple avec ravissement ces masses énormes qu'un signal semble avoir animées, tant leurs mouvemens sont réguliers & précis; il admire l'ordre & la netteté des signaux, qui déterminent les différentes directions qu'ils prennent, tandis que les accens aigus d'un sifflet, dans les mains d'un Maître d'équipage, annoncent & expliquent aux Matelots tout ce qu'ils ont à faire : mais ce ravissement redouble, lorsque le Monarque considère qu'un même air de vent fait mouvoir les vaisseaux des deux parts dans des directions diamétralement opposées.

Il cherche à deviner de lui - même cette ingénieuse correspondance d'une infinité de manœuvres, qui au premier coup-d'œil ne présente qu'une multitude confuse de cordages, par le moyen de laquelle on fait prendre aux vaisseaux toutes les directions possibles.

Il les voit tour-à-tour saisir ou céder l'avantage du vent, s'approcher, se prolonger, se mêler, s'éviter, se présenter tantôt un bord, tantôt l'autre; & c'est avec autant d'admiration que de surprise, qu'il découvre par les effets divers des manœuvres, ce que peut l'industrie des hommes, aidée du travail & de la réflexion, & quels efforts elle a dû faire pour trouver les moyens de s'asservir en quelque sorte les deux plus fiers des élémens & pour les subjuguer l'un par l'autre, en divisant & en oposant leurs forces réciproques.

Cependant ces foudres d'airain, dont chacun des vaisseaux est hérissé, ne cessent de gronder dans les airs qui en sont émus & embrasés; les vaisseaux semblent même disparoître par intervalles au milieu des tourbillons de flamme & de fumée qu'ils vomiffent; mais le vent qui fraîchit de plus en plus les a bientôt diffipés, & femble vouloir chaffer cette maffe orageufe pour aller porter loin de nos côtes la foudre & les tempêtes.

Le parti vainqueur divife & fait céder le vaincu, fe met à fa pourfuite; & revirant de bord, il fe rapproche de la côte pour donnner à fon Souverain le fpectacle d'une defcente, après lui avoir donné ceux d'un embarquement & d'un combat naval. Les chaloupes font fur les palans, & bientôt à la mer; les troupes y defcendent, d'autres troupes les attendent derrière des retranchemens pour les foudroyer à l'attérage par le feu de l'artillerie & de la moufqueterie; mais celui de la flotte, bien fupérieur, protège le débarquement.

L'ardeur qui anime les affiégeans leur permet à peine d'attendre qu'ils atteignent la terre; ils s'y précipitent, fe rangent à mefure qu'ils font defcendus, & après s'être formés dans le meilleur ordre, ils marchent aux retranchemens fous la protection du feu de la flotte, les attaquent, s'en rendent maîtres, & pourfuivant leur avantage, ils fe difpofent à l'attaque d'un fort; mais au milieu de ce fpectacle intéreffant, on apperçoit à l'horizon une maffe de nuages qui menace d'un orage prochain, le Commandant de la flotte fait le fignal de ralliement, les vaiffeaux difperfés fe raffemblent, rentrent dans le port & les troupes dans la ville.

Cependant l'air fe charge de fombres vapeurs, les vents commencent à fouffler des divers points de l'horizon, ils forciffent, frémiffent & fe choquent; leur violence a foulevé les mers, les vagues écumantes femblent d'énormes montagnes qui fe heurtent, fe furmontent & s'écrafent tour-à-tour; la foudre gronde, de brillans éclairs fillonnent à longs traits

un

un ciel embrumé. On voit dans le lointain des vaiffeaux battus par l'orage, qui femblent ne rien craindre davantage que le port auquel tendoient tous leurs vœux une heure auparavant, & qui tâchent de gagner la háute mer. On voit les efforts qu'ils font pour s'éloigner de la terre vers laquelle la tempête les pouffe; la mer en furie vient fe brifer fur la côte avec un bruit effrayant : des barques font portées avec violence fur la grève par les vagues courroucées, & des pêchéurs, furpris par l'orage en gagnant la terre, n'ont qu'à peine le choix de la place où ils fe trouvent forcés de s'échouer au rifque de s'y brifer avec leurs frêles nacelles.

3.me AGE DU MONDE.

FRANCE moderne.

Le Monarque fenfible, à qui la vie du moindre de fes fujets eft précieufe, ému jufqu'au fond de l'ame des dangers que courent ceux que la tempête a furpris, donne fes ordres pour qu'on porte des fecours à tous ceux qui en font fuf-ceptibles, & fait des vœux pour ceux qui ne font point à portée de jouir des effets de fa bienfaifance, de quelque nation qu'ils puiffent être, ce fentiment embraffant en lui l'humanité entière; & après avoir fait jouir la ville de *Breft*, pendant quelques jours, de fa préfence augufte, il va vifiter le port de l'*Orient* d'où partent les expéditions pour le Bengale, & dont les retours accumulent chaque année dans fes Etats, un mobilier précieux : il vifite enfuite celui de *Rochefort*, ainfi que cette ville autrefois le boulevard de l'héréfie, & dont l'attachement à fon Prince & à l'Orthodoxie, a fi bien depuis expié les erreurs.

Louis & les Princes fes frères, arrivent à la capitale de la *Guyenne*; la magnificence de fon port les frappe d'éton-nement & d'admiration; à peine le nombre des navires qui y abordent, laiffe-t-il diftinguer l'élément qui les porte. Les uns débarquent les productions des climats étrangers;

Xx

les autres embarquent, pour les différens ports de l'Afrique, de l'Amérique & des Indes, le superflu des fabriques nationales.

Le jeune Monarque veut tout voir, tout connoître : vingt mille bras en action dans les chantiers de cette ville opulente, l'inftruifent des détails de la conftruction & de l'armement de fa Marine marchande. Le canon de la citadelle a annoncé l'entrée du Roi & des Princes dans cette ville antique & prefque renouvelée fous le dernier règne, ville dont les dehors leur préfentent la plus vafte, la plus riche & la plus intéreffante perfpective de l'Europe.

Ils s'attendriffent à la vue de l'image de leur augufte aïeul, dont la douceur & la bonté, alliées aux traits de la majefté, font rendus par le bronze avec la plus vive & la plus noble expreffion. Les Princes fe dérobent avec peine aux tranfports des habitans de cette ville floriffante, pour faire jouir d'autres pays du charme de leur préfence.

Ce qui frappe le plus les Princes dans les provinces méridionales, c'eft ce canal fameux, imaginé, conduit & exécuté par l'immortel *Riquet* pour la jonction de la Méditerranée & de l'Océan. C'eft en fuivant ce grand ouvrage digne d'être mis au rang des chef-d'œuvres de l'efprit humain, qu'ils ne peuvent fe laffer d'admirer à quelle hauteur le génie peut atteindre, en voyant tous les obftacles qu'il a fallu vaincre pour confommer cette vafte & fublime entreprife; mais Louis eft auffi affligé que furpris de voir que la communication de Narbonne au canal Royal, pouffée aux deux tiers de fon terme, ait été interrompue. Si un aperçu rapide l'empêche d'en pénétrer actuellement les raifons, cet objet l'a trop frappé pour ne pas s'en occuper en fon temps; les eaux qui entretiennent la navigation de ce canal, arrofent cent villes, & portent dans les campagnes la fraîcheur & la fécondité.

Le Capitole de l'antique & superbe *Toulouse* fixe les regards des Princes ; *Narbonne* & fes antiquités , *Béfiers* par fa fituation, les agrémens dont jouit cette ville charmante, les reftes de fa fplendeur antique , n'excitent pas moins leur admiration ; mais plus que toute autre *Montpellier* devenue la cité la plus confidérable du Languedoc depuis que les Etats de la province y ont leurs féances ; affemblée augufte par la nobleffe & la qualité des perfonnes des différens ordres qui la compofent ; ville intéreffante par les merveilles qu'elle renferme, tant anciennes que modernes, au nombre defquelles fon Ecole de Médecine a tenu long-temps le premier rang de celles de ce genre dans l'Europe.

Quel fpectacle pompeux que celui que préfentent au Monarque & aux Princes , les divers afpects de cette fuperbe plate-forme fur laquelle ils voient la ftatue de Louis-le-Grand, qui femble commander aux Pyrénées & à la Méditerranée , & conduire encore les travaux de ce magnifique aqueduc qui fournit toute l'eau néceffaire aux befoins des habitans *(d)*.

Les veftiges de la fplendeur antique de *Nîmes , d'Arles ,*

(d) Les travaux énormes qu'ont exigé l'aqueduc & la place dont on vient de parler, font fur le point d'être terminés, & devront leur perfection au Prélat qui préfide actuellement les Etats de cette province , Prélat dont le zèle pour le bien du Languedoc égale les lumières, fous l'adminiftration duquel une infinité d'établiffemens utiles ont été perfectionnés , & qui chaque jour s'occupe de tout ce qui peut être fufceptible d'amélioration ou d'embelliffement. Telle eft la ftatue équeftre de Louis XIV, que les Etats de la province fe propo-fent de décorer de tous les attributs qui peuvent retracer les évènemens glorieux du règne de ce grand Prince, & fur le piédeftal de laquelle on lit cette fimple, mais fuperbe infcription : *à Louis XIV après fa mort ;* infcription qui éloigne toute idée de flatterie, puifque c'eft à cette époque que l'envie éteint d'ordinaire l'encens que l'adulation brûle aux Princes de leur vivant.

d'*Aix & d'Orange*, s'attirent de leur part une attention particulière , & les ruines des grandes fabriques qu'ils y trouvent, leur font connoître tout le cas que les Maîtres du monde faisoient de ce pays favorisé des plus douces influences du ciel, & actuellement soumis à l'empire de l'auguste Maison de Bourbon : mais *Marseille* & plus encore *Toulon*, sont bien faits pour leur donner la plus haute idée de la puissance de la nation sur laquelle Elle règne ; la première par son opulence, l'immensité de son commerce ; l'autre par l'étendue, la magnificence & la sûreté de son port.

Louis arrive à *Lyon* ; un peuple innombrable l'attend dans cette riche cité ; des arcs de triomphe sont préparés ; déjà tout retentit des acclamations qu'excite la présence d'un Maître adoré : la première & la plus auguste Métropole de son royaume lui ouvre ses portes ; c'est l'ouvrage de la piété des Rois ses prédécesseurs, au moins pour la plus grande partie. Le Monarque ne peut se défendre de l'impression d'une sainte terreur en considérant la sombre majesté de ce Temple vénérable & l'auguste simplicité du service Divin qui y est célébré par le Collège des plus nobles Ministres des saints autels.

Le génie de *Colbert* ouvre aux Princes une infinité d'ateliers, où l'on n'apperçoit de toutes parts que des monceaux d'or & de soie tout prêts à être mis en œuvre. Ils contemplent avec ravissement l'industrie de cinquante mille ouvriers qui le disputent dans leurs travaux, à l'élégance, à la variété, à la fraîcheur des guirlandes, dont se pare la Déesse du printemps. C'est l'art des *Vaucanson* qui conduit ce peuple immense, qu'on voit céder mécaniquement aux impressions de leur génie. Ils admirent la sage prévoyance des Magistrats dans la construction des dépôts & greniers publics, tant pour

le

le foulagement des malades, que pour la fûreté de la fubfiftance
d'un peuple innombrable & toujours occupé (*e*). La magnificence de fon Hôtel-de-ville, celle de fes places dans l'une
defquelles ils revoient encore l'image d'un de leurs aïeux,
la fabrique étonnante des quais & des ponts qui contiennent
le fleuve impétueux qui lave les murs de cette antique cité,
& qui femblent embellir le cours de cette autre rivière
majeftueufe & tranquille qui la traverfe.

Il vifite cette province que Louis - le - Grand foumit en
moins d'un mois à fon obéiffance, & dans la rigueur d'un
des plus rudes hivers. De cette ville regardée, jufqu'à ce
célèbre Conquérant, comme imprenable (*Dôle*), le jeune
Roi ne voit plus que la beauté de fa fituation dans un fol
riant & fertile, & des murs entiers renverfés. Il vifite cette
ville jadis Impériale & libre, maintenant la capitale du comté
de Bourgogne (*Befançon*), célèbre dans l'antiquité, dont
elle offre encore de précieux reftes. Il veut voir dans fa
province de Bourgogne, le premier fief de fa Couronne, les
reftes de la grandeur paffée de ces Princes qui furent jadis en
rivalité de puiffance avec les Rois fes prédéceffeurs, & vifite
les tombeaux de ces Ducs, vaffaux redoutables qui marchoient
prefque de pair avec leurs Souverains.

Par - tout le jeune Monarque a vu des communications
faciles, des routes parfaitement alignées, folidement faites,
bien entretenues, agréablement plantées (*f*), des chauffées

(*e*) C'eft à M. *Soufflot*, architecte du Roi, que cette ville doit fes édifices les
plus confidérables & les mieux entendus. La capitale va être inceffamment décorée d'une Bafilique au-deffus de tout ce qu'on connoît en France en ce genre.

(*f*) Le Gouvernement, fous le règne dernier, a porté une attention particulière fur cette partie intéreffante, & dans l'Europe entière on ne voit rien
de comparable à la beauté & à la perfection des grandes routes qui traverfent
ce royaume dans tous les fens.

superbes , contre lesquelles les efforts des fleuves les plus rapides vont se briser, des ponts solides & hardis ; mais toute cette magnificence, dirigée à l'utilité publique, ne l'empêche pas de sentir tout ce que ces immenses travaux ont coûté de sueurs & de peines aux habitans des campagnes (*g*). Si

---

(*g*) Quand on fait attention à l'immensité des travaux publics qui ont été faits en France sous les deux règnes précédens, on est étonné qu'un espace de cent trente ans , agité de guerres longues & infiniment coûteuses , ait permis de s'en occuper & de les porter au point où on les voit ; mais l'étonnement redouble lorsqu'on vient à considérer que ces travaux énormes sont le fruit gratuit des sueurs des malheureux arrachés aux labeurs de l'agriculture & de la reproduction : usage cruel, qui n'a pu prendre sa source que dans des temps aussi barbares que lui-même ; c'est-à-dire , dans ceux de l'anarchie féodale, où des Seigneurs, perpétuellement conjurés les uns contre les autres, donnoient asile aux gens de la campagne dans ces temps de calamité ; mais la cause a cessé, & l'on a laissé subsister l'effet.

Il est constant qu'il n'est point de charges publiques plus onéreuses aux peuples, & plus destructives de l'agriculture , la première source de l'opulence & de la félicité des Nations.

Des Magistrats éclairés & bien intentionnés, se sont particulièrement occupés de cet objet ; M. de Fontette dans la généralité de Caen, & M. Turgot dans celle du Limousin : mais plus ils ont approfondi la matière, plus ils se sont convaincus que les corvées sont l'impôt qui pèse le plus, & le plus inégalement , sur les sujets, en ce qu'il porte presque tout entier sur le cultivateur & le manouvrier.

C'est mal-à-propos que les Subdélégués prétendent qu'on n'exige ces sortes de travaux que dans les saisons où l'on est le moins occupé de ceux de la culture des terres ; mais voyons quel temps on peut saisir dans l'année sans faire un très-grand tort aux habitans de la campagne. Sera-ce du 1.er Mars au 1.er Novembre, ou de cette époque au 1.er Mars suivant : nous allons prouver que dans l'un & l'autre cas, les corvées ne sont pas moins onéreuses ?

C'est au commencement de Mars qu'on travaille à semer les menus grains tels que l'avoine, l'orge, les pois, les fèves, la vesce, les lentilles, le blé de Turquie, le lin, le chanvre, &c. Ce travail remplit les deux mois de Mars & d'Avril. Suivent les premiers labours pour rompre les jachères, pour voiturer les engrais , ce qui conduit au temps de la fauchaison qui suit immédiatement la moisson, à laquelle succèdent sans interruption les travaux de la semaille des seigles, méteils & fromens qui remplissent les mois de Septembre & Octobre ; ce cercle de travaux occupe le cultivateur sept mois de l'année : les cinq autres

les heureux habitans des villes lui ont offert par-tout l'image de l'opulence, cette écorce brillante n'a point couvert à ſes yeux la nudité de la partie la plus laborieuſe & la plus utile de ſes ſujets.

Il l'a vue, cette portion intéreſſante de la Nation, ſe

ſont remplis par le battage des grains, leur tranſport dans les marchés publics & d'autres travaux indiſpenſables.

Que reſte-il donc au cultivateur & au manouvrier à donner aux corvées ſans prendre ſur le travail de l'un & la ſubſiſtance de l'autre? comment apprécier le tort que cela fait à tous deux? mais ſuppoſons que ce ſoit encore le temps le moins précieux pour l'un, il eſt certain que tous les momens le ſont pour l'autre. C'eſt au moins le plus rigoureux de l'année pour les hommes & le plus fatigant pour les bêtes de trait; c'eſt le temps où les pluies ont effondré les grands chemins, ou ceux de traverſe des villages aux grandes routes, ſont, pour ainſi dire impraticables; ce qui briſe les voitures & les harnois, & crève les chevaux ou les bœufs.

Ajoutons les déplacemens à des diſtances ſouvent aſſez fortes pour faire perdre aux uns & aux autres un temps conſidérable. Voyons d'autre côté le malheureux manouvrier venant de loin, portant ſes vivres & ſes outils, fatigué de ſa route, forcé de ſe mettre au travail tout en arrivant, & de ne le quitter que pour reprendre avec ſes outils, le chemin de ſa chaumière, où le travail, qui l'attend le lendemain, ſoit le même, ſoit autre, lui permet à peine de prendre le temps néceſſaire pour ſe délaſſer. Que ſera-ce encore ſi ce malheureux eſt aſſailli dans ſa route, pendant ſon travail, ou au retour par la pluie, la neige & les frimats, comme il doit arriver dans cette ſaiſon, & qu'après avoir perdu la ſubſiſtance du jour, il rentre au ſein d'une famille qui, éprouvant elle-même le beſoin, eſt hors d'état de fournir à ceux d'un chef qui la nourrit: ce qui n'eſt que trop ordinaire?

Mais ſi, comme il eſt vrai, les corvées n'ont point de temps déterminé, il ſeroit, je ne dis pas difficile, mais impoſſible d'évaluer le tort que chaque jour, pris ſur la culture, fait à la reproduction.

Il faut eſpérer que dorénavant on adoptera le plan judicieux que ſe ſont fait & qu'ont ſuivi les deux Magiſtrats dont nous avons parlé, & qu'une impoſition modérée qui diſtribuera le fardeau dans la proportion des facultés d'un chacun, le fera porter ſur tous ſans exception. Il eſt certain que le produit de cette impoſition bien adminiſtrée, ſuffira & au-delà, non-ſeulement pour payer des gens de journée, mais des Entrepreneurs des voitures néceſſaires pour la confection, entretien & réparation des ponts & chauſſées du Royaume,

préfenter à fon paffage, il l'a vue éblouie de l'éclat de fon diadème & de la magnificence de fon cortége, interdite, muette d'un faint refpect, proſternée à fes pieds, & n'ofant qu'à peine exprimer les tranſports que lui inſpire la préſence augufte de fon Maître & de fon Père.

Voici donc l'heureux inſtant arrivé où ce Monarque fenſible, grave profondément dans fon ame cette fentence vertueuſe, puiſée dans la légiſlation des Rois qui ont le plus honoré le Trône : *Le premier devoir d'un Souverain eſt de protéger tous fes fujets ; mais il doit une protection plus marquée au citoyen cultivateur, qui le premier a droit aux fruits qu'il fait naître, pour le Prince, pour fes armées & pour l'habitant des villes.*

Louis, dans fa courfe, a confidéré en Roi philoſophe l'homme fon femblable fous tous fes rapports, & calculé en légiſlateur fes befoins, fes facultés, fes forces & fes droits ; il veut en Père tendre verfer fur tous fes fujets, qui font tous fes enfans, & dans la proportion de leurs befoins, les fecours dépoſés dans fes mains royales. C'eſt en parcourant fes provinces, & en portant fur tous les objets une égale attention, qu'il s'eſt mis en état de connoître les abus & les remèdes pour les appliquer à propos.

Montpellier, Dijon, Reims, Valenciennes, Rouen,

& que par ce moyen les travaux commencés pourront fe fuivre fans interruption au lieu qu'il peut arriver que les ouvrages fe dégradent à mefure qu'on les fait ; lorſqu'on les interrompt avant qu'ils aient acquis la folidité & la perfection dont ils font fufceptibles ; ce qui multiplie les travaux à l'infini, & écrafe à la longue les habitans des campagnes.

C'eſt le vœu de tous les bons citoyens & des ames fenſibles que ce fyſtème foit adopté & fuivi, & nous devons efpérer que fous une adminiftration auffi fage que l'eſt celle d'aujourd'hui, nous le verrons s'étendre à toutes les provinces, après l'expérience des heureux effets qu'il a produits, tant dans la généralité de Caen que dans celle de Limoges.

Rennes

Rennes lui ont encore offert des monumens érigés à la gloire du Roi son aïeul, & ils sont d'autant plus intéressans pour lui, qu'ils prouvent l'amour & le respect des François pour leurs Souverains ; sentiment dont le Monarque vient de faire la douce épreuve, & qu'il est sûr de trouver toujours au même degré dans tous les cœurs françois.

Louis arrive enfin dans sa capitale, suivi du même cortège. Il a voulu connoître son royaume dans un certain détail, & autant que les besoins des Provinces & les affaires du Gouvernement le lui ont pu permettre ; dédaignera-t-il cette ville superbe qui en est le plus bel ornement ? lorsqu'il est allé chercher dans ses vastes Etats, les lumières qui doivent le guider dans le labyrinthe de l'administration, négligera-t-il le foyer dont elles partent ? Si telle est la nature de l'homme, que les merveilles qui sont le plus à sa portée, sont d'ordinaire celle qui lui sont le plus indifférentes, & qu'il se fait de cette proximité, une excuse à sa négligence ; il sait qu'un Roi n'a rien à négliger.

En rentrant dans Paris après avoir parcouru ses Etats, Louis s'est convaincu, en revoyant cette immense & superbe capitale, qui lui offre l'abrégé de toutes les merveilles, que nul Potentat, dans l'Europe, ne l'égale en puissance & en richesses de tous les genres. Il a vu par-tout une population nombreuse, une Nation douce, sensible, sociable, industrieuse, amie des arts, laborieuse, capable de tout lorsqu'on sait employer ses talens ; la beauté, la fécondité du climat, sa température agréable, y donnent une abondance & une variété infinies de productions : si quelques-uns des avantages, dont la France jouit, lui sont communs avec les autres Etats de l'Europe, elle en a de particuliers, quelle ne partage avec aucun d'eux ; ceux qu'elle ne rend pas ses tributaires

3.me AGE DU MONDE.
——
FRANCE
moderne.

Z z

pour les befoins effentiels de la vie, le font de fon induftrie, toujours féconde, toujours variée.

Après quelques momens de repos, le jeune Monarque veut parcourir cette vafte enceinte qui offre par-tout à fes regards, l'attention du Gouvernement à procurer à chaque claffe de citoyens, des délaffemens & des plaifirs de fon goût & le plus à portée de fes facultés. Il s'arrête en paffant devant ce magnifique arc de triomphe, chargé des trophées de la gloire de Louis-le-Grand *(h)*; la comparaifon qu'il en fait avec les veftiges qu'il a vus de ceux que les Romains élevèrent jadis en divers lieux de fon royaume, le met en état de fe convaincre que ce beau fiècle a du moins égalé ceux de Philippe & d'Alexandre, d'Augufte & des Médicis, en une infinité de chofes, & qu'il les a furpaffés en beaucoup d'autres. Tous les états fe confondent dans cette grande & magnifique promenade *(i)* qu'il parcourt ; tous courent au-devant d'un maître adoré; tous font éclater les tranfports les plus vifs de fon retour : quel triomphe fut jamais auffi doux !

Il quitte ces lieux enchantés pour aller vifiter ce premier atelier du monde, où les teintes des *Julienne* le difputent à la pourpre de Tyr, à l'or & à l'azur de l'Orient ; où le travail, difons mieux, l'art aveugle des ouvriers, égale, fans le fentir, les chef-d'œuvres des Raphaël, des Pouffin, des le Brun, des Detroy ; manufacture célèbre, qui les multiplie pour en décorer les palais de nos Rois, ceux des Princes de l'Europe, ceux même des Puiffances de l'Afie *(k)*.

Le Monarque y voit de toutes parts les principaux traits de l'Hiftoire facrée & profane, les exploits glorieux des Princes fes ancêtres, leurs jardins, leurs palais, leurs nobles

---

(*h*) La porte Saint-Denys. | (*i*) Les Boulevards. | (*k*) Les Gobelins.

amufemens, le coftume de chaque âge ; le tout exprimé avec une vérité qui tient du prodige. Il paffe de cet atelier magique à ce jardin unique dans l'Univers, où la Nature fecondée de l'art, étale avec magnificence & dans le plus bel ordre, toutes les richeffes du règne végétal ; où la température des divers climats de la Terre fe trouve réunie & ménagée felon le befoin de chacune des plantes, dont la variété infinie égale le nombre.

Il entre enfuite dans ce magnifique Cabinet qui contient la plus riche & la plus précieufe collection des productions de la Nature dans tous les genres ; tous les règnes s'y trouvent raffemblés, & rangés felon leurs efpèces avec un ordre admirable ; le Monarque y voit jufqu'à fes caprices même. Toutes les merveilles qu'elle opère en fecret, toutes fes richeffes font étalées à fes yeux. Louis obferve d'un œil curieux, comment cette mère commune de tous les êtres élabore dans fon fein les pierres les plus communes & les plus précieufes, les métaux les plus craffes & les plus purs : ici font les habitans des eaux, dont les plus petits femblent encore fe mouvoir dans l'élément qui leur eft propre ; là font ceux des airs, à qui l'art a fu conferver tous les caractères des êtres vivants. L'éclat de leur parure, le caractère attaché à leur efpèce, fe peignent encore dans leur extérieur ; les reptiles dangereux ne confervent heureufement de leur exiftence que la riche parure dont la Nature les avoit embellis.

Ces êtres fans nombre, efpèce intermédiaire qui fait la chaîne entre le règne animal & le végétal, émaillent ce brillant parterre conchiologique, où les formes les plus agréables le difputent au coloris le plus vif & le plus varié. Quelle magnificence la Nature étale aux yeux du Prince ? Le génie supérieur qui a su pénétrer ses plus secrettes opérations, devient pour lui l'interprète de ses mystères *(l)*.

Le Monarque sort dans le ravissement de ce riche Cabinet, où il a vu tant de merveilles rassemblées, pour visiter ce Collége auguste, & le premier du monde pour la science & la piété, dont Richelieu peut être regardé comme le fondateur *(m)*; d'une main hardie il découvre l'urne qui renferme tout ce qui reste de la dépouille mortelle de ce vaste génie, & veut interroger les manes de ce grand Ministre; à la voix du Monarque ce grand homme semble reprendre une nouvelle vie, & du fond de son tombeau on entend sortir ces paroles mémorables :

« Descendant de l'auguste tige du plus saint des Rois,
» contemple ce monument élevé sur les fondemens inébranlables
» de la foi de nos pères; ces Ministres qui t'environnent,
» organes & interprètes de ses dogmes sacrés, en sont les
» fidèles dépositaires. C'est contre les murs de ce temple
» vénérable, que les efforts de l'incrédulité viennent se briser;
» le Chef de l'Eglise revère lui-même les oracles qui sortent
» de ce saint tabernacle. Tes aïeux se sont toujours glorifiés
» du titre de fils aînés de cette mère commune de tous les
» Chrétiens : héritier que tu es de leur puissance & de leurs
» vertus, sois comme eux son fils chéri, son soutien, son
» protecteur.
» Ouvre ce livre qui fut mon ouvrage; il contient tous les
» mystères de la politique, dont j'ai mis les ressorts en jeu
» pour abaisser les Puissances ennemies de la France, pour
» détruire dans le pays où tu regnes aujourd'hui, l'esprit de
» faction, pour ramener les Grands, toujours divisés entr'eux,

____

(l) Le Jardin des plantes du Roi, & son cabinet d'Histoire Naturelle.
(m) La Sorbonne.

mais

mais toujours unis contre leurs Souverains, à l'obéiſſance que «
doivent au Prince tous les ſujets, quels qu'ils ſoient, pour «
délivrer enfin leurs vaſſaux malheureux de l'oppreſſion & de «
la tyrannie ſous laquelle ils gémiſſoient depuis ſi long-temps. «
Peut-être j'excédai les bornes dans les moyens que j'employaï; «
mais le mal étoit à ſon comble, & exigeoit des remèdes «
puiſſans. Autrefois cantonnés & fortifiés dans leurs châteaux, «
les Grands vivoient iſolés ; ils embelliſſent aujourd'hui ton «
cortege, & donnent à ton trône un éclat, une ſplendeur qu'il «
n'avoit point eus juſqu'à moi. Tel fut mon ouvrage, c'eſt à «
toi, Prince magnanime, de perpétuer cette harmonie entre «
les Grands de ton royaume, tes peuples & toi *(n)*. «

Le génie, les talens, le courage & les vertus ne manquèrent «
en aucun temps à la Nation que tu gouvernes ; mais elle «
manquoit elle-même d'Ecrivains capables de les célébrer «
dignement. J'oſai le premier former le projet d'épurer «
l'idiome rude & barbare que parloient nos pères, de «
ſubſtituer à la groſſière naïveté de leur jargon, l'harmonie, «
la douceur, l'élégance, le nombre, la pureté & l'énergie du «
langage des Grecs & des Romains ; & bientôt je fis revivre «
dans ma patrie Iſocrates, Démoſthènes & Cicéron ; Héro- «
dote, Thucydide, Xénophon, Salluſte & Tacite ; Sophocle «
& Euripide ; Ariſtophane, Ménandre, Plaute & Térence ; «
Bion, Moſchus & Théocrite ; Horace & Virgile ; Pindare, «
Alcée, Sapho & Horace : je conſommai, pour ainſi dire, «
tout ſeul ce que pluſieurs ſiècles & pluſieurs pays n'avoient «
fait que dans un long eſpace de temps. «

Le ſuccès a paſſé mon attente ; la langue Françoiſe, «
aujourd'hui la langue de l'Europe, eſt devenue celle de la «
Politique & de la Philoſophie ; prenant tous les caractères, «

_____

(n) Teſtament politique du Cardinal de Richelieu.

A a a

» fe pliant à tous les genres, elle a produit dans chacun d'eux
» des chef-d'œuvres fans nombre ; & fes fuccès prodigieux dont
» l'Europe s'étonne, qu'elle admire & qu'elle s'efforce d'imiter,
» font le fruit de mes veilles, de mes vues, de mon zèle pour
» l'honneur du nom François, & des travaux continuels de cet
» Aréopage célèbre de Savans & de Beaux-efprits, dont j'ai
» pofé les premiers fondemens ; tribunal refpectable qui par
» la fuite eft devenu le modèle d'autres établiffemens du même
» genre, où tout ce qui eft du reffort du génie, de l'efprit & du
» goût, eft difcuté, éclairci & jugé fans appel *(o)*.

» C'eft de ces foyers divers que partent ces traits de
» lumière qui portent dans les fciences abftraites le jour le
» plus vif ; c'eft à ce jour pur & brillant que les difciples de
» Gaffendi, Rohault & Defcartes fe font éclairés fur tous les
» objets qui font du reffort du Génie & de la Géométrie
» tranfcendante. C'eft de-là que nous font venus les Pafcal,
» les Varignon, Auzout, de l'Hôpital, la Hire, Saurin,
» Picard, Roëmer, Sauveur, Bouguer, la Caille, Clairaut,
» Maupertuis, la Condamine & une infinité d'autres, qui ont
» illuftré les règnes précédens, & ceux qui illuftrent actuel-
» lement & par la fuite illuftreront le tien. Ce font eux qui
» ont produit les Tournefort, les Vaillant, les Juffieu & leurs
» dignes fucceffeurs : dans un autre genre, les Lémery, les
» Geoffroi, les Rouelle & ceux qui marchent actuellement fur
» leurs traces : ce font eux qui fixèrent parmi nous les Caffini, les
» Huyghens, qui y ont toujours eu des émules dignes d'eux :
» c'eft par eux encore que Bélidor, Leroy, Vaucanfon & tant
» d'autres ont porté dans la Mécanique toute la profondeur du
» calcul & du raifonnement ; comme l'a fait l'illuftre Rameau
» dans la Mufique, & après lui des Savans du premier ordre,

(o) L'Académie Françoife établie en 1635.

qui n'ont pas dédaigné de porter le flambeau de la Géométrie «
dans cet art, qui jufqu'à eux n'avoit paru que du reffort du «
goût *(p)*.   «

D'autres chargés d'éternifer les exploits de tes prédéceffeurs «
& les tiens par des monumens durables, en compofent avec «
les métaux les plus précieux, l'immortelle hiftoire qu'ils ornent «
d'infcriptions, dont l'énoncé précis peint en deux mots les «
plus grands traits de leur vie, ou portent dans celle des temps «
les plus reculés le flambeau de la faine critique, & débrouillent «
l'obfcurité des fiècles paffés & le cahos de la favante antiquité «
dans fes reftes précieux ; tous enfin concourent par leurs talens «
divers, à former ce corps de lumière dont l'éclat rejaillira fur «
tous les fiècles à venir *(q)*.   «

Vifite ce fanctuaire des Mufes, qui contient fous fes «
voûtes facrées les monumens les plus durables que le génie «
de l'homme ait pu élever à la gloire des Dieux, des Héros «
& à la fienne même. En parcourant ce vafte & riche dépôt «
des connoiffances humaines, tu pourras calculer & connoître «
l'ifluence des Sciences & des Lettres fur la Religion, les «
mœurs, les ufages & les loix ; fur les arts de befoin & «
d'agrément. Vingt règnes fuffirent à peine à la perfection de «
cet édifice immenfe ; le génie de Louis-le-Grand y préfide ; «
vois-le entouré des génies qui illuftrèrent fon fiècle : du haut «
du Parnaffe, où il domine, il femble encore les échauffer, «
les exciter à produire, leur infpirer enfin ces chants fublimes «
qui immortalifèrent fon nom & fes exploits glorieux *(r)*.   «

Vois de ce côté les fondemens de ta croyance, ces livres «
infpirés par l'efprit de Dieu, & les interprètes des dogmes «

(p) L'Académie des Sciences établie en 1666.
(q) L'Académie des Infcriptions établie en 1693.
(r) La Bibliothèque du Roi.

» facrés de la Religion qu'ont profeffée tes ancêtres ; les Pères
» & les Docteurs de l'Eglife , les triomphes de l'orthodoxie
» fur l'efprit de menfonge : de cet autre côté eft l'hiftoire de
» tous les âges , vafte dépôt des effets funeftes des paffions
» des hommes , des fondations & renverfemens d'Empires.
» Quelques traits de vertus brillent d'un vif éclat à travers cet
» amas immenfe de crimes & de mifères ; ici tu verras dans
» le cahos des fyftêmes luire quelques traits de vérité , là tu
» ne verras que les délires des Mythologiftes , dont les arts
» d'imitation ont faifi la dépouille & dont ils fe font enrichis.

»   Mais tu vas commencer ici à trouver des objets plus
» fatisfaifans pour la raifon. Ouvre ces Orateurs Grecs, entends-
» les difcuter les plus grands intérêts : jamais tant de pompe &
» de majefté n'accompagna le raifonnement. Tu frémiras aux
» traits terribles des Sophocles , des Euripides ; mais ton ame
» s'élèvera aux traits fublimes de Pindare , comme ton cœur
» s'ouvrira aux douces impreffions du fentiment qu'ont fi
» bien fu exprimer les chantres de la Nature dans les Poëfies
» paftorales.

»   Paffe des Grecs aux Romains ; entends ce défenfeur des
» citoyens opprimés , ce foutien de la République chancelante ,
» ce Prince des Orateurs, victime & martyr de fon zèle pour la
» gloire & la liberté de fon pays. Vois cette foule d'Ecrivains
» immortels qui ont illuftré l'empire du premier Augufte :
» attends pour toi les mêmes honneurs , fi tu fais aux Lettres
» le même accueil ; mais tu feras mieux , tu les mériteras par tes
» vertus , tu forceras leur hommage ; & je vois déjà ce fouverain
» du Parnaffe (ʃ) , environné des Mufes & de Chantres
» fublimes , te réferver une place à fes côtés.

———

(ʃ) Louis XIV fur le Parnaffe françois , Monument de Titon du Tillet ;
érigé à la gloire de ce grand Prince.

Defcends

Defcends aux Auteurs modernes, égaux à leurs modèles «
en plufieurs genres, & leurs maîtres dans une infinité d'autres. «
Parcours les différentes pièces de cette immenfe collection; «
vois à quel prix, par quels travaux tant de richeffes littéraires «
ont été fauvées des ravages du temps & de l'ignorance des «
Barbares qui les poffédoient. Le zèle des Savans, qui te «
les ont procurés, n'a pu être rallenti, ni par l'intervalle des «
mers qu'il leur a fallu franchir, ni par la férocité des Nations «
auxquelles il a fallu, pour ainfi dire, les arracher. Les «
fyrtes orageufes, les neiges du Caucafe, les fables brûlans «
de l'Arabie, n'ont pu les arrêter. L'Indous, le Brachmane, «
le Chinois, ont eux-mêmes contribué à enrichir ce «
précieux tréfor, auquel nul autre fur la terre ne peut être «
comparé (*t*).   «

Viens-en contempler un d'un genre différent; jette les «
yeux fur ce vafte & précieux amas des richeffes de l'Anti- «
quité; tu vois rangées dans le plus bel ordre, d'immenfes «
fuites des Souverains qui ont affligé la Terre par leur ambition, «
ou qui l'ont confolée par leurs vertus : mais ce qui doit le «
plus t'intéreffer, c'eft celle des évènemens confignés fur les «
métaux les plus précieux, & qui t'offre l'Hiftoire des deux «
règnes qui ont précédé le tien (*u*). Achève cet intéreffant «
examen, en jettant les yeux fur les effets magiques d'un art «
qui reproduit & multiplie les chef-d'œuvres de la peinture, «
de la fculpture & de l'architecture (*x*). Tels font, avec «
l'Imprimerie du Louvre (*y*), les fruits heureux de la première «
impulfion que j'ai donnée au génie.   «

3.me A G Ê
DU MONDE.

FRANCE
moderne.

(*t*) La Bibliothèque des Manufcrits.
(*u*) Le Cabinet des Médailles.
(*x*) Le Cabinet des Eftampes.
(*y*) Etablie par le Cardinal de Richelieu. *Voyez* les obfervations à la fuite du Difcours.

Bbb

» Tu viens de parcourir, en homme & en Prince qui veut
» réellement s'inftruire, ce dépôt univerfel des travaux des
» génénérations qui ne font plus ; leurs manes qui repofent ici
» font encore animées du fouffle Divin qui les infpira : va
» maintenant par ta préfence augufte, exciter l'ardeur de ceux
» qui ne refpirent actuellement, que pour la gloire & l'im-
» mortalité qu'ils décernent aux autres en fe la procurant à
» eux-mêmes.

» Contemple près d'ici cette bafilique fuperbe, commencée
» fous les aufpices de ton aïeul, & qui va te devoir fa per-
» fection. Hâte-toi de faire jouir les habitans de ta Capitale
» du monument le plus augufte de ce genre qui la puiffe
» décorer (z). Vois à l'une de fes extrémité cete maffe énorme
» dont l'extérieur ne préfente qu'un plan irrégulier, monte fur
» la plate-forme qui le termine, fixe ton œil à ce cylindre
» tranfparent ; fuis le cours de ces fphères brillantes qui meublent
» la profondeur incommenfurable des cieux, tu pourras calculer
» leurs grandeurs, leurs diftances, leurs marches diverfes &
» même jufqu'à celle de ces planètes errantes, dont les retours
» non prévus jufqu'au fiècle précédent, avoient fi long-temps
» effrayé l'ignorance, qu'un des plus profonds raifonneurs de
» notre temps n'a pu guérir de ces terreurs imaginaires (a).
» Defcends de-là dans ces fouterrains ténébreux ; compares-y
» les effets divers de la lumière & de l'obfcurité, de la chaleur
» & du froid, de l'air libre & de l'air concentré. Que de
» phénomènes l'expérience que tu vas faire va t'expliquer !
» tu verras par la fuite l'application des connoiffances que tu
» auras acquifes. La plupart d'entre elles font arrivées à la
» perfection dont elles font fufceptibles ; porte maintenant tous

————

(z) La nouvelle Eglife de Sainte-Géneviève.
(a) L'Obfervatoire bâti en 1665.

tes foins à les entretenir à ce point utile de maturité où «
elles font parvenues, à hâter celle des nouvelles décou- «
vertes, & fur-tout à prévenir leur décadence, qui annon- «
ceroit le retour prochain de la barbarie. Heureux d'avoir «
préparé le règne des Beaux arts ; c'eft à toi, Prince augufte, «
à jouir des fruits de l'arbre que j'ai planté, & à te repofer «
fous fon ombre délicieufe ! »

L'ombre fe tut à ces mots, & rentra dans le filence & la
nuit éternelle du tombeau.

Le jeune Monarque, animé de plus en plus du defir de
connoître tout ce que fa Capitale renferme de plus rare &
de plus précieux, pourfuit cette vifite intéreffante. Condé,
Turenne & Louvois l'attendent aux portes de cet immenfe
& fuperbe édifice deftiné à fervir de tombeau à la valeur ; ils
l'introduifent fous ces voûtes majeftueufes qui infpirent un
faint refpect. Le Monarque va d'abord aux pieds des autels
offrir fes hommages au Roi des Rois, parmi ces reftes de
vénérables Bataillons échappés aux ravages de la guerre,
profternés fur le marbre & adorant comme lui le Dieu qui
fanctifia leurs combats. Leur foi leur efpérance fe raniment
en la préfence de leur Maître, & ils demandent au Dieu
des armées une longue fuite d'heureux jours pour ce Prince
l'objet de leur amour & de leur vénération ; c'eft dans ce
Temple augufte que Louis reconnoît le Tabernacle du Dieu
vivant, décoré de toute la pompe & de tout l'éclat qui le
caractérifent ; le génie de l'homme femble s'être furpaffé dans
la diftribution & les ornemens de cet édifice majeftueux.

Le jeune Monarque ne veut point fortir de ce noble
afile de la valeur, fans avoir vu de plus près ces Vétérans
blanchis au fervice de fes pères & de la patrie. Il les voit
ces vieillards, courbés par l'âge ou défigurés par d'honorables

cicatrices, muets par respect en présence de leur nouveau Maître ; mais leurs bras éloquens, au défaut de leur bouche, expriment au Prince leurs transports en montrant les tableaux qui décorent les murs de cette superbe retraite, qui lui retracent les exploits glorieux de Louis-le-Grand, de Louis le Bien-aimé, parmi lesquels il reconnoît son auguste Père, partageant avec son aïeul les lauriers cueillis aux champs de Fontenoy (*b*).

Un spectacle non moins intéressant pour le cœur du jeune Monarque, l'attend à quelque distance de ce monument qu'il ne quitte qu'à regret : il marche du tombeau de la valeur au berceau de l'honneur. Noailles, le grand Maurice & d'Argenson l'attendent sous les portiques de ce nouvel asile, élevé par la tendresse paternelle du feu Roi pour la jeune Noblesse sans fortune & sans appui : ces Héros & ce Ministre lui en ouvrent les portes.

Une douce émotion s'empare aussitôt de l'ame de ce Prince sensible, en voyant ces bataillons novices, l'espoir de la Nation, préluder dans des combats où l'intelligence & l'adresse se signalent à l'envi, à ces scènes sanglantes, où ils mettront par la suite en usage toutes les ressources de l'art combinées avec tous les efforts de la valeur. O, mes concitoyens, qui ne seroit attendri en voyant nôtre jeune Maître compter en ce moment parmi ses titres les plus glorieux, celui de père de sa Noblesse infortunée, titre qu'il daigne accepter, & dont il se promet bien de remplir tous les devoirs (*c*) !

____

(*b*) L'Hôtel royal des Invalides bâti en 1671 ; il y avoit eu en 1605, une Maison de fondation royale, sous le titre de la *Charité chrétienne*, pour les Officiers estropiés au service.

(*c*) L'Ecole Royale-militaire fondée par le feu Roi, par Edit de Janvier 1751.

En

En rentrant dans sa capitale, le Monarque jouit de toute
la pompe d'un spectacle aussi magnifique qu'il est intéressant.
Un fleuve majestueux baigne les murs de son Palais ; des
jardins superbes sur ces deux rives, étalent toutes les richesses
de la Nature & de l'Art. C'est dans les siens sur-tout que
le génie de *le Nôtre* se montre jusque dans les moindres
détails. Un canal spacieux, chargé de toutes les denrées qui
servent à l'approvisionnement de cette vaste capitale, suffit
pour donner aux étrangers une idée de l'immensité de sa
consommation. Des ponts solides & bien entretenus offrent
des communications faciles à tous les quartiers. Edifices sacrés
& civils, places publiques, monumens qui y sont érigés,
palais superbes, jardins, spectacles, tout enfin y présente
l'image de l'opulence & du bonheur.

L'attention des Magistrats s'y étend à tous les objets
possibles : *propreté, clarté, sûreté* semblent être les mots
d'ordre & de ralliement des Officiers préposés à la police
de cette ville immense ; mais le jeune Monarque n'ignore
pas qu'une écorce brillante cache souvent une misère réelle ;
que la fraîcheur & l'embonpoint sont souvent des apparences
trompeuses qui déguisent & récèlent un principe de destruction. Il sait que tous les excès se rapprochent & se
confondent dans une enceinte qui renferme le vingtième
à-peu-près de la population de ses Etats, & que la maigreur
& la consomption des provinces, sont le résultat nécessaire
de l'embonpoint excessif de la capitale. Que si la machine si
artistement montée par les *d'Argensons*, entretient l'harmonie
parmi un million de citoyens, on en a peut-être, après eux,
trop compliqué le mécanisme & le jeu, en en multipliant les
ressorts à l'infini.

En parcourant l'intérieur de sa capitale, Louis voit avec

C c c

tranſport au centre même de cette ville le premier des Bourbons expoſé à la vénération & aux hommages publics ; il le contemple comme le modèle auquel il deſire le plus de reſſembler (*d*). Dans une Place embellie d'édifices ſymétriques & toute environnée d'un Portique immenſe, funeſte jadis à la France par la mort du ſecond des Henris, conſacrée depuis ſous de meilleurs auſpices à la gloire d'un Monarque, qui mérita le glorieux ſurnom de *Juſte* ; Louis admire un monument que la reconnoiſſance du Cardinal *de Richelieu* éleva à un Maître qui l'avoit comblé de biens & de dignités (*e*).

La grandeur de Louis XIV ſemble ſe reproduire avec tout ſon éclat aux yeux de l'Héritier de ſon Trône, lorſqu'il conſidère ce monument ſublime de ſa gloire, qui en ſera un pour la poſtérité la plus reculée de la tendre & profonde vénération du Maréchal Duc *de la Feuillade* pour le Roi ſon maître (*f*). Louis remarque enſuite ſur ſon paſſage un dépôt public d'une forme juſqu'alors inuſitée dans ſon royaume, depuis les amphithéâtres qu'y avoient élevés les Romains (*g*) ; dépôt qui prouve l'attention du Gouvernement & des Magiſtrats pour la ſubſiſtance du peuple nombreux qui remplit la capitale.

Il paſſe de-là à cette Place magnifique que la ville de Paris conſacra à ſon Souverain dans des temps moins proſpères, mais non moins glorieux pour le Monarque & la

____

(*d*) Statue équeſtre de Henri IV, érigée ſur le Pont-neuf le 23 Août 1614.

(*e*) Statue équeſtre de Louis XIII, érigée à la Place Royale, le 27 Septembre 1639.

(*f*) La Place des Victoires & la Statue pédeſtre de Louis-le-Grand, élevée, par le Maréchal *de la Feuillade*, le 28 Mars 1686.

(*g*) La Halle au blé, monument conſtruit aux frais de la ville de Paris.

France (*h*) ; & fi cinquante ans de gloire & de profpérités n'étoient pas des titres fuffifans pour établir la grandeur de ce Prince, les revers qu'il éprouva fur le déclin de fes ans, la manière dont il les foutint & le fuccès qui couronna fes entreprifes, la prouveroient encore mieux.

Il arrive enfin à cette Place récemment conftruite à la gloire du Roi fon aïeul ; fon ame eft pénétrée de tendreffe & de refpect en reconnoiffant fur le bronze que l'amour public lui a confacré, ces traits réguliers & majeftueux que tempéroit la douceur de fon ame, qui fut dans tous les temps le caractère effentiel de ce Prince, digne de tous nos regrets (*i*) ; Place dont chaque côté préfente les points de vue les plus intéreffans, & qui fe trouve terminée par la plus magnifique plantation de l'Univers (*k*).

Jamais les édifices publics, les temples ne furent portés au point de grandeur & de magnificence où ils l'ont été fous le dernier règne ; chaque hôtel furpaffe prefque aujourd'hui en magnificence les palais des Souverains qui régnèrent avant Henri-le-Grand, & réuniffent à l'élégance extérieure, toute l'intelligence & le goût poffibles dans la diftribution & la décoration des appartemens.

Des hôpitaux en grand nombre & richement dotés, marquent de la manière la plus expreffe l'intérêt qu'ont pris nos Souverains aux maux qui affligent l'humanité, & le defir de la foulager ; cet intérêt porte même fur les maux moraux comme fur les maux phyfiques : de vaftes maifons auffi confidérables, pour ainfi dire, que des villes du troifième ordre, & plus peuplées, ont été conftruites hors de l'enceinte

---

(*h*) La Place Vendôme & la Statue équeftre de Louis-le-Grand, en 1699.
(*i*) La Place de Louis XV avec fa Statue équeftre en 1763.
(*k*) Les Champs Elifées défoncés, nivelés & replantés à la même époque.

de la Capitale pour la correction des sujets de l'un & l'autre sexe (*l*).

Depuis long-temps le Gouvernement avoit pourvu à la subsistance & à l'éducation des tristes fruits du libertinage ou de la misère, & sous le règne dernier il a fait reconstruire de fond en comble l'ancien hôpital des Enfans-trouvés, près de l'église métropolitaine, édifice qui n'est pas encore achevé, mais il faut espérer que des circonstances plus heureuses, & la charité publique, donneront quelque jour à ce monument de bienfaisance la perfection dont il est susceptible, & que l'exiguité du terrein n'a pas permis de lui donner jusqu'à présent (*m*).

C'est dans les mêmes vues de bienfaisance & de tendresse pour ses peuples, que le feu Roi a ordonné la construction d'un nouvel amphithéâtre pour son Académie de Chirurgie, qui depuis environ quarante ans a porté dans le grand art de guérir les lumières les plus sûres, & dont les utiles leçons ont fructifié à un point étonnant dans les armées & dans les provinces pour le bien du service & la conservation des peuples (*n*).

Cet édifice, de la plus belle construction pour l'objet auquel il est destiné, réunit tout ce qui peut concourir au succès des choses qui s'y traitent. Le jeune Monarque, à la prévoyance & à l'activité duquel rien n'échappe, a voulu mettre lui-même le sceau de la perfection à ce monument de la bienfaisance de son aïeul, en scellant de sa main sacrée, sous les colonnes de cet édifice intéressant, une suite de médailles, qui apprendront à la postérité les intentions de

---

(*l*) Le Château royal de Bicêtre & l'Hôpital général de la Salpêtrière.
(*m*) L'Hôpital des Enfans-trouvés.
(*n*) Le nouvel Amphithéâtre de l'Académie Royale de Chirurgie.

Louis

Louis le Bien-aimé, & les fiennes propres, pour les progrès d'un art fi utile à l'humanité.

En oppofition avec fon palais, le Prince a vu s'élever, comme par enchantement, un édifice auffi magnifique dans fa conftruction que bien entendu dans toutes fes parties, & qui devient une décoration du plus grand effet pour la rive oppofée du fleuve majeftueux qui partage la reine des cités. Le premier emploi dont ce monument a été honoré, & dont il s'honorera à l'avenir, a été de confacrer fur les métaux les plus précieux l'empreinte augufte de fon jeune Souverain (*o*).

Mais fi la capitale offre aux regards du Monarque tant & de fi grandes merveilles, fon propre palais n'en raffemble pas moins, & de plus étonnantes encore. Indépendamment des Compagnies favantes qui y ont leur lieu d'affemblée (*p*), il réunit celles des arts d'imitation en tous les genres (*q*); les Artiftes les plus célèbres y ont leur logement, & cette longue & magnifique galerie, qui unit les deux plus fuperbes palais du monde, de l'aveu de tous les connoiffeurs, n'eft habitée que par ces hommes rares qui ne conçoivent & n'exécutent que des chef-d'œuvres. La partie fupérieure de cette même galerie, contient des richeffes que nul autre Souverain, quel qu'il foit, ne peut fans doute égaler (*r*). Louis fe propofe même d'y voir, comme en un point, toutes les fortereffes de fes Etats, même celles de fes voifins;

(*o*) L'Hôtel des Monnoies

(*p*) Les Académies Françoifes, des Sciences & des Infcriptions y tiennent leurs féances.

(*q*) Les Académies de Peinture, Sculpture & Architecture, y font auffi logées, & les Artiftes les plus célèbres ont leur logement, tant au Louvre, que dans les galeries.

(*r*) La galerie des Plans.

D d d

& d'un feul regard , calculer fur leur force ou leur foibleffe , géométriquement connues , ce qu'il y a d'efforts à faire pour attaquer les unes & défendre les autres. C'eft de ce même enfemble de bâtimens que fortent des monumens de la plus précieufe efpèce , & qui donneront aux fiècles à venir , la plus haute idée du génie & de la gloire de la nation Françoife , les Médailles & les chef-d'œuvres de Typographie *(ſ)*. Le jeune Monarque ne veut rien perdre de tant de merveilles , & porte fur chacune d'elles le regard de l'intelligence , du goût & de la protection. S'il rentre dans le palais de fes pères , que de magnificence en relève l'augufte fplendeur ! Tout ce qui peut contribuer à donner de la majefté de nos Rois la plus haute idée , s'y trouve réuni ; grandeur dans l'enfemble , magnificence & goût dans la décoration , intelligence dans la diftribution : voilà les principaux traits qui caractérifent ce palais auffi vafte que fuperbe. Ce que l'Art a ajouté aux beautés de la fituation de fon magnifique jardin , n'a fait qu'embellir la Nature.

C'eft dans la folennité de la fête du plus faint de nos Rois que Louis veut voir réunies les productions diverfes des Artiftes de l'Ecole françoife. Il vient donc honorer de fa préfence ce fanctuaire des Beaux-arts , échauffer le génie , encourager les talens. Un cercle d'Artiftes , glorieux de voir leur Maître applaudir à leurs efforts , l'environnent ; & ce Prince s'applaudit lui-même de fe trouver au milieu d'eux , & femble s'honorer d'avoir en ce moment les Arts & les Talens pour fa garde.

Arrivé au centre de ce vafte falon , le jeune Monarque voit d'un coup-d'œil briller de toutes parts les productions variées des Artiftes françois ; il lui femble que les Pouffin ,

---

(ſ) La Monnoie des Médailles & l'Imprimerie Royale.

le Brun, Jouvenet, le Sueur, Boullongne, Coypel, Mignard, Parrocel, Lemoine, Rigaud, Reſtou, Boucher & Vanloo lui ſont rendus, & qu'ils vont enrichir ſon ſiècle de nouvelles merveilles, tant les Artiſtes modernes ſont près de la perfection de ces grands maîtres, dans les ſujets divers que chacun d'eux a traités.

Ici les traits les plus frappans ou les plus édifians de l'hiſtoire ſacrée, qui doivent décorer nos temples, ſont rendus avec tout l'éclat & toute la pompe qu'exigent l'importance & la majeſté des ſujets; là les plus intéreſſans de l'hiſtoire profane ſont peints avec toute la force & la vérité de la Nature: les allégories heureuſes ſont traitées de même par le pinceau des plus grands maîtres; Louis admirant cette ſuite de chef-d'œuvres, leur aſſigne auſſi-tôt la première place parmi les productions de cet art enchanteur, & ordonne qu'ils ſoient inceſſamment reproduits par l'or & la ſoie, pour en décorer ſes palais *(t)*.

Une autre ſuite offre les images effrayantes de ces ſcènes ſanglantes, triſtes effets des paſſions des Rois belliqueux; plus l'Art a mis de vérité dans ſes expreſſions, plus le Monarque ſenſible s'affermit dans la réſolution d'écarter ce fléau politique de ſes heureux Etats, autant toutefois que ſa gloire & l'intérêt de la patrie ne ſeront pas compromis *(u)*.

Ici ſont les images de ces nobles amuſemens des Princes, diſtractions néceſſaires pour des eſprits toujours occupés des plus grands intérêts, & ſurchargés du poids des affaires; c'eſt un monſtre hériſſé qui, écumant de rage, ſuccombe au milieu de cent chiens enſanglantés, ſous les efforts d'un puiſſant limier, qui triomphe enfin de toute ſa réſiſtance: c'eſt un cerf timide, qui après avoir fait perdre cent fois ſa trace à la

---

(t) L'Hiſtoire.　　　|　　*(u)* Les Batailles.

meute trompée, tombe d'épuisement dans sa course ; c'en est un autre qui, pensant trouver son salut dans les eaux, n'y trouve que la mort à laquelle il croyoit échapper, au milieu d'une multitude de chiens qui le pressent de toutes parts & le déchirent.

Mais quel spectacle touchant se présente aux yeux du Monarque attendri ! c'est Diane au milieu de ses nymphes & d'un peuple de chasseurs troublés, qui se précipite & tend une main secourable à l'un de ces mortels obscurs dont les utiles travaux font vivre l'homme opulent, qu'un cerf furieux, sillonnant la terre de son bois, vient de frapper d'un coup mortel. Quel intérêt, quelle sensibilité le Peintre a su mettre dans l'action & sur le visage de la Déesse compatissante ! Les secours de toute espèce sont prodigués à cet infortuné, & sa famille en larmes, acquiert dès ce moment, les droits les plus sacrés à la protection de cette Divinité sensible & bienfaisante. Louis, sous les voiles de la fiction, reconnoît cette scène intéressante, & les objets de sa pitié, pénétrés de l'intérêt que la Déesse prend à leur douleur, semblent presque bénir un accident qui fait éclater tant de vertus (*x*).

Une fête villageoise va produire dans l'ame du jeune Monarque une émotion d'un autre genre; mais plus douce, plus agréable. D'une chaumière parée de fleurs champêtres & de pampres, on voit sortir une foule de villageois & de villageoises de tous âges, précédés de chalumeaux & de musettes : que cette gaieté naïve qui brille sur tous ces visages est intéressante ! La troupe rustique s'achemine vers l'église ; c'est sans doute un mariage qui va se faire. Au milieu de ses compagnes, vêtues de blanc, parées de fleurs, paroît une simple Bergère, conduite par son Berger, qui va devenir

----

(*x*) Chasses.

fon époux : une couronne de rofes, un ruban bleu en écharpe font tout ce qui la diftingue de fes compagnes auffi charmantes qu'elle ; mais la candeur & l'innocence qui brillent fur fon front, contribuent plus aifément encore à faire diftinguer la fage *Rofière de Salenci* (*y*). Tout le village s'eft réuni pour décorer la maifon qui attend cet heureux couple au retour de la cérémonie qui va couronner leur chafte amour. La fageffe ainfi récompenfée dans la perfonne de cette fimple & timide Bergère, devient pour fes compagnes une leçon utile. Veut-on en étendre le fruit ? que le village de *Salenci* ne foit pas le feul au monde où un fimple chapeau de rofes devienne le prix le plus flatteur de la vertu : multiplions ces peintures morales, & parons-en l'intérieur des maifons ruftiques (*z*).

D'autres fcènes champêtres, des fujets ingénieux & piquans ornent ce côté du falon ; la Nature s'y reproduit fous mille formes qui intéreffent également le goût & le fentiment. Ici, du fommet des montagnes âpres & efcarpées, les neiges fondues fe précipitent en torrent avec un fracas horrible, & femblent menacer d'une ruine totale, de riches moiffons qui couvrent des plaines riantes. Là de nombreux troupeaux errent dans des prairies émaillées : un temple en ruine, des colonnes renverfées fur le penchant de cette colline, atteftent les outrages du temps & la fragilité des ouvrages des hommes (*a*).

Celui-ci offre une fuite d'images où tous les caractères font faifis avec une vérité étonnante. Ici c'eft la fraîcheur & le coloris de la jeuneffe qui brillantent, par la main des

---

(*y*) Cette louable inftitution vient de s'étendre dans plufieurs endroits ; on ne fauroit donner trop d'éloges à ceux qui imitent de fi bonnes chofes.

(*z*) Fêtes villageoifes. | (*a*) Payfages.

grâces, ces traits formés pour l'amour. Là une gaieté vive, des yeux pleins de feu expriment la pétulance de la jeuneſſe. La virilité s'y montre ſous des traits plus formés & plus fièrement prononcés : des rides, quelques reſtes de coloris, ces cheveux blancs annoncent la vieilleſſe, un front profondément ſillonné, des yeux éteints, un teint flétri, des muſcles affaiſſés, la caducité. Mais ce qui ſurprend le plus, c'eſt que le caractère moral de chacun de ces portraits eſt auſſi heureuſement exprimé, que les traits rendent bien la reſſemblance. Dans cette ſuite de portraits de toutes les conditions, Louis reconnoît une partie de ceux dont le concours brillant embellit ſa Cour *(b)*.

Mais parmi ce nombre infini de merveilles, le jeune Monarque donne une attention particulière aux productions d'un Artiſte qui a porté au plus haut degré la magie de la peinture. La Nature, dans ſes tableaux, eſt rendue ſous tous ſes rapports de repos & d'activité, & eſt toujours la Nature : l'air même, ce fluide, notre premier aliment, le premier mobile de nos reſſorts, le véhicule de nos ſenſations diverſes ; & qui, par ſon exceſſive ſubtilité, ſemble ne pouvoir être ſaiſi par aucun de nos ſens : l'air, dis-je, eſt rendu ſenſible ſur les toiles par l'artifice de ce pinceau magique.

Louis ſe croit tranſporté par enchantement ſur ces mêmes rivages qu'il vient de quitter. Ce ſont exactement les mêmes ; c'eſt la Nature, c'eſt la vie. Il revoit ces ports, ces magaſins, ces chantiers, où un monde d'ouvriers paroît occupé à embarquer nos denrées, ou à débarquer les retours des plages lointaines & des travaux de la conſtruction ou du radoub. Il lui ſemble même entendre le bruit des haches & des marteaux, dont les coups ſont répétés par les échos qui les

____

(b) Portraits.

multiplient ; le fifflement des vents qui enflent les voiles & qui vont bientôt faire difparoître à la vue de mères & d'époufes éplorées , les objets de leur affection qu'elles ne reverront peut-être plus.

Plus loin on voit le foir d'un beau jour. L'aftre brillant qui anime la Nature difparoît dans un lit d'or & de pourpre que réfléchit le cryftal des ondes ; tandis que la lumière argentine de la Lune remplace, au côté oppofé, ce vif éclat , & colore d'une teinte douce , des rivages que la Nature paroît s'être plu à embellir.

A ce beau jour fuccède la plus belle des nuits : tout dans la Nature paroît dans le filence & le repos ; fauf la tendre Philomèle , dont les accens mélodieux font retentir les bofquets, & le Pilote, qui, l'œil fixe fur fa bouffole, ne peut fe livrer aux douceurs du fommeil. Voyez fur le tillac la partie de l'équipage qui veille avec lui , fe livrer à des jeux innocens pour charmer l'ennui d'une longue navigation ; & tandis que la Lune , parvenue au méridien , femble fe complaire à éclairer cette fcène charmante , les habitans de l'humide élément fe jouent aux deux flancs du vaiffeau qu'un vent frais fait voler fur la furface des ondes.

Mais la bonace ne peut être l'état permanent du plus inconftant & du plus redoutable des élémens. Les fiers Aquilons, joignant leur fracas au bruit du tonnerre, au feu des éclairs, femblent leur difputer le droit affreux d'épouvanter la terre & l'onde. La mer, émue jufqu'au fond de fes abîmes, fe courrouce & s'élève ; des vaiffeaux, affalés fous une côte de fer, malgré les efforts des matelots, s'y brifent avec un bruit horrible : les triftes reftes de l'équipage paroiffent fur la grève dans l'action la plus violente, pour fauver quelques malheureux qui luttent encore contre la mer

& la mort ; tandis que d'autres, le défefpoir dans les yeux, les bras élevés, invoquent l'affiftance du Ciel pour des enfans & des amis infortunés qui ont difparu dans les flots, ou qui difputent au trépas les reftes d'une vie, dont la violence des ondes femble avoir brifé tous les refforts.

Plus loin, fous des rochers efcarpés qui foutiennent une forterefse antique & redoutable, ont voit des pêcheurs tirant avec effort dans leurs barques, des filets remplis de mille efpèces de poiffons. D'autres, plus éloignés, regagnent avec précipitation la terre, à la vue d'une voile ennemie qu'on aperçoit à peine dans le lointain, tandis que les premiers, fous la protection de la forterefse, continuent tranquillement leur pêche *(c)*.

Mais quelle eft donc cette frabrique immenfe qui offre le fpectacle du triomphe le plus pompeux, & dont tous les objets font tellement prononcés, qu'ils femblent s'élancer de la toile au-devant du Monarque attentif à ce fpectacle raviffant ; c'eft fans doute la Reine des Cieux qui parcourt fon vafte Empire : majeftueufement affife fur un char étincelant de lumière, elle s'appuie fur la jeune Hébé qui la foutient légèrement dans fes bras ; les Amours, la prenant pour leur mère, voltigent autour d'elle, les uns fe jouent dans les plis de la draperie brillante qui la pare ; d'autres, jetant fur fon paffage les fleurs les plus odoriférantes, parfument l'air qu'elle refpire. L'Aurore achève de rouler les fombres voiles de la nuit, & le père du jour, le brillant Phébus, commence à dorer le fommet des montagnes, & à peindre de l'or le plus pur l'azur des Cieux. La jeune Iris, meffagère des Dieux, traverfant d'un vol

---

(c) Ports de France & divers fujets de Marine.

rapide

rapide l'efpace immenfe des régions céleftes, annonce aux aftres leur Souveraine, & multiplie fur fon paffage les voûtes colorées qui doivent embellir cette pompe triomphale. Les zéphirs aîlés traînent fon char, dont la Déeffe du printemps guide les rênes qu'elle a pris foin de treffer de fes dons brillans. Les grâces tiennent fufpendue de leurs mains légères, la couronne de lys & de rofes dont elles veulent parer fa tête. Le roi des airs, l'aigle, plane au-deffous des nuages tranfparens, & couvrant de fes ailes la Déeffe & fon cortége, tempère ainfi l'éclat & l'ardeur des rayons brûlans de l'aftre du jour; Cérès, Vertumne & Pomone lui préfentent, dans des corbeilles, les fruits de leurs travaux champêtres, qui deviennent pour elle les tributs les plus agréables : les mufes chantent en fon honneur des hymnes harmonieux; Apollon conduit ces concerts céleftes : les cieux, les airs, la terre & l'onde forment fon empire; les Dieux font fes fujets. Cette Divinité vivifie & embellit la Nature; tous les êtres font dans le raviffement en fa préfence : les mortels qui ofent élever jufqu'à elle leurs regards, font éblouis de l'éclat radieux qu'elle répand; mais L O U I S feul peut le foutenir, & fon cœur ne pouvant s'y méprendre, reconnoît fans peine, fous les traits de cette brillante Immortelle, l'augufte Princeffe qu'il chérit (*d*).

Après avoir ainfi parcouru & admiré les productions variées de la peinture, le jeune Monarque paffe à celles de la fculpture, fa fœur & fa rivale, qui partant de la même fource & tendant au même but, l'imitation de la Nature, a droit à la même eftime, & mérite d'autant plus de protection, que fes productions durables, ornant les villes,

----

(*d*) Apothéofe à la Reine.

les places publiques, les fontaines, les maufolées, l'intérieur des galeries, les dehors des grands édifices, d'images des Rois & des Héros, contribuent en quelque forte à leur immortalité, & font naître dans les autres le defir d'acquérir de la gloire & de mériter les mêmes honneurs de leurs contemporains *(e)*.

Le premier marbre qu'apperçoit le Monarque, pénètre fon ame de l'émotion la plus vive & la plus tendre; c'eft l'image de fon augufte & vertueux père, à côté de celle de fon aïeul. La vie n'a rien de plus animé que ces deux figures: la grâce y égale la noblefle, & l'impreffion qu'elles font fur ce fils attendri, eft fi forte qu'il ne peut la dérober à ceux qui l'entourent; mais l'attention qu'il croit devoir aux autres productions de ce grand Art, calme peu-à-peu cette vive émotion. « Je reconnois, dit le Monarque, la plupart de » ces illuftres guerriers qui fervirent mes pères, mais ceux-ci » avoient terminé leur glorieufe carrière avant que j'aie pu » les connoître.... » *Ce font, Sire*, répond le Sage qui toujours l'accompagne, *les Maréchaux de Barwick, d'Asfeld, de Broglio, de Coigny, de Saxe, de Lowendhal, de Maillebois, de Belle-Ifle, de Noailles, d'Ifenghien, de Duras, de Balincourt.*

Le Monarque, après avoir fixé avec attention les traits héroïques de chacun de ces vaillans Généraux, & caractérifé particulièrement leurs talens divers par des traits hiftoriques honorables à leur mémoire, ordonne auffi-tôt que ces nobles images décorent fon Ecole militaire, & foient les objets continuels des méditations, ainfi que de la vénération de fes jeunes Elèves fes enfans, qui s'exercent dans le métier des armes.

____

(e) Académie de Sculpture.

A l'un des angles de ce falon fi intéreffant, & où le
Monarque vient d'admirer tant de merveilles, fe préfente une
galerie immenfe, dont l'œil peut à peine fonder la profondeur.
Quelle admiration excite en lui la nature & la quantité des
richeffes qu'elle renferme! C'eft le fpectacle magnifique de
toutes les fortereffes qui défendent fes frontières, & d'une
grande partie des places fortes des Puiffances voifines, depuis
les Alpes & les Pyrénées jufqu'aux embouchures de la Meufe
& du Rhin.

Telle eft la fidélité de ces reliefs qui paffent fous les yeux
de notre jeune Maître, & fur lefquels il plane, pour ainfi
dire, qu'il ne perd pas le moindre détail de tous les objets qu'il
a précédemment connus en vifitant les provinces frontières
de fes Etats.

Parmi les différentes pofitions, qu'il examine, il confidère
dans les unes l'âpreté du fite : telles font les places qui
défendent les gorges des Alpes & des Pyrénées ; dans
d'autres, il admire l'aménité de leur fituation. Il voit ici ce
que la Nature a produit pour la défenfe des unes, & là
ce que le génie des *Vaubans* a employé pour fuppléer à
ce qu'elle a refufé à d'autres ; le réfultat de cet intéreffant
examen lui procure des lumières certaines fur l'art de la
conftruction des places.

Ici, font des ports fuperbes, où le travail de l'homme femble
avoir dérobé à Neptune une partie de fon empire, pour mettre
des flottes nombreufes à l'abri de fon courroux ou de fes caprices ; là, des baffins creufés des mains de la Nature même, &
pour la fûreté defquels l'on n'a eu que de légers efforts à faire.

« Quel eft ce rocher âpre & infertile, au milieu de cette
grève, qui porte à fon fommet les caractères d'un afile «
confacré à la Religion, & qui préfente en même temps «

3.me AGE
DU MONDE.

FRANCE
moderne.

» l'appareil formidable d'une forteresse imprenable, demande
» le Monarque?..... » *Sire*, lui répond le gardien de ce
précieux dépôt, *c'est le mont Saint - Michel.....* Le Prince
frémit à ce nom terrible, de la cruelle nécessité où sont
les meilleurs Rois de réprimer les entreprises des hommes
pervers ; & il a éprouvé le même sentiment toutes les fois
qu'il a apperçu dans l'intérieur de ses Etats de ces monumens
de vengeance.

S'il voit avec plaisir des villes immenses & décorées de
places vastes & superbes, de magnifiques édifices dont les
défenses sont ornées de plantations agréables, son cœur est
navré à l'aspect de ces villes désolées, dont les enceintes
ouvertes de tous côtés par l'effort redoublé de ces
foudres d'airain qui les mettent en poudre, ne présentent
que des monceaux de ruines qui semblent encore teintes du
sang de ces vaillans guerriers, qui aux dépens de leur vie
ont soutenu contre les efforts redoublés des ennemis, ces
remparts jadis imprenables ; mais que les temps & plus
encore la science de l'attaque des places, ont renversés. Ce
spectacle de désolation excite encore en son ame sensible
une impression d'horreur, en considérant tout ce que la
guerre traîne après elle de calamités ; mais il n'en sent
pas moins la sagesse des Rois ses prédécesseurs, qui ont mis
entre eux & la jalousie des Puissances qui les environnoient,
des barrières si redoutables par leurs masses imposantes, &
si difficiles à forcer.

Convaincu, d'après cet examen intéressant & réfléchi,
qu'aucun Potentat de l'univers ne réunit à tant d'avantages,
dont le climat fortuné de la France jouit, d'aussi puissans
moyens de les faire valoir & de les soutenir, Louis passe
aussitôt de cette galerie la plus vaste du monde, qui contient

ce

ce précieux tréfor & l'unique de fon genre, à fon Académie
d'Architecture (*f*).

C'eft-là qu'il voit l'extrait de toute la fcience des Anciens
dans les modèles qu'on lui préfente de ces reftes précieux,
dont les débris refpirent encore la magnificence & la
grandeur; mais quand il les compare à ce périftile majeftueux
qui forme la façade de fon immenfe palais, & dont rien
dans l'Antiquité ne lui offre de modèle, il voit alors que
les génies françois ont été, comme ceux d'Athènes & de
Rome, capables des conceptions les plus nobles & les plus
grandes, fi même, à certains égards, ils ne les ont furpaffés.
Le génie puiffant & fublime de l'immortel *Buonarotti*,
femble avoir infpiré *Perrault* dans la compofition du périftile
du Louvre; auffi Louis en en confidérant les deffins, en
portant fes regards fur ceux de la partie de l'églife des
Invalides qu'on appelle le *Dôme*, les modèles du premier
ordre du portail de Saint-Sulpice par *Servandoni*, ceux des
bafiliques de Sainte-Geneviève & de la Magdeleine à côté
des plus fuperbes monumens qui exiftent actuellement en
Europe, il n'héfite point à prononcer que *Michel-Ange*
& fes plus illuftres fucceffeurs n'ont prefque eu fur les
Architectes françois que le mérite de l'antériorité.

Outre une infinité de modèles en relief, Louis voit toute
cette illuftre Ecole meublée de plans, dont les uns font de
grandes idées jetées fur le papier pour la feule inftruction
des Elèves, & dont les autres repréfentent les grands
monumens d'architecture qui embelliffent fa capitale. Mais
le Monarque femble en remarquer un dont la magnificence
& l'étendue le frappent, & s'y arrête avec une forte de

(*f*) Salle des Plans en relief aux galeries du Louvre. *Voyez* cet article
des Obfervations.

G g g

complaifance. L'Artifte, qui l'a conçu, lui en explique le motif & l'objet; c'eft le projet de décoration d'une magnifique Place, que l'amour de fes fujets fe propofe de confacrer à fa gloire en perfpective même de fon palais, où fon image en bronze doit être fixée & environnée de tous les attributs de la bienfaifance, vrais caractères de l'ame de cet augufte Prince (g).

Enfin, de quelque côté qu'il jette les yeux, il aperçoit les puiffans effets de la protection des Souverains amis des arts, & par-tout il a vu leurs efforts égaler la Nature, & toujours l'embellir.

Louis s'arrache avec peine à ces objets divers de fon admiration ; mais un autre genre de production l'attend au temple du Dieu de l'harmonie, où il va fe rendre avec fon augufte époufe.

C'eft-là que l'illufion, portée à fon comble, ravit tous les fens à la fois ; il veut que tous les arts reffentent les effets de fa protection : il veut les honorer & les encourager par fa préfence ; il veut fur-tout hâter les progrès d'un art enchanteur, fait pour occuper les loifirs des Grands, que chacun cultive à préfent, & qui fait les délices de la fociété.

Mais à peine une affemblée auffi brillante que nombreufe aperçoit-elle ce couple augufte, que tout dans ce magique féjour, retentit des acclamations de la plus vive allégreffe. Les illuftres époux font pénétrés de ces tranfports de l'amour de leurs fujets, & partagent la joie qu'ils infpirent ; les héros de la fcène même, fe laiffant entraîner par le charme de l'ivreffe publique, oublient aifément ce qu'ils font alors, &

(g) *Voyez* l'idée de l'Auteur fur le projet de place & de monument qui doit y être placé en perfpective, & fur les bords de la Seine.

plus encore ce qu'ils doivent faire, pour s'unir aux tranfports des fpectateurs.

Le Monarque s'eft plus d'une fois aperçu que l'aimable Nation fur laquelle il règne, fufceptible de tous les goûts honnêtes, n'a befoin que de voir s'ouvrir devant elle des routes nouvelles dans la carrière des Beaux-arts, pour y faire autant & plus de chemin que fes modèles, outre les objets dans lefquels ils ont porté les premiers le flambeau du génie.

Un Etranger vient enrichir notre fcène lyrique d'un nouveau genre, le Prince & la Nation l'accueillent & lui marquent auffi-tôt toute la confidération qu'on doit à un bienfaiteur de fon genre; car il l'eft, puifqu'il vient augmenter chez nous la fomme des jouiffances agréables. Les fujets que ce nouvel Amphion met fur la fcène françoife, font choifis parmi ce que l'antiquité, dans fes temps héroïques, offre de plus intéreffant, l'héroïfme de la tendreffe conjugale & de la piété filiale. Toutes les reffources de la mélodie & de l'harmonie font employées pour embellir ce riche canevas, & pour ajouter à l'intérêt des fituations tour-à-tour terribles ou attendriffantes, dont ces deux poëmes font remplies.

C'eft un époux défefpéré de la perte d'une époufe adorée, dont l'amour le met au-deffus de toutes les craintes pour l'arracher à l'empire de la mort, & qui triomphe de l'infen-fibilité de ce monftre inexorable. C'eft un père partagé entre la Nature, fa gloire & la foumiffion qu'il doit aux décrets éternels, qui fe réfout à immoler aux Dieux & aux Grecs fa fille chérie; c'eft une mère éperdue qui n'écoutant que la Nature révoltée, s'oppofe au facrifice d'un objet digne de toute fa tendreffe; c'eft cette tendre victime, auffi intéreffante par fa piété que par fa jeuneffe & fes grâces, qui fe dévoue sans balancer aux intérêts de sa patrie, & qui fait céder, par un courage étranger à son sexe, la Nature & l'amour à l'obéissance qu'elle doit aux Dieux & à son père : c'est enfin un amant passionné & furieux, un héros implacable, qui renonce à la gloire son idole, pour n'écouter qu'une passion terrible à laquelle il veut tout plier ; mais une Divinité bienfaisante, touchée de tant de piété, de soumission, arrête le bras du sacrificateur, déjà levé sur l'innocente victime parée & enchaînée à l'autel, récompense au même instant la vertu héroïque & pure de cette jeune princesse en la rendant aux vœux d'Agamemnon son père, en rappelant à la vie une mère accablée du coup qui doit percer sa fille chérie, & qu'elle retrouve dans ses bras ; enfin, en couronnant ceux d'un amant généreux, qui n'eût pu survivre à l'objet de sa tendresse.

Avec quelle force & quelle vérité ce peintre sublime des grandes situations les rend toutes ! ses accens, tantot fiers & terribles, tantôt pathétiques & déchirans, vont fouiller tous les replis du cœur, & y développent tous les sentimens que peuvent avouer la Nature & la raison.

C'est à ce spectacle touchant que notre auguste Souveraine, non moins intéressante qu'Iphigénie, partage avec le Monarque son époux, ces sentimens d'affection paternelle qu'ils ont pour leurs sujets, & c'est au milieu d'eux qu'elle aime à jouir des transports que sa présence inspire. Ce cri du cœur françois, ces élans de l'ame, ont excité dans la sienne l'émotion la plus vive. Des larmes, oui François, des larmes en sont les marques ; mais quel prix cette Princesse adorable n'ajoute-t-elle pas à ces naïves expressions de sa sensibilité, par le témoignage qu'elle rend à vos sentimens ? « François, » il n'est que vous sur la terre, s'écrie-t-elle avec transport,

oui,

oui, il n'eft que vous de capables d'aimer ainfi vos maîtres ; » témoignage échappé de fon ame dans le raviffement que lui infpire votre vénération pour vos Princes ; témoignage enfin qui les honore autant que la Nation foumife à leur heureux Empire *(h)*.

Mais les plaifirs ne font rien perdre au Monarque de l'attention qu'il doit aux affaires. S'il fe permet quelques diftractions agréables, c'eft qu'il fent la néceffité de délaffer par intervalle l'efprit, pour le rendre plus capable d'une application foutenue. S'étant aperçu que les intérêts parti-culiers, toujours en oppofition avec l'intérêt général, ont porté le défordre & la confufion dans les diverfes parties de l'adminiftration, & fur-tout dans les finances qui en font l'ame ; il veut qu'une économie bien entendue répare les brèches faites par des diffipations précédentes ; que les revenus de l'Etat aillent dorénavant à leur véritable defti-nation, fans s'en détourner comme par le paffé : il s'occupe enfuite du foin le plus important de tous, celui de redonner à la Juftice fon cours ordinaire, & une confiftance nouvelle & plus affurée aux Tribunaux jufqu'alors avoués par la Nation, & qui ont toujours eu fa confiance.

Ce Monarque plein d'équité & de fageffe, n'ignore pas que la punition la plus méritée a fes limites ; que des Magiftrats qu'un excès de zèle, fans doute, a pu faire fortir des bornes de la foumiffion qu'ils doivent toujours aux ordres de leur Souverain, ont affez expié leurs torts, & que la Nation n'a que trop long-temps reffenti le contre-coup de la peine qui leur a été infligée. Le Prince confent donc à les rendre à leurs fonctions, à leur famille, à leurs affaires; mais il veut à l'avenir éclairer leur zèle, & lui prefcrire des

______

(h) Académie royale de Mufique.

Hhh

bornes qu'il ne puisse franchir par la suite des temps. De sages règlemens vont donc fixer désormais la discipline de ces Compagnies augustes & dignes de toute la vénération & de la reconnoissance des peuples, lorsqu'elles n'excèdent point la portion d'autorité qui leur a été confiée.

Il vient donc environné de toute la pompe royale, siéger en personne dans le sanctuaire de la Justice ; & c'est en présence des Princes de son Sang, de son premier Magistrat, des Pairs & des Grands de la Nation, qui environnent son Trône, que sa bouche prononce des oracles de paix & le rétablissement des Magistrats de son Parlement, qu'il leur rend enfin l'exercice des fonctions les plus nobles dont les hommes puissent jamais être honorés.

Après s'être annoncé à ses peuples comme l'Elu du Seigneur pour les gouverner, Louis veut que sa mission, qu'il tient de Dieu & de son droit, soit confirmée par cette espèce de Sacrement, qui, depuis Clovis I. jusqu'à lui, a imprimé sur tous nos Souverains ce caractère auguste qui unit à la plénitude de puissance celle des grâces nécessaires, pour en user dans les vues de la Providence pour le bien de leurs sujets, lorsqu'ils sont fidèles à leurs salutaires impressions.

C'est dans cet esprit que notre jeune Monarque, qui a déjà fait l'expérience des sollicitudes du trône, part pour *Reims*, où il doit recevoir par l'onction sacrée, la grâce d'en haut, pour suppléer à ce qui manque à un pouvoir qui n'étoit encore fondé que sur des conventions humaines, & qui va être confirmé par le Ciel même.

Quel concours sur la route de ce Prince ! que de vœux l'accompagnent ! que de bénédictions l'attendent ! La justice & la paix, heureux emblèmes des biens dont il veut faire jouir ses sujets, le reçoivent aux portes de cette antique cité, jadis l'honneur de la Gaule Belgique ; des arcs de triomphe, élevés fur fon paffage & chargés d'ingénieufes allégories, lui retracent la fplendeur de la ville des Céfars, de la Souveraine du Monde ; & c'eft fous des trophées qu'il parvient au veftibule de la Métropole (*i*).

Le Pontife de cet augufte temple, l'attend au milieu de

3.me AGE
DU MONDE.
FRANCE
moderne.

(*i*) La glorieufe prérogative, qui diftingue la ville de *Reims* entre toutes les autres villes du royaume, & dont elle eft en poffeffion depuis plufieurs fiècles, prérogative qui l'affocie en quelque forte au bienfait de la Providence dans le précieux don qu'elle nous a fait en la perfonne de Louis XVI, engage fes habitans à chaque mutation de Souverain, à fignaler leur refpect & leur amour pour les maîtres que le Ciel nous donne ; & à qui, de tous ceux que nous offre notre Hiftoire, doit-on plus qu'à celui fous l'empire duquel nous avons le bonheur de vivre ?

Auffi, dans le choix des décorations, dont les Officiers municipaux de cette ville ont cru devoir embellir les lieux de paffage de Sa Májefté, on a préféré aux plus riches, celles qui pouvoient caractérifer le mieux les vertus qu'Elle a montrées en montant au Trône, & dont chaque jour nous fentons les heureux effets ; la religion, la juftice, la pitié pour les malheureux, la bienfaifance, la protection qu'elle accorde au commerce & à l'induftrie. Chacune de ces vertus y avoit fon autel ou un monument qui la caractérifoit. Chaque autel ou chaque monument étoit particulièrement caractérifé par les emblêmes les plus ingénieufement imaginés, & les infcriptions les plus énergiques (les auteurs de toutes ces allégories, ainfi que des infcriptions, font M^{rs} les abbés *Bergeat* & *Deloche*, Chanoines de l'églife de Reims).

M. *Doyen*, fur les deffins duquel ces diverfes décorations ont été exécutées, n'a fait en cette occafion que confirmer la haute opinion que le Public a de fon génie, & dont tous les ouvrages que nous avons de lui, portent l'empreinte la plus marquée.

Quant à la décoration de la Métropole, elle répondoit parfaitement à l'efprit & à l'efpèce de l'augufte cérémonie pour laquelle elle étoit ordonnée: On n'attendoit pas moins de *M. le Maréchal Duc de Duras*, premier Gentilhomme de la Chambre en exercice, dont on connoît le goût pour approprier à chaque folennité, la forte de décoration qui lui convient, foit qu'elle ait pour objet un acte religieux auquel la pompe extérieure puiffe ajouter, ou quelqu'évènement heureux pour l'Etat ou pour la Famille Royale à célébrer ; auffi tout a-t-il été ordonné, de forte que, malgré la multitude & la variété des objets, il n'y a pas eu la moindre confufion, & que tout s'y eft fait dans le plus grand ordre par la manière dont tout avoit été prévu & arrangé.

son clergé pour le conduire aux pieds des saints autels où ce premier Monarque du monde chrétien vient présenter son offande à la Majesté suprême, & déposer dans ses tabernacles le symbole de sa vassalité, & après les justes actions de grâces qu'il lui doit, son ame se pénètre des grandes & sublimes vérités qui lui sont annoncées par un autre Prélat, & qui préparent son cœur à l'auguste solennité qui va l'unir encore plus particulièrement à la nation dont il s'est annoncé plutôt comme le père que comme le maître.

C'est au milieu des ministres du Très-Haut que Louis est conduit le lendemain à cette brillante & sainte cérémonie; c'est au milieu des plus augustes représentans de la nation, devant Dieu qui reçoit ses engagemens & qui les ratifie, que *votre Roi, François, jure de vous rendre heureux : il tiendra son serment.*

Aussitôt le Pontife fait couler sur sa tête, comme autrefois Samuël sur Saül & David, l'huile sainte ; ses épaules ; ses bras, ses mains sont ointes de cette onction céleste qui, en le faisant en quelque sorte Pontife & Roi, lui communique la force d'en haut pour soutenir le fardeau de la royauté, & l'élève au-dessus de tous les Ordres, comme l'huile surmonte tous les autres liquides, pour nous servir des expressions de Saint Cyprien, dans l'explication que donne ce saint Docteur de la cérémonie mystérieuse de l'onction des Prêtres & des Rois. Le Pontife le revêt ensuite des ornemens de sa dignité, lui met dans les mains les symboles de sa puissance, & présente sur sa tête la couronne du plus grand des Empereurs d'occident, que soutiennent les deux Ordres des Pairs, par l'entremise desquels il reçoit les sermens de tous ses sujets.

Ah,

Ah, qui rendra, François, l'attendriffement, dont l'objet facré de cette myftérieufe cérémonie, les coopérateurs & les témoins de cet acte folennel font pénétrés ! Que les larmes qu'on répand de toutes parts, font délicieufes ! non, jamais les ames ne furent auffi puiffamment, auffi profondément remuées ; & quel cœur ne fe fentit brifer à cet inftant, où l'augufte époufe de notre jeune Monarque, furchargée & en quelque forte accablée des fentimens divers que lui faifoient éprouver chaque moment, chaque circonftance de cette folennité, fe trouva forcée de difparoître pour fe débarraffer d'une partie de ce fardeau délicieux, mais qui épuife à la fin les forces d'une ame qui fent vivement ! Un moment d'abfence a fuffi pour calmer la violente agitation qu'ont excitée chaque acte de cette impofante folennité, & pour la mettre en état de foutenir les épreuves nouvelles auxquelles on va mettre encore fa fenfibilité.

A peine elle reparoît, qu'elle fe voit elle-même l'objet des acclamations, & qu'elle partage avec fon augufte époux les hommages qu'on lui rend. Ce font les Miniftres des Puiffances étrangères, témoins de l'émotion de cette augufte Princeffe, & fur qui elle a fait l'impreffion la plus forte & la plus attendriffante, qui donnent eux-mêmes le ton; avec quelle ardeur on s'empreffe à répondre à de fi juftes tranfports ! Tout eft François dans ces momens intéreffans qui, pour nous fervir des propres termes de Sa Majefté, *ont pénétré fon cœur d'un fentiment profond qui ne s'effacera jamais (k).*

Les Etrangers même deviennent François dans ce jour folennel, & s'uniffent du fond de l'ame à ce concert d'acclamations & de bénédictions qui portent, pour ainfi dire,

---

(k) Lettre du Roi à M. l'Archevêque de Paris, 12 Juin 1775.

notre jeune Maître fur le Trône. Des fables brûlans de l'Afrique, du fein même de ces Nations prefque auffi féroces que les animaux cruels que cette contrée nourrit, un habitant du mont Atlas, témoin de cette mémorable époque, eft tout-à-coup transformé en un autre homme : oui, mes concitoyens, fes pleurs & fes tranfports l'ont naturalifé ; c'eft un François depuis le jour intéreffant où notre jeune Roi, placé fur fon Trône dans toute la pompe & l'éclat de la majefté par fes frères même, les Princes de fon Sang, les Grands de fon royaume, reçoit les hommages de la Nation entière par ces auguftes repréfentans. Au moment où un peuple innombrable, introduit tout-à-coup dans ce Temple vénérable, fe profterne & adore le Roi des Rois dans fa vive image ; & mêlant fes acclamations au chant des hymnes de triomphe, au fon des inftrumens guerriers, au bruit des falves redoublées de l'artillerie & de la moufqueterie, furmonte, par l'éclat des cris de *vive le Roi*, & étouffe, pour ainfi dire, tout autre bruit ; tandis que l'airain fufpendu dans les airs, annonce au loin l'heureufe fin de la plus brillante & de la plus augufte des cérémonies ; bientôt, des extrémités du royaume, les tranfports de l'allégreffe univerfelle répondent à ceux qu'excite dans *Reims* ce fortuné moment.

Yvreffe précieufe, que vous répondez bien à l'affection paternelle que Louis porte à fes peuples ! Quelle preuve plus authentique en voulez-vous, François, que l'ordre qui brife les barrières que l'ufage met entre vos Maîtres & vous, que le refus que fait ce Prince des décorations dont on veut embellir les lieux de fon paffage, en ce qu'elles pourroient vous dérober le plaifir inexprimable de porter vos regards fur lui, & dérober fon peuple aux fiens ? que la douce popularité de votre bon Roi, qui lui fait en quelque forte oublier fon rang pour fe confondre parmi vous, prendre part à vos fêtes, partager vos tranfports, & recevoir indif-tinctement les hommages de toutes les claffes de fes fujets ; que de voir ce jeune Monarque après la plus brillante cavalcade, dépofer aux pieds des autels, l'orgueil du rang fuprême pour le foulagement des pauvres malades ; que fa tendre pitié pour les malheureux fouffrans, qui lui fait furmonter les révoltes de la Nature, afin de leur procurer la guérifon ?

Si par le plus ancien, le plus facré des contrats, la Nation fe trouve enfin engagée à ce Maître adoré par le feul droit de fa naiffance, ce Prince augufte veut encore qu'elle lui foit plus particulièrement unie par le lien des bienfaits. Il connoît trop les devoirs mutuels des Princes & des fujets, pour ignorer qu'il n'eft point de contrat fans réciprocité ; & c'eft dans l'augufte folennité, dont nous venons d'être les témoins, que ce nouveau Salomon vient de contracter librement la plus fainte des obligations, celle de faire le bonheur de fes peuples. C'eft aux pieds de la Religion, fon flambeau & fon guide, qu'il en a pris l'engagement folennel ; c'eft dans le Code facré qu'il a lû en même temps fes droits & fes devoirs, & qu'il s'en eft pénétré pour les remplir dignement ; & cette onction myftérieufe, gage d'une protection fpéciale de la Providence, femble dévouer plus particulièrement notre jeune Souverain aux foins de fon Etat, & lier plus étroitement les fujets à leur maître, en faifant à l'un & aux autres, de leurs obligations réci-proques, un devoir plus faint & plus rigoureux.

François, qui en fi peu de temps venez d'être les témoins de ces étonnantes & heureufes révolutions, que ne devez-vous pas vous promettre d'un règne qui s'annonce par de tels prodiges de fageffe & de juftice ? & ces prodiges font opérés par un Monarque qui compte à peine quatre luftres. Parcourez les faftes de votre hiftoire, & voyez dans tous les âges de la monarchie, fi aucun des Rois fes prédéceffeurs s'annonça à fes peuples d'une manière qui fît mieux augurer de fon gouvernement.

Que de Souverains ont long-temps occupé le Trône fans jamais avoir rien fait qui les recommande à la poftérité, qui toujours indifférente & froide fur le paffé , juge avec une égale impartialité les Princes & les peuples, & met feule le fceau à la véritable gloire , dont une baffe adulation a cependant confacré les éloges fur le marbre & le bronze ; éloges démentis par les générations fuivantes, & qui font aujourd'hui leur opprobre ! Que la flatterie foit donc pour jamais bannie des nôtres , & que la vérité feule s'y montre dans tout fon éclat.

Partageons également notre amour & notre reconnoiffance entre le Monarque chéri , & l'augufte Princeffe dont la tendreffe & les charmes jettent des fleurs fur les peines inféparables d'un Trône qu'elle embellit par l'affemblage de toutes les vertus ; que bientôt l'image facrée de LOUIS-AUGUSTE foit fixée par le temps même fur l'*obélifque de l'Immortalité*, & que cent générations de fujets viennent à leur tour y lire avec attendriffement & graver dans leur cœur, comme une leçon fublime, cette courte, mais énergique infcription , REGI BENEFICO, titre fi bien mérité, puifqu'il peint notre bonheur , dont ce Prince eft la première fource.

MONUMENT

MONUMENT

CONSACRÉ

À LA GLOIRE DU ROI

ET DE LA FRANCE.

DESCRIPTION

D'un Projet de Monument à ériger dans une Place publique, à la gloire de Louis XVI & de la France.

DU sommet d'un rocher escarpé, & environné de profondes cavités d'où sortent des torrens d'eau qui tombent avec fracas, & vont se perdre dans des abymes, s'élève un obélisque de marbre blanc, dont la hauteur répond à la magnificence des édifices qui l'environnent. Un globe d'azur, parsemé de trois fleurs-de-lys, rend l'écusson de la France, termine la cime tronquée de l'obélisque; & sur le globe est fixé un coq de bronze doré, agitant ses ailes, exprimant l'audace, la vigilance & la fierté: caractères des anciens Gaulois, & le vrai symbole de la nation Françoise.

La *Renommée*, les ailes déployées, s'élance du haut des airs, & reste suspendue vers le milieu du Monument: elle sonne de la trompette, & invite les peuples à se réunir pour célébrer la gloire & les vertus du héros de la France.

Le *Temps*, également personnifié, après s'être précipité jusqu'au socle de l'obélisque, & avoir reçu le médaillon du Prince régnant, des mains de la *Vertu* qui en étoit la dépositaire, s'empresse de le fixer à l'obélisque. Armé d'un marteau, il frappe à coups redoublés le crampon où est passé l'anneau de la chaîne qui tient au médaillon, & semble prononcer ces mots, *Nunquam peribit opus meum.* Les *Heures* & les *Siècles*, génies du *Temps*, après avoir enchaîné le médaillon par le bas & au pourtour de l'obélisque, sont occupés à briser la faux, pour marquer que bien loin d'en vouloir faire usage pour détruire à l'avenir le Monument, eux & le Temps le prennent à jamais sous leur sauvegarde. Le Temps ainsi caractérisé aura les traits du sage coopérateur que le jeune Monarque s'est choisi.

Deux *Génies* placés au-dessus du médaillon, sont occupés, l'un à poser sur le buste du *Prince* la couronne de l'immortalité, désignée par un serpent en cercle: l'autre, tenant une tige de lys, paroît caresser avec la fleur la *Renommée* qui le domine.

Kkk ij

Le bufte du *Prince* régnant, qui eft du métal le plus précieux, l'or, fe trouve fixé fur un grand médaillon de forme antique, du plus beau porphire. Quatre rameaux différens ceignent le pourtour du médaillon, & fe réuniffent par les extrémités. Les deux fupérieurs font, l'un de chêne & l'autre de palmier : le premier exprime la force, le fecond l'allégreffe. Les deux inférieurs font, l'un de laurier, & l'autre d'olivier : le premier défigne les triomphes, & le dernier la paix.

Sur le côté oppofé de l'obélifque, où eft le médaillon du Roi, l'on apperçoit une très-grande médaille de bronze rouge, affujettie au Monument par la même chaîne qui fixe le médaillon du Roi. Cette médaille repréfente deux buftes accolés, avec cette légende au bas, *Concordia fratrum*, & défigne *Caftor* & *Pollux*, dont l'un reffemble à Monsieur, & l'autre à Monfieur le Comte d'Artois : l'on s'eft feulement permis d'ajouter au pourtour de chacun des deux buftes, les noms de ces deux auguftes Princes.

Sur un des angles du focle de l'obélifque, fe trouve la *Vertu*, à demi voilée & debout, ainfi qu'on vient de l'obferver, fymbole qui eft le caractériftique exact de toutes les auguftes *Princeffes*, filles du feu Roi. Cette figure, ayant le bras droit élevé, montre de la main cette infcription, *REGI BENEFICO*, & fixant le peuple, femble lui adreffer ces paroles : *Voilà votre jeune Maître qui fera déformais votre bonheur.* La draperie large qui la couvre, contribue à la rendre majeftueufe, ainfi que fes ailes à demi déployées : une flamme placée fur fa tête la caractérife particulièrement.

Au côté droit de la *Vertu*, & à fes pieds, paroît la *France*, affife fur le milieu du focle de l'obélifque, couverte de fon manteau royal, la couronne fur la tête : fon bras gauche porte un faifceau, exprimant la puiffance & les forces réunies, & fa main droite tient le fceptre, qu'elle préfente dans l'attitude du commandement abfolu. A fes pieds font amoncelés tous les caractères diftinctifs de la couronne de France, & les attributs des honneurs, des récompenfes accordées à la valeur, à la naiffance & au mérite. Les traits majeftueux & céleftes de notre *augufte Princeffe* feront gravés fur cette figure, & les artiftes, heureux d'avoir un fi beau modèle à rendre, fe furpafferont fans doute en exprimant la noble fierté que doit avoir la *France*, à l'inftant même qu'elle encourage le *Génie* vengeur du *Prince* & le fien, à terraffer

les

les monftres audacieux du défordre , qui ont défolé les peuples par leur intrigue fourde & deftructive , par leur rapacité , & par leur licence effrénée de tout ofer.

Le premier de ces deux Génies vengeurs , armé d'un foudre, *Vibrata in fuperbos fulmina*, dont il vient de frapper les monftres, conferve toujours fon attitude menaçante , & paroit encore dans l'action la plus animée du combat..... Le fecond *Génie* eft celui de la *Reine*, répréfenté par la *France*. Ce *Génie* a pris la figure d'un aigle de la plus grande force , ayant fes ailes déployées, portant fa tête menaçante , dont le plumage eft encore hériffé de fureur fur les monftres qu'il a déchirés avec autant d'ardeur que le vautour de *Prométhée*, & paroît toujours faire entendre fes fifflemens aigus.

Ces deux *Génies*, dont les forces femblent fe réunir , fe trouvent grouppés enfemble fur les bords du précipice, & dominant fur leurs ennemis terraffés, jouiffent déja de leurs triomphes.

Les monftres abbattus tombent dans des précipices affreux, & leurs têtes coupables vont s'écrafer fur les rochers. Leur rage fe tourne contre eux-mêmes : les ferpens, les torches, les poignards, dont leurs mains criminelles font armées, ne fervent plus qu'à leur propre ruine : ils finiffent par fe déchirer & fe poignarder entr'eux; les rochers fufpendus fur leurs têtes fe détachent, s'écroulent & tombent fur eux dans des gouffres & des abymes où les torrens fe perdent.

Les monftres ainfi exterminés , & la *France* vengée, le calme femble renaître tout-à-coup. *Pallas* & la *Paix* veulent être témoins de fon triomphe : l'une & l'autre, fixées au pied du monument, fur les côtés de la France & de la Vertu, font fuivies de leur cortège pompeux, & annoncent déja aux peuples le bonheur le plus durable.

La déeffe *Pallas*, fous les traits de Madame, le cafque en tête, fièrement affife fur un lion foumis , le bras gauche appuyé fur fon bouclier, repofe fa main droite fur la crinière du lion, qui tourne fa tête du côté de la France, porte fa langue fur fes pieds, & exprime ainfi fes careffes. *Pallas* eft fuivie de plufieurs Génies qui , après avoir traîné avec effort un canon fur fon affût, jouent entr'eux avec leurs armes & un drapeau : ces Génies font coiffés dans les divers coftumes des guerriers du fiècle préfent, armés de même, & grouppés fans confufion.

Lll

Cette marche guerrière est suivie du Commerçant naturaliste, montrant d'une main le mot de *Protectio* écrit sur un ballot. Son habillement est celui d'un Nautonnier françois, qui doit être environné de toutes les espèces de productions de la terre, de la mer & de l'air, tant animées qu'inanimées.

La France doit à juste titre se glorifier d'avoir donné naissance au plus célèbre des hommes dans la connoissance de la Nature, & ne cesse encore de lui devoir de nouvelles découvertes. Si la carrière d'un si grand homme doit avoir un terme parmi nous, pourquoi la Renommée de ce monument glorieux ne deviendroit-elle pas la compagne de celle de ses travaux? Des êtres si extraordinaires, qui furent pour ainsi dire les dépositaires des secrets de la Nature, qui les ont révélés & rendus sensibles à l'humanité même la plus grossière, sont bien faits, sans doute, pour embellir le cortège des grands Rois, & mériter comme eux les palmes de l'immortalité.

Sur l'autre côté, & en face de *Pallas*, l'on voit la déesse de la *Paix*, ayant les traits de Madame la Comtesse d'Artois, présentant son rameau d'Olivier d'une main ; & de l'autre montrant au *Prince* les fruits qui sortent de la corne d'abondance versée par un Zéphir, & placée sur ce char. Cet objet de décoration occupe la face de l'obélisque, opposée à celle où se trouve le canon : il est chargé de toutes espèces de productions propres à sustenter les hommes, lesquelles désignent l'Abondance, compagne de la Paix.

A l'extrémité du char, formant le quatrième angle du monument, & vis-à-vis du Commerçant naturaliste, paroît un Laboureur appuyé sur un joug de bœuf, un soc de charrue renversé à ses pieds, & un chien de berger est à ses côtés. D'une main, il montre le mot de *Libertas*, qui finit d'être gravé par un Génie sur un boisseau censé rempli de blé.

Ce Cultivateur est sous le costume d'un ancien Gaulois, & ressemble au noble citoyen si connu dans l'Europe entière, sous le titre d'*Ami des hommes* : le titre seul de Restaurateur de l'art le plus utile à l'humanité, l'Agriculture, lui doit suffire pour mériter une place au pied du monument élevé à la gloire de son auguste Souverain, qui dès sa tendre enfance, se déclara le protecteur de cette portion d'hommes si utiles à l'humanité, sans en excepter même les Rois.

Au bas du rocher, & au côté oppofé à la principale face de l'obélifque, l'on voit fortir un vaiffeau de deffous une large voûte de rochers portant le monument. La déeffe de la *Seine* paroît noblement grouppée & affife fur la proue de ce vaiffeau, & reçoit les hommages & les tributs de celle de la *Marne*, fortant des eaux, & fuivie de Naïades ; ces deux Déeffes font alliance enfemble (*a*). La première reffemblera a MADAME CLOTILDE DE FRANCE, & la feconde à MADAME ELIZABETH DE FRANCE.

Neptune, armé de fon trident, guide lui-même le vaiffeau des Déeffes, que précédent des Syrènes, des Dauphins, & un Triton fonnant de la trompe, qui forment le cortége de leur Souverain. Ce vaiffeau caractérife les armes de la ville de Paris. Le Gouverneur de cette capitale eft cenfé en tenir le gouvernail. Les Mythologiftes alliant fouvent les attributs des diverfes Divinités, rien ne s'oppofe donc à ce que les armes de *Mars* ne forment avec le trident de *Neptune*, qu'un feul faifceau ; & à ce que les Artiftes empruntent les traits du noble & brave guerrier Gouverneur de cette ville, pour repréfenter le Dieu des mers, qui ne fauroit être plus heureufement caractérifé (*b*).

Sur une des quatre faces du piedeftal de l'obélifque, doit être fixé un grand bas-relief, repréfentant la féance que SA MAJESTÉ a tenue le 11 de Novembre 1774, en fon Palais de Juftice, pour y rétablir le Parlement dans fes fonctions ordinaires. Le Roi doit y paroître affis fur fon trône, environné des Princes de fon Sang & des Pairs de fon royaume ; &, après avoir délibéré avec eux & fon principal Magiftrat, ordonne à tous les Membres de fon Parlement de reprendre leurs fonctions, après leur avoir exprimé fes volontés.

Les trois autres faces de la bafe de l'obélifque, ou cartels, refteront dénués de toute efpèce d'ornement, pour qu'à l'avenir on puiffe encore y fixer, par des infcriptions & des bas-reliefs en bronze,

---

(*a*) L'on obfervera que c'eft précifément à la hauteur de Paris que ces deux rivières fe confondent & ne forment plus qu'un fleuve.

(*b*) Lorfqu'on conçut le projet de ce Monument, M. le Maréchal-Duc de Briffac étoit Gouverneur de Paris ; & M. le Duc de Coffé fon fils, vient de lui fuccéder.

les autres évènemens remarquables qui illuftreront le plus le règne préfent, & qu'on croira dignes par conféquent de faire époque dans l'Hiftoire.

NOTA. L'Auteur du Monument a propofé un local pour le placer. Ce local ayant pour perfpective une Place vafte & magnifiquement décorée, dont le plan eft fait, le Monument feroit élevé fur le bord de la rivière, de manière à n'embarraffer ni la navigation, ni le travail des ports, ni le roulage des voitures.

Placé entre le Pont-neuf & le Pont Royal, il feroit vu à de très-grandes diftances, tant au dedans qu'au dehors de la ville. On verra plus au long, dans une ample Differtation *fur les Monumens publics*, du même Auteur, les moyens qu'il donné pour conftruire celui dont il s'agit, quoiqu'à l'infpection de cette immenfe fabrique, elle paroiffe devoir entraîner les plus grands frais.

Le *Parnaffe François*, qu'a fait exécuter en bronze *Titon du Tillet*, eft chargé d'un tiers plus de figures que le Monument propofé. Il eft même démontré, par les calculs des plus fameux Artiftes dans chacun des genres que ce monument comporte, qu'il ne coûteroit guère plus que la ftatue équeftre de Louis XV, & la place où elle a été érigée, telle que nous la voyons.

Les proportions de notre Monument exécuté en grand, felon le local propofé, feroient de quatre-vingt-dix pieds de diamètre à la bafe du rocher, ou plutôt au niveau de l'eau où ce rocher prendroit naiffance. Le Monument, de fa bafe à fon fommet, auroit cent cinquante pieds de hauteur; favoir, le rocher trente-deux, & l'obélifque cent dix-huit, le coq compris.

Les figures feroient plus ou moins grandes. Les Génies feroient de quatre jufqu'à fix pieds de hauteur; les figures moyennes de onze à douze, les grandes de quinze, & les plus coloffales de dix-huit pieds.

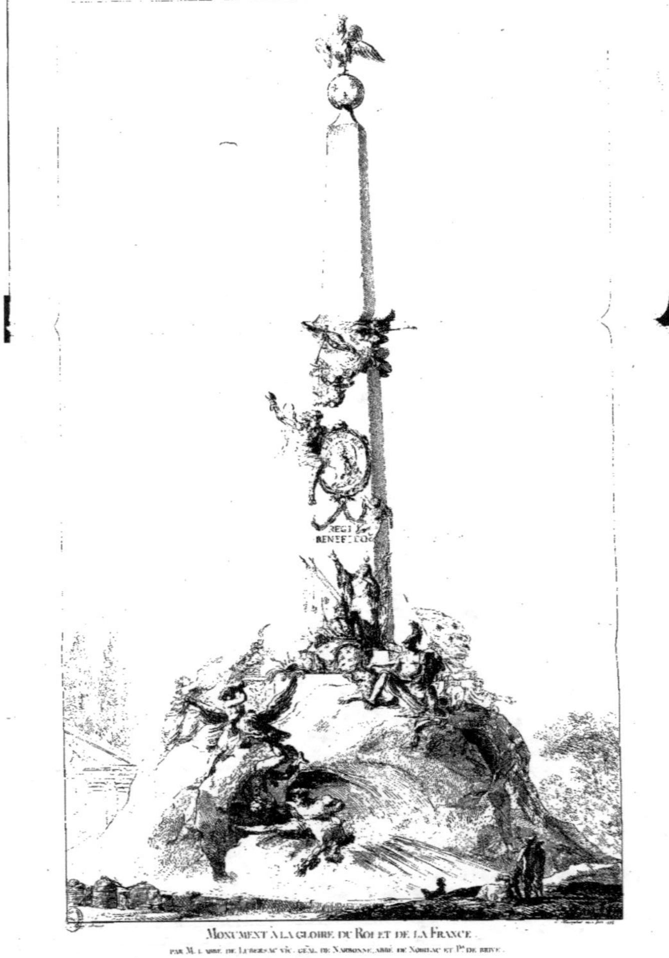

MONUMENT À LA GLOIRE DU ROI ET DE LA FRANCE.

PAR M. L'ABBÉ DE LUBERSAC VIC. GÉNL DE NARBONNE, ABBÉ DE NOBILAC ET Pr DE BRIVE.

ESQUISSE AU PREMIER TRAIT.

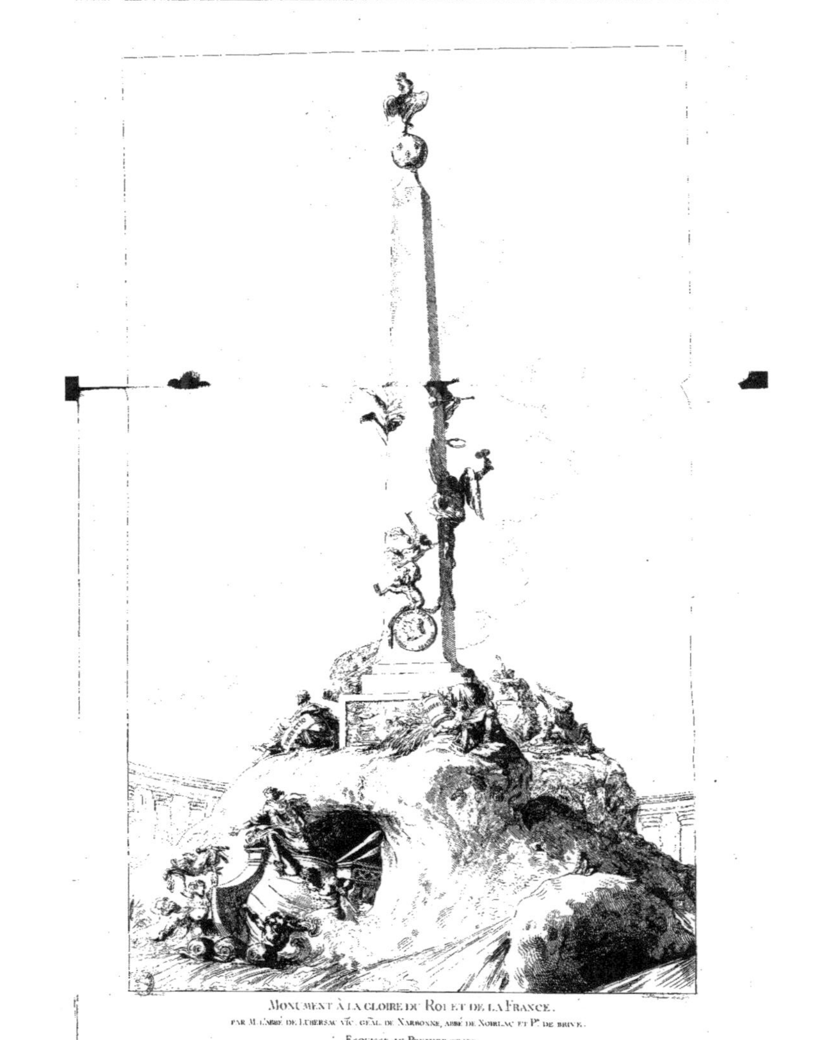

MONUMENT À LA GLOIRE DU ROI ET DE LA FRANCE.

PAR M. L'ABBÉ DE LUBERSAC VIC. GÉAL. DE NARBONNE, ABBÉ DE NOIRLAC ET Pr. DE BRIVE.

ESQUISSE AU PREMIER TRAIT.

OBSERVATIONS

PARTICULIÈRES

Sur les Monumens de la Capitale de la France.

PLACES PUBLIQUES.

PLACE ROYALE.

LA première Place publique qui ait été régulièrement conſtruite dans Paris, eſt la *Place royale* ſituée au quartier du *Marais.* Perſonne n'ignore que le roi Henri II fut bleſſé d'un éclat de lance, qui lui entra dans l'œil, à un tournois donné devant le palais des Tournelles que ce Prince habitoit, accident dont il mourut. Après ſa mort, Catherine de Médicis ſa veuve, prit ce palais en haine, & fit conſtruire celui des Tuileries.

Un Médecin de Henri III, homme bien intentionné, obtint de ce Roi les matériaux du palais des Tournelles, deſquels il crut tirer un parti ſuffiſant pour faire bâtir une maiſon (*a*), dont l'objet étoit d'y entretenir les pauvres dans les différens genres de travail auxquels ils pourroient être propres, ſoit par leur âge, ſoit par leurs infirmités. Cet honnête homme ſe ruina pour cette louable entrepriſe qui n'eut pas lieu. Le palais fut effectivement démoli, & ſur cet emplacement on conſtruiſit ce vaſte cloître qu'on nomme aujourd'hui la *Place royale*, où nous voyons la ſtatue équeſtre de Louis XIII, vêtu à la romaine, parce qu'il plut aux Artiſtes de ce règne & à ceux du ſuivant, d'imaginer que dans un monument public, c'étoit le ſeul habillement qui pût apparemment convenir à des Monarques françois; en quoi ils n'ont été que trop imités par ceux du règne dernier. La ſtatue & le cheval ne ſont pas du même jet ni du même auteur; le cheval eſt de *Daniel de Volterre.*

(*a*) L'on voit au Cabinet des Eſtampes du Roi, deux rouleaux de parchemin, d'environ cinquante pieds de long, ſur leſquels ſont très-bien deſſinés les plans de cet hôpital, & les proceſſions auxquelles aſſiſtoit très-régulièrement Henri III & toute ſa Cour.

a

marcha la pique à la main : il la mit fur l'épaule en y entrant, paffa devant
M. le Dauphin ; & laiffant la ftatue à gauche , il la falua de la pique.

Le Gouverneur & le Prévôt des Marchands, fuivis de leurs Gardes , paffèrent
auffi devant la ftatue en la faluant.

M. le Dauphin qui vouloit voir l'illumination , dont la ftatue du Roi devoit
être éclairée , & le feu d'artifice qu'on devoit tirer à la place de Grève, en
attendant que la nuit fût venue , alla prendre le divertiffement de l'Opéra.

P L A C E   V E N D Ô M E.

La place de Louis-le-Grand , autrement dite *la place Vendôme*, eft une des
plus grandes ; & inconteftablement la plus régulière & la mieux décorée de
l'Univers. Le petit portail des Capucines eft l'un des ornemens les mieux entendus qui puiffent terminer le débouché qu'elle a du côté du nord. La ftatue
équeftre qui eft placée au centre, a quelques beautés ; mais on ne conçoit point
le mauvais goût des Artiftes qui ont coiffé d'une énorme perruque un roi vêtu
à la romaine ; perruque que les mouvemens d'un cheval, dont l'action doit
être animée & relevée, ne peuvent que déranger à tous momens., & par conféquent embarraffer le Cavalier.

P L A C E   D E   L O U I S   X V.

Quand l'Architecte, qui donna les deffins de la *place de Louis XV*, voulut
faire approuver fon projet, il en fit le plan en relief, & il eut foin de le placer
au-deffous du fpectateur , pour qu'il ne perdît rien des détails ; mais le fpectateur
trompé, fit à fon tour illufion à l'Artifte, qui ne fongea point que fa Place ne
pouvoit faire d'effet qu'à vue d'oifeau.

Ce qu'on pourroit actuellement faire de mieux, ce feroit de retirer des matériaux mal employés, de combler des foffés qui ne font aucun effet, & d'employer les mêmes matériaux à terminer le quai qui eft en face de la Place.

La ftatue équeftre du feu Roi, pour laquelle cette Place a été faite , réunit
en même temps de grandes beautés & de grands défauts, qu'on ne peut ni ne
doit diffimuler pour l'inftruction des jeunes Artiftes, qui, par refpect pour les
grands Maîtres, copient jufqu'à leurs fautes, quand on ne les éclaire pas. La
poftérité faura gré à M. de Voltaire d'avoir commenté le grand Corneille , &
de ne s'en être pas laiffé impofer par un grand nom. Nous oferons donc juger
Bouchardon, quel que foit notre refpect pour les talens de ce grand artifte.

Dans un monument du genre de celui dont il eft queftion , il y a deux
chofes à confidérer, l'homme & le cheval : & dans ce dernier il y en a trois :
favoir , l'avant-main, le corps & l'arrière-main : à prendre chacune de ces
parties en particulier, les connoiffeurs y trouveront les plus grandes perfections.

La tête eft belle, bien placée, bien attachée à l'encolure , qui n'eft ni effilée
ni trop fournie, & toutes fes parties font dans leurs juftes proportions.

Ceux qui trouvent la tête trop élevée , & qui prétendent qu'elle cache le

Cavalier,

Cavalier, en jugeroient mieux s'ils étoient sur un plan parallèle au sommet du piédestal. Le pli en est noble & plein de grâce.

Les épaules sont la plus belle partie de ce cheval, on y voit le jeu des muscles, pour opérer la belle attitude que l'Artiste a donnée à la jambe gauche de l'animal. Les extrémités antérieures sont pleines de détails où les connoisseurs trouveront des beautés sans nombre. Les dos, les reins, les côtés, les flancs, toutes les parties qui forment le corps, peuvent soutenir l'examen le plus rigoureux. On en peut dire autant de toutes les parties de l'arrière-main; mais ce qu'on peut avec raison reprendre dans le célèbre Artiste qui a exécuté ce monument, c'est:

1.º D'avoir pris son modèle trop vieux, quoique le cheval qu'il a copié eût été dans son jeune âge un des plus parfaits de son genre, ce qui fait que la copie participe en général des altérations que la vieillesse avoit opérées dans l'original, & que les connoisseurs sentent si bien.

2.º L'allure indéterminée qu'il a donnée à l'animal: cette allure, en effet, n'est ni le *pas* où le cheval a toujours trois pieds sur le sol; ce qui auroit entièrement évité un pli trop fort dans la cuisse droite, & cette jambe en l'air à laquelle il a fallu donner un appui factice qui produit un mauvais effet.

Ce ne peut être aussi le *trot*, *Bouchardon* n'auroit certainement pas choisi l'allure la plus désagréable pour un Monarque qui entre dans sa Capitale, & par conséquent la moins propre pour son objet.

Ce n'est point non plus le *passage*; cet air de manége, qui doit être raccourci, n'est pas celui qu'a le cheval, puisqu'il est très-alongé dans le déploiement de la cuisse & de la jambe de derrière : d'ailleurs, cet air exige de la part du cavalier une attention que ne doit point avoir un Monarque, qui la doit toute entière aux témoignages d'amour & de respect qu'il reçoit de ses Peuples, au milieu desquels on le suppose. Plus de docilité aux conseils du feu *Comte de Lubersac*, l'homme du monde, permettons-nous de le dire, le plus profond dans l'art de l'équitation, & qui certainement connut le mieux les formes exquises du cheval, eût fait éviter à cet Artiste célèbre les défauts qu'on peut lui reprocher à cet égard. Il eût fallu de plus qu'il eût fait une étude particulière & approfondie de la nature de cet animal, ce que peu d'Artistes, Sculpteurs ou Peintres, ont fait jusqu'ici, & ce qu'a entrepris avec constance & un grand travail, le sieur *Sally*, pour exécuter à Coppenhague un monument du même genre.

Avec les défauts dont nous venons de rendre compte, ce cheval est sans contredit le plus beau de tous ceux qu'on a connus jusqu'ici, & ne ressemble en rien à ces masses informes que nous voyons dans divers quartiers de cette Capitale.

Quant à la position de l'homme, les amateurs en cavalerie les plus difficiles à contenter, auroient bien de la peine à y reprendre la moindre chose. L'*assiette*, cette partie la plus essentielle de l'homme de cheval, est dans la plus exacte règle; les cuisses sont bien posées, sans être ni trop en avant ni trop en arrière;

les jambes tombent fans roideur ; & telle eft l'union de toutes les parties, que l'homme & le cheval femblent ne faire qu'un feul & même corps. *Bouchardon* paroît avoir fixé la feule vraie, la feule belle pofition ; & s'il s'élève de nouvelles difficultés fur ce point le plus effentiel en cavalerie, on peut renvoyer les maîtres à ce modèle, qui en eft un de nobleffe, de liberté & de grâces ; le corps étant bien d'aplomb fur fa bafe néceffaire, qui font les feffes ; la tête bien placée fur les épaules ; les épaules bien fur les hanches. Les vrais connoiffeurs defireroient feulement, que le bras & le poignet de la main de la bride fuffent un peu plus arrondis ; que le doigt *index* ne fût pas ouvert, & que le poignet tombât un peu moins : fi encore il falloit que le Roi fût vêtu à la romaine, pour éviter les étriers & les étrivières, qui donnent de la roideur à la jambe, on eût voulu que le coftume romain eût été obfervé en tout ; il étoit donc effentiel de ne point donner au cheval une bride à la françoife, que les Romains, qui ne fe fervoient que de filets, n'ont jamais connue.

Les vrais connoiffeurs obfervent encore avec jufte raifon, que le cheval eft trop grand pour le cavalier, ou le cavalier trop petit pour le cheval : Nous concluons qu'effectivement cela nous femble tel ; que le feu Roi ayant environ cinq pieds cinq pouces, il pouvoit très-bien monter un cheval de quatre pieds dix pouces, vraie taille de cheval de guerre, mais non pas un cheval de cinq pieds ; qu'ainfi le Sculpteur auroit dû partir d'après la taille même du Monarque, pour le monter fur un cheval de guerre ou de parade d'une taille proportionnée à la fienne, ainfi que nous venons de l'obferver. L'on croit encore que fi la ftatue du Roi avoit dix pouces de hauteur de plus qu'elle n'a, & que le cheval en eût feulement fix, alors les proportions feroient beaucoup plus exactes, fur-tout pour l'efpace immenfe qui environne le monument.

Enfin l'on voudroit que le piédeftal eût un pied de moins d'élévation, ce qui feroit que le cheval & le cavalier en paroîtroient beaucoup plus fournis, étant moins dévorés par l'air.

L'on ne peut rien voir d'auffi lourd & d'auffi mal imaginé que les quatre figures qui flanquent les angles du piédeftal, fi ce n'eft les ornemens qu'on a mis au pourtour de fon fommet.

Quant aux deux bâtimens en colonnades qui décorent le côté du nord de cette Place, l'architecture en eft un peu maigre pour l'efpace qu'ils occupent : Les critiques judicieufes & multipliées qu'on a faites du tout enfemble, nous difpenfent d'entrer en de plus grands détails. Cependant en examinant dans leur vrai point d'optique les deux façades décorées qui terminent cette Place au nord, on y remarque de grandes beautés ; les ornemens des travées font bien entendus & fupérieurement traités. Si ce n'eft pas tout-à-fait ce qu'il falloit faire, on doit au moins à l'Architecte la juftice de convenir que ce qui eft fait, l'eft très-bien dans fon genre.

MAISONS ROYALES
ET PALAIS DES PRINCES.

PALAIS DU LOUVRE ET DES TUILERIES.

SI jamais on achève le *Louvre*, il eſt inconteſtable que ce Palais ſera le premier & le plus ſuperbe des édifices connus. Quelques perſonnes penſent que le troiſième ordre ſubſtitué par *Perrault* à l'attique du premier plan, alourdit ce bel & magnifique enſemble, & que la ſuppreſſion des quatre pavillons qui flanquoient les angles, & la ſubſtitution des frontons triangulaires aux quatre donjons qui avoient été faits au milieu des quatre faces, diminuent infiniment de la majeſté de ce vaſte & régulier édifice.

Le *château des Tuileries*, ouvrage de Catherine de Médicis, ne fut d'abord compoſé que du donjon du milieu, des deux galeries qui le flanquent du côté du jardin, & des deux pavillons qui le terminent de chaque côté. Les galeries qui ſont adoſſées aux deux ailes, ſont très-artiſtement noyées entre les deux pavillons qui terminoient alors le château & le donjon qui eſt au centre. Louis XIV y fit depuis ajouter deux autres ailes à pilaſtres corinthiens, d'une proportion coloſſale, & le château fut terminé à ſes deux extrémités par deux grands pavillons, dont l'élévation & la beauté ajoutent infiniment à la majeſté de ce vaſte enſemble.

On ne peut rien deſirer ni ajouter à la beauté du jardin, qui fut, comme on le ſait, exécuté ſur les deſſins du plus grand Artiſte dans ce genre, le fameux *le Nôtre*. Les terraſſes qui entourent ce jardin ſont parfaitement bien entendues; mais le fer-à-cheval qui le termine, eſt ſans contredit la plus magnifique décoration de ce genre qui ait jamais été imaginée; & les extrémités en ſont heureuſement couronnées de deux groupes de marbre de la plus belle exécution, qui annoncent avec éclat l'entrée du Monarque dans ſon palais; en général, les groupes, les vaſes, les ſtatues qui décorent le parterre & le bas des rampes du fer-à-cheval ſont autant de chef-d'œuvres. On deſireroit ſeulement qu'on pût raccorder les extrémités de ce magnifique jardin d'une maniere plus convenable à la Place qui le termine.

Les *Galeries du Louvre*, qui uniſſent le château des Tuileries à ce palais ſuperbe, font une décoration de la plus grande richeſſe au magnifique canal qui ſe trouve entre le pont-neuf & le pont-royal; mais comme cette ſuite immenſe de bâtimens eſt l'ouvrage de pluſieurs règnes, chacun des conſtructeurs a eu ſon intention particulière; ce qui fait que cette longue façade n'a rien de régulier que la partie qui commence au pavillon de Flore, & finit au ſecond guichet en remontant. On doit regretter que l'alignement n'en ait pas été pris sur le Louvre, qui fut commencé sous Henri II, & dans le même temps que les galeries furent faites.

PALAIS DU LUXEMBOURG.

Le *palais du Luxembourg*, conftruit par les ordres de Marie de Médicis, eft l'un des palais le plus régulier du Monde. Des critiques trouvent le petit dôme ouvert qui eft fur la galerie de l'entrée, mefquin, & d'un goût mauvais & même ridicule. La terraffe de la cour qui eft en avant du bâtiment, a été certainement mal imaginée & plus incommode encore; c'eft véritablement un hors-d'œuvre difficile à fupprimer. L'efcalier eft mal placé, d'une conftruction lourde, fombre & fatigante. La face du palais du côté des jardins, n'a rien abfolument à reprendre. Les deux galeries qui forment les côtés de la cour, accompagnent très-bien ce bel édifice. Nous ne dirons autre chofe de celle qu'on appelle la *Galerie de Rubens*, fi ce n'eft qu'elle contient l'hiftoire de Marie de Médicis, en vingt-quatre tableaux qui font autant de chef-d'œuvres du Prince de l'École flamande. L'apothéofe de l'immortel Henri eft une des plus grandes & des plus fuperbes fabriques qu'on ait conçues & exécutées en peinture. Le génie du Chantre de ce grand Roi s'eft peut-être allumé plus d'une fois aux traits fublimes du grand Peintre qui a compofé cet étonnant & magique tableau : il feroit bien à defirer que fon génie eût également infpiré ceux qui furent chargés de la décoration du piédeftal de la ftatue équeftre de ce Prince ; ils n'auroient certainement pas mis aux pieds du meilleur des hommes, du plus grand des Rois, des efclaves liés de cordes, fans expreffion & fans goût : Ce Prince fut trop humain pour fe croire honoré par une femblable décoration, fi ce monument eût été élevé de fon vivant. Sully debout, aux côtés de fon maître, embraffant un de fes genoux, deviendroit pour le François un fpectacle bien autrement intéreffant, que ces images de l'humanité flétrie aux pieds du Monarque qui connut le mieux le prix des hommes, & qui les aima le plus.

En examinant le monument dont nous parlons, on ne peut trop s'étonner de le trouver, pour ainfi dire, enféveli; & que l'objet de l'amour & de la vénération des François, placé au centre de la Capitale, ne foit pas autrement décoré. Nous croyons donc que M.rs les Officiers prépofés à l'exécution des projets d'embelliffement & d'utilité de cette Ville, nous fauront gré de leur propofer quelques idées qui ne fe bornent pas à la décoration, mais dont le but principal eft l'utilité publique.

Nous renvoyons à la fin de ces obfervations, un plan d'embelliffement pour cette partie, la plus intéreffante & la plus fréquentée de la Capitale.

PALAIS ROYAL.

PALAIS ROYAL.

L E *Palais royal*, bâti par le Cardinal de Richelieu, qui, en mourant, eut l'orgueil de le léguer à son Roi, étoit un édifice d'une conftruction peu élégante. Les parties qu'on y a ajoutées depuis, c'eft-à-dire les appartemens qui donnent fur le petit jardin & la galerie, font d'un genre bien différent. L'appartement actuel de M. le Duc d'Orléans, du côté de la cour des Fontaines, a de l'élégance & une certaine grandeur, mais contrafte trop avec le deffin général. Dans la reconftruction de ce Palais, on a bien fait de fupprimer cette petite façade mauffade qui le mafquoit, ainfi que cette lourde terraffe qui déroboit le coup-d'œil du jardin ; le pavillon quarré qui occupe le centre de cet édifice, écrafe le refte. Quoi qu'il en foit, peu de Palais reffemblent à celui-ci pour la diftribution intérieure, & fur-tout par rapport aux richeffes qu'il contient, fingulièrement en peintures des trois Ecoles. Celle d'Italie y domine, vu l'immenfité de chef-d'œuvres de tous genres qui s'y trouvent réunis, & que les amateurs étrangers s'empreffent d'aller admirer, affurés d'y avoir un accès facile.

PALAIS BOURBON.

L E *Palais Bourbon* s'annonce comme l'habitation d'un grand Prince ; les acceffoires en font très-bien entendus ; la diftribution intérieure en eft commode & vafte ; l'élégance, la richeffe & la majefté s'y trouvent réunies dans tous les points.

Les communs y forment, pour ainfi dire, une petite ville, qui fans offufquer le Palais, contribue infiniment à l'embelliffement de la Capitale du côté de la rivière. En confidérant ce Palais par les dehors, on le trouve un peu trop guirlandé ; mais ce genre élégant de décoration femble annoncer que *Mars*, après avoir parcouru les divers palais des Divinités, s'eft fixé à celui de *Flore*.

HÔTEL DES INVALIDES.

L'*Hôtel des Invalides* eft un monument qui mérite d'être confidéré fous tous fes rapports, comme l'un des édifices qui remplit le mieux tous les objets de fa deftination. Il fait également honneur au Monarque qui l'a conçu & à M. *de Louvois*, fon Miniftre qui l'a fait exécuter. Il femble effectivement que tout ce que l'art eft capable de produire pour rendre un monument de ce genre auffi commode que majeftueux, fe foit réuni pour celui-ci. L'architecture, la peinture & la fculpture y brillent de toutes parts, & paroiffent s'être entendues pour contribuer à former un tout harmonieux, & enfin le rendre digne de remplir en tous points fon objet.

Ce monument a été décrit tant de fois que ce seroit une superfluité d'entrer ici dans de nouveaux détails. Les connoisseurs admirent la coupe & les belles proportions du dôme, sur-tout dans son intérieur, ainsi que les étonnantes & magiques peintures qui le décorent; mais le peuple ne voit d'admirable dans cet hôtel que ses énormes marmites, ce qui prouve que tout est relatif.

Quatre mille Guerriers, cassés par l'âge, couverts de cicatrices ou mutilés pour le service de la patrie, y sont logés, nourris & entretenus pour le reste de leur vie, & y reposent après leur mort : c'est un État particulier dont les membres ont payé le tribut à César, & César en est le père.

OBSERVATIONS de l'Auteur sur ce monument.

Dès-lors que les Officiers & les Soldats ont droit, après un certain temps de service fixé par le Prince, de se retirer & d'aller se reposer pour l'éternité dans ce tombeau de la valeur; pourquoi les Officiers généraux n'auroient-ils pas la même prérogative ? Ne seroit-il pas à desirer qu'au centre de ce superbe & vaste dôme on élevât un mausolée à l'honneur des Maréchaux de France, & que ce cénotaphe fût simplement surmonté d'une statue colossale de marbre blanc, représentant la *France* éplorée s'appuyant sur une urne, & tenant d'une main une grande table ou cartel de marbre noir, sur lequel seroient seulement gravés les noms de ces Chefs illustres, avec la date de leur mort : que dans les chapelles du dôme il y eût aussi d'autres tombeaux ou simples cartels, pour y inscrire les noms des Officiers généraux selon leurs grades, quand bien même ils seroient décédés loin de la Capitale, à la guerre ou dans leurs châteaux. Ce nécrologe honorable pour les Maisons nobles leur fourniroit en quelque sorte des titres nouveaux & d'une authenticité incontestable.

L'on desireroit encore que les Maisons qui ont eu & ont l'honneur d'avoir des Maréchaux de France, fissent faire à leurs frais, en pierre de *Liais*, les statues de ces illustres ancêtres, dans le costume guerrier & de leur temps; que ces statues eussent six pieds de proportion, & qu'on les plaçât au pourtour de l'intérieur des galeries de la cour. Cette suite de Généraux deviendroit assurément pour les vieux serviteurs du Roi & de la Patrie, qui habitent cette retraite militaire, un spectacle bien satisfaisant; & quel contentement n'auroient-ils pas de pouvoir fixer sans cesse l'image de ces illustres Guerriers sous les ordres desquels ils auroient combattu !

ÉCOLE ROYALE-MILITAIRE.

Un des monumens qui peint le mieux la bonté de Louis XV, c'est sans contredit l'*École royale-militaire*, que nous avons déjà nommée le *berceau de l'honneur*; en effet, rien ne caractérise si bien le cœur de ce Monarque, dont l'Étranger comme le François, ont loué mille fois la douceur, la modération, la justice & la bonté, que cet établissement élevé par ses ordres, sous le ministère du *Comte d'Argenson*, & sous la conduite d'un excellent & zélé citoyen le *sieur Duvernay*, qui sacrifia le reste de ses jours à consolider dans toutes les parties d'administration ce nouveau monument. Qu'il nous soit permis d'ajouter ici que le *Comte de Luberfac* concourut également à la formation de cette nouvelle École, en ce qu'il fut chargé directement, par le feu Roi, de former des Officiers dans les exercices militaires, & singulièrement dans la partie de l'équitation, pour conduire d'après les principes, règlemens & discipline établis à l'École des Chevaux-légers de la garde, la nouvelle École-militaire, & que encore aujourd'hui il s'y trouve de ces mêmes Officiers, élèves du *Comte de Luberfac.* Cet établissement fut donc consacré à y recevoir la jeune Noblesse dont les pères ont consumé leur vie ou leur fortune au service de la patrie. Si les manes sacrés de cet auguste Père de la Noblesse avoient pu voir de la nuit du tombeau les témoignages touchans de sa reconnoissance, ils en eussent été certainement attendris. Vit-on jamais en effet un spectacle plus intéressant que cette pyramide vivante élevée à l'honneur de ce Monarque, au service qui fut fait pour lui dans la chapelle de l'École Royale-militaire, où tous les Élèves, en grand deuil, furent placés par étages & en gradins jusqu'au sommet de ce catafalque de l'espèce la plus neuve, & qui étoit terminé par le cénotaphe du Monarque défunt ?

Quant à l'édifice en lui-même, qui, outre l'utilité de son objet, réunit tout ce qui peut concourir à former les Officiers les plus instruits, & par conséquent les meilleurs de nos armées, il a de grandes beautés, dans les parties sur-tout qui ont été faites pour être décorées ; mais on a considérablement retranché du premier plan.

Un reproche fondé qu'on peut faire à l'Architecte, est d'avoir fait au pourtour & dans l'intérieur du champ de Mars des terrasses qui, en rétrécissant considérablement l'enceinte, ont mis dans l'impossibilité de la faire servir à l'objet pour lequel elle avoit été destinée.

ÉCOLE MILITAIRE DES CHEVAUX-LÉGERS
DE LA GARDE ORDINAIRE DU ROI.

PERSONNE ne doute des avantages qui résultent pour le service, de l'instruction des Officiers dans les diverses parties de l'art militaire. On sait que depuis long-tems on a établi des Cours de Mathématiques pour les Élèves de la Marine royale, pour le Génie, l'Artillerie, les Ingénieurs-géographes, ceux des ponts & chaussées ; & que de ces diverses Écoles il est sorti une infinité de sujets de la plus grande distinction. L'École des Pages du Roi & de la Maison royale, a été de même une pépinière d'excellens Officiers ; mais avant l'établissement de celle des *Chevaux-légers de la garde*, aucune n'avoit réuni cet ensemble de connoissances & d'exercices qui rendent l'Officier parfaitement instruit.

Feu M. le *Duc de Chaulnes*, Commandant ce Corps de Noblesse, toujours fixé sous les yeux du Roi à Versailles, porta les plus grands soins à ce que les furnuméraires s'exerçaſſent dans les diverſes manœuvres du reſſort de l'Homme de guerre. M. *de Bongars*, Maréchal-des-logis de la Compagnie, montra du zèle, préſenta même quelques règlemens de diſcipline qu'on fit obſerver aux furnuméraires. Cet Officier ayant preſqu'auſſi-tòt paſſé à l'École Royale-militaire, pour y occuper la place de Chef des exercices ; & M. le *Duc de Chaulnes* connoiſſant les talens du *Comte de Luberſac*, voulut ſe l'aſſocier pour exécuter ſon entrepriſe, à peine encore à ſon berceau. Il le propoſa au Roi pour une Cornette dans ſon Corps, & l'ayant obtenue, il lui confia abſolument le ſoin de toute la conduite de ce nouvel établiſſement.

Le zèle, l'activité du *Comte de Luberſac*, ſecondés de l'expérience la plus conſommée, ſingulièrement dans les diverſes parties qui conſtituent l'homme de cheval, en un mot, le deſir d'être utile à ſon Corps & à toute la Nobleſſe, portèrent cet Officier à ouvrir une carrière abſolument inconnue juſqu'à lui. Se trouvant, pour ainſi dire, placé dans ſon propre élément, il commença par jeter des fondemens ſolides ; & à peine ſon édifice fut-il élevé, que preſqu'auſſi-tòt on le vit habité par cent vingt Élèves, l'élite de la Nobleſſe du royaume. Ce nouvel établiſſement, qui atteignit rapidement à la perfection, réuniſſoit abſolument tout ce qui peut concourir à compléter l'inſtruction d'un Gentilhomme qui ſe deſtine à la profeſſion des armes ; tous les exercices qui en développant, en fortifiant le corps, peuvent contribuer à rendre l'homme ſouple, adroit & vigoureux, tels que le maniement des armes, l'eſcrime, le nager, l'équitation, le voltiger, la danſe, y étoient enſeignés de la manière la plus claire & par des méthodes rigoureuſement démontrées.

Tout ce qui peut orner & enrichir le cœur & l'eſprit de connoiſſances propres pour ſoi-même, pour le monde & pour le ſervice, y étoit également pratiqué, principes de Religion, Mathématiques, Fortifications, Deſſin, Écriture, Géographie, Hiſtoire, Langue allemande, cours de Belles-lettres, conférences ſur le Droit public, les intérêts des Princes, les Ordonnances militaires, formoient les divers objets dont on occupoit ſans ceſſe & avec le plus grand ordre les jeunes Élèves ; & juſqu'aux heures étoient tellement bien diſtribuées, qu'ils trouvoient encore du temps pour ſe livrer à des récréations honnêtes, ou même à l'étude des connoiſſances pour leſquelles ils ſe trouvoient un attrait plus particulier.

La réputation de cette École s'étendit tellement dans toute la France, que bientôt on y vit arriver tout ce que la Cour & le royaume avoient de plus illuſtre jeuneſſe, & l'on peut même aſſurer que toute l'Europe connut cet établiſſement, puiſque de jeunes Seigneurs Italiens, Ruſſes, Hollandois même y furent reçus avec l'agrément du Roi : diſons encore que cette École a fourni d'excellens Écuyers au feu Roi, à feu M. le Dauphin ; des Officiers de la plus grande capacité, ſingulièrement pour la partie de l'équitation, aux Gardes-du-corps, aux Carabiniers, aux divers corps de Cavalerie, Dragons & même Infanterie ; qu'elle fut le modèle de l'École Royale-militaire, dont les places les plus importantes ont été depuis données à des Élèves des Chevaux-légers.

On

On peut affurer encore qu'elle a donné naiffance aux Écoles d'équitation, qui fe font établies dans les corps de Cavalerie, dont les Colonels ont préféré les Élèves de l'établiffement des Chevaux-légers, pour leur donner la direction de celles qu'ils établirent dans leurs Régimens, ainfi qu'aux Écoles vétérinaires ; celles enfin qui fe font formées chez les Étrangers, l'ont également été d'après l'exemple qu'en avoit donné le feu *Comte de Luberfac.*

L'éducation qu'on donnoit aux jeunes Militaires dans cette École, n'étoit pas feulement de fimple théorie ; mais on leur faifoit encore faire l'application des connoiffances mathématiques fur le terrein, en conftruifant des fortifications, en retranchant des camps, en levant des plans, en faifant des courfes de têtes & de bague dans une vafte carrière, de fréquentes promenades au dehors, & des évolutions fur toutes fortes de terreins, fur des montagnes, en plaine, dans des bois ; & par-tout on tiroit parti, pour leur inftruction, de la variété des terreins, pour leur apprendre comment on pourroit y attaquer ou s'y défendre, dans toutes les fuppofitions de forces ou d'infériorité.

Un vafte cabinet de plans deffinés & en relief, un parc d'artillerie très-complet : des leçons fur l'armement du Cavalier, l'équipement du cheval, la ferrure, l'entretien, l'embouchure, la connoiffance des chevaux, l'anatomie de cet animal, fur la partie curative de fes maladies, rempliffoient toute l'étendue du plan qu'on peut former pour faire un Officier accompli.

L'Inftituteur de ce noble & brillant établiffement, que le feu Roi, feu M. le Dauphin père du Roi actuel, le feu roi de Pologne Staniflas, feu M. le Duc de Bourgogne, fes auguftes frères, les Princes du Sang, enfin toute la Cour, honorèrent fucceffivement de leur préfence, ne crut pas qu'un Officier qui veut remplir les devoirs de fa charge, & mériter les diftinctions dont on honore le Militaire, dût négliger le moindre de ces objets : & ce qui ne s'étoit point fait jufqu'à lui, il les réunit tous pour en faire le cours d'inftruction militaire le plus complet qui jamais ait exifté nulle part.

Après des expériences les plus multipliées fur tous les objets de l'éducation militaire, fuivies des plus heureux effets ; après les travaux les plus pénibles, dont les Militaires furent témoins, ce noble & généreux citoyen mourut dans le grade de Maréchal des Camps & Armées du Roi, regretté de toute la Nobleffe, & fingulièrement de fon augufte Prince, le meilleur des Maîtres, qui dans mille occafions, voulut bien publier hautement tout le cas qu'il faifoit de la probité & du zèle ardent que ce fidèle fujet n'avoit ceffé de montrer pendant trente-huit années de fervices les plus conftans auprès de fa perfonne ou dans fes Armées.

M. le *Duc de Chaulnes*, jaloux de perpétuer dans fon Corps cet établiffe-ment fi utile au noble Militaire qui y fervoit, jeta enfuite les yeux fur d'autres Officiers formés dans cette même École, pour remplacer le *Comte de Luberfac* qui s'en étoit retiré : & aujourd'hui encore, les mêmes règlemens de difcipline y font toujours fuivis & pratiqués avec fuccès, par M.ᵈˢ *de Mongardet* & *de Sauvi-gney*, Majors de la Troupe, fous le commandement de M. *le Duc d'Aiguillon.*

d

MAISON ROYALE DE SAINT-CYR.

S'IL étoit possible qu'un Souverain pût voir tout ce qu'il importe de faire pour le bien de ses Etats & la gloire de son règne, nul Prince ne fut doué de cette utile sagacité au même degré que Louis XIV; il suffisoit de lui montrer le bien pour exciter en son ame le desir le plus vif de le procurer. L'établissement de Saint-Cyr, entre mille autres exemples, en est une des meilleures preuves.

Personne n'ignore par quels degrés Françoise d'Aubigné, Marquise de Maintenon, parvint à cette haute faveur qu'elle conserva jusqu'à la mort de Louis XIV, & qui lui survécut en quelque sorte; puisqu'elle jouit encore près de quatre ans après dans sa retraite de Saint-Cyr de la plus grande considération.

Du moment où elle fut sûre de posséder, sans concurrence, la confiance & la faveur de son Roi, elle voulut que le public applaudît à son élévation en formant quelque établissement utile qui lui conciliât la faveur de la Noblesse & les suffrages de la nation, en rassemblant à Noisi plusieurs filles de qualité pour leur donner une éducation convenable à leur naissance & à l'état qu'elles pourroient tenir un jour dans le monde.

Louis XIV applaudit à des intentions si louables; & pour coopérer à cette bonne œuvre, il unit dès 1686 à cet établissement naissant les revenus de la manse abbatiale de S. Denys; mais cette réunion ne fut consommée par le Pape qu'en 1690: & pour que ce monument fût durable, le Roi fit bâtir au bout du grand parc de Versailles, une maison vaste & commode pour y recevoir & élever trois cens Demoiselles de familles nobles.

Madame de Maintenon prit la qualité de Supérieure perpétuelle de cette maison, avec tous les droits attachés au titre de fondatrice. Ce fut elle, qui, de concert avec l'Evêque de Chartres *Godet Desmarets*, fit les règlemens de cette maison, pour laquelle elle eut constamment la tendresse d'une mère, où elle alloit souvent se délasser du poids des grandeurs. Louis XIV ne dédaigna pas d'examiner lui-même ce règlement, d'y suppléer à quelques omissions, & d'y faire quelques retranchemens.

L'éducation qu'on donne dans cette maison, est-elle la plus propre à former des filles de noble extraction aux qualités qu'exigent le gouvernement d'une maison & le soin d'une famille? c'est sur quoi nous ne prononcerons point. Mais des filles de qualité, après avoir passé dix à douze ans dans une Communauté dans des exercices de dévotion, à des ouvrages d'aiguille, paroissent moins propres aux détails domestiques que celles qui s'en font continuellement occupées sous les yeux de parens honnêtes: les premières peuvent mieux parler sans doute; mais les autres sauront agir: ce qui est plus essentiel. Les établissemens des Chapitres nobles nous paroissent d'une toute autre utilité; c'est un asyle honorable & décent pour des filles nobles dont la fortune ne répond pas à la naissance, & qui ne les séparant pas de la société, leur laissent la liberté de se pourvoir convenablement si l'occasion s'en présente.

ÉGLISES.

MÉTROPOLE.

Nous ne dirons rien de l'*Églife Métropolitaine* de Paris, finon que cet Édifice immenfe & augufte réunit également les beautés & les défauts du genre d'architecture propre aux fiècles où il fut conftruit. Toutes les bafiliques élevées dans le temps où le genre gothique régnoit, participent plus ou moins aux beautés ou aux défauts de ce goût fingulier, ainfi que nous l'avons déjà obfervé affez au long dans le Difcours précédent.

Les Tours de cette bafilique font très-régulières & annoncent de la majefté, fur-tout dans les dehors de la ville.

La décoration du chœur de ce Temple eft moderne & caractérife en tous points le beau fiècle de *Louis-le-Grand*, qui fut par excellence celui des arts. Peinture, Sculpture & même Architecture s'y montrent tour-à-tour avec éclat, & tous les Artiftes célèbres femblent s'être réunis volontairement pour contribuer à ne former qu'un tout parfait & digne de l'édifice qui le contient. Les divers fujets de peinture y font tous analogues à l'hiftoire de la Vierge patrone de l'églife, & de la main des premiers maîtres du temps.

Les médaillons en fculpture qui couvrent & décorent la boiferie du pourtour du chœur, font des morceaux finis, bien deffinés, & rendent toute cette partie des plus riches.

L'Autel & tous les acceffoires qui l'accompagnent, font de la plus grande magnificence & de la plus belle diftribution ; tous les métaux & les divers marbres y font employés à propos, fans profufion & avec harmonie.

Les deux Autels adoffés aux deux premiers piliers du chœur, font également regardés comme des modèles de perfection dans ce genre : richeffe & correction de deffin en architecture & fculpture s'y trouvent raffemblés ; la ftatue en marbre de la Vierge, de *Vaffé* le père, mérite fur-tout d'être remarquée.

Le Palais archiépifcopal nouvellement réparé & décoré par le vertueux Prélat, chef actuel de cette Églife métropolitaine, eft confidéré comme l'un des édifices de Paris qui remplit le mieux fon objet, ayant la majeftueufe fimplicité qui convient à un palais fait pour recevoir dignement la Famille Royale, lorfque des cérémonies faintes & publiques l'appellent dans cette Métropole.

VAL-DE-GRÂCE.

Le *Val-de-Grâce*, monument d'*Anne d'Autriche*, fut conçu par *Manfard*, & gâté par celui qu'on chargea de la conftruction, qui en furbaiffa trop les voûtes. Le dôme a beaucoup de majefté, & jamais la perfpective ni l'entente des lumières ne furent mieux connues que par l'Artifte qui peignit l'intérieur de la coupole.

Les connoiffeurs en admirent fur-tout le maître Autel, ainfi que la naiffance du Sauveur, avec les figures de Marie & de Jofeph témoins de ce grand myftère, qui en forment la plus belle décoration.

CHAPELLE DE SORBONNE.

L a *Chapelle de Sorbonne* eft élégamment coupée ; fon portail du côté de la place, fe trouve du même genre de tous les portails modernes, dont tous les architectes n'ont fu faire que des pyramides de deux ou trois ordres, perchés les uns fur les autres. Tels font ceux du Val-de-Grâce, de Saint-Gervais, de l'ancienne Maifon profeffe des Jéfuites, de l'Oratoire-Saint-Honoré, de Saint-Roch, des Jacobins de la rue Saint-Dominique, des religieux de la Merci au marais, & tant d'autres. Mais le portail du côté de la cour de la maifon de Sorbonne, eft du meilleur ftyle, quoique d'un fimple ordre, & a infiniment d'analogie au fuperbe portique de la maifon quarrée de Nîmes.

Le Dôme eft d'une belle proportion, & même élégant par fa coupe. Le tombeau du célèbre Fondateur ou reftaurateur de cette École antique, eft placé au milieu du chœur, où il eft confidéré univerfellement comme un des premiers chef-d'œuvres qu'il y ait au monde en fait de maufolées.

Les bâtimens de la Maifon n'ont par eux-mêmes rien d'extraordinaire ; mais l'enfemble produit un très-grand effet.

Perfonne n'ignore que la Bibliothèque de cette Société de Docteurs en Théologie, réunis dans le premier Collége de la Capitale, eft une des plus précieufes collections que l'on connoiffe.

DÔME DE L'ASSOMPTION.

L e *Dôme de l'Affomption* eft une maffe lourde, écrafée & du plus mauvais effet.

COLLÉGE MAZARIN.

L e *Collége Mazarin* peut être confidéré comme l'un des édifices le mieux entendu qu'il y ait à Paris ; il décore très-bien le quai fur lequel il a été conftruit, & forme une très-belle perfpective pour le *Vieux Louvre*. Il feroit feulement à defirer qu'on fupprimât les deux pavillons qui terminent l'hémicycle au centre duquel fe trouve la chapelle de ce Collége, fondé en grande partie des bienfaits du *Cardinal Mazarin*, pour y donner l'éducation gratuite à quarante jeunes Gentilshommes, & auquel fut réunie une très-belle abbaye. L'on obfervera encore que les deux pavillons dont nous venons de parler, font trop maffifs, rendent le quai trop étroit dans cette partie, & trop embarraffé.

Une des fingularités de ce Dôme eft fa coupe qui femble & eft effectivement ronde au dehors, & fe trouve cependant ovale en dedans.

Le tombeau du *Cardinal Mazarin*, qui eft placé au côté droit de l'autel, eft un monument digne de la curiofité des amateurs en ce genre, quoiqu'il foit

cependant

cependant de beaucoup inférieur à celui du cardinal de Richelieu, dont nous avons parlé à l'article *Sorbonne.*

SAINT-SULPICE.

CET Édifice, l'un des plus considérables par sa masse, de ceux de son genre qui soient dans la capitale, fut commencé sous le règne de Louis-le-Grand; mais à proprement parler, ce Monument n'a été élevé & n'a été terminé que sous le règne du feu Roi, qui accorda toujours de grands priviléges & des secours particuliers à cette grande Paroisse pour accélérer la construction de son Église.

Ce vaste Édifice a de très-grands défauts; mais son ensemble forme un tout majestueux & même imposant, lorsqu'on y entre par son principal portail. Le fameux *Servandoni* à qui l'on confia la conduite de cette entreprise, commencée bien avant lui, fut malheureusement forcé de suivre l'ancien plan du corps de l'Église, dont même le chœur étoit élevé, & ne put se permettre, d'après ses propres plans, que la seule construction du portail & des tours qui l'appuyent.

Le premier ordre de ce portail fait le plus grand honneur à cet Artiste, en ce qu'il eut l'adresse de dérober à l'œil la moitié des forces portant l'énorme entablement de son second ordre, par l'accouplement qu'il fit en dedans de ses colonnes, en sorte que le spectateur fixé à une certaine distance, est nécessairement étonné, au premier coup d'œil, de voir une seule rangée de colonnes, dont le fust est prodigieux, & placées à une grande distance les unes des autres, porter un poids aussi énorme; & dont l'effet seroit encore bien plus frappant, si une place de trente à quarante toises de profondeur se trouvoit en avant de cet Édifice. Il faut pourtant espérer qu'on se déterminera un jour à supprimer les bâtimens du Séminaire, qui offusquent absolument cette belle perspective.

La tribune qui a été pratiquée, après coup, dans l'intérieur de l'Église pour y placer le buffet d'orgue, est véritablement une décoration postiche & qui n'appartient point au reste de l'Édifice, avec lequel elle n'a aucun rapport.

L'autel a de la grandeur, de la richesse, & semble avoir été construit pour étaler toute la pompe des cérémonies du service divin; le baldaquin en l'air qui le couvre, est une décoration très-mal imaginée.

La chapelle de la Vierge est magnifiquement décorée & d'un beau genre; les tableaux en sont de *Carlo Vanloo;* l'on y fait actuellement des embellissemens qui ajouteront encore à sa richesse, sans rien diminuer de sa décoration première qui est d'une noble simplicité.

Mais un monument qui mérite toute l'attention des amateurs des arts, est le tombeau de feu M. *Languet de Gergy,* très-digne prédécesseur du Curé actuel, à qui la Capitale doit cette grande & belle Basilique. L'on ne peut donner trop d'éloges au grand artiste, *Michel-Ange Slotz,* qui a composé & exécuté ce superbe mausolée. Sur un socle d'environ cinq pieds de haut, au-devant duquel se trouve une table de marbre blanc portant l'épitaphe de l'homme rare dont on a voulu consacrer les vertus & les œuvres à la postérité, sont deux génies de marbre blanc : l'un tient le cartel des armes de la Maison de *Gergy* ; l'autre repose sur une corne d'abondance, de laquelle sortent toutes sortes de fruits ; sur ce socle est placé un cénotaphe de marbre vert campan, au-devant duquel on voit la statue en ronde bosse & marbre blanc de feu M. *Languet de Gergy* à genoux & revêtu des ornemens de sa place, en surplis & en étole ; ses yeux & ses mains sont élevés vers le Ciel, dont il semble implorer l'assistance, pour le Troupeau auquel la mort l'arrache.

La mort sous la figure d'un squelette, semble vouloir dérober le vertueux Pasteur à la vénération publique, en l'enveloppant d'un voile noir & épais ; mais un génie plus puissant, debout devant la statue du défunt, la couronne sur la tête, soulève d'une main hardie ce voile odieux, montre le Pasteur que dévoroit son zèle pour la maison du Seigneur, & tient dans l'autre main un cercle, symbole de l'immortalité, deux branches de laurier, emblême des couronnes que mérite le Héros de ce monument, & le plan développé de l'église de saint Sulpice, qu'on doit toute entière à ce grand homme. C'est à ce digne fondateur qu'on est encore redevable de l'établissement de la maison de l'*Enfant Jesus* pour l'éducation gratuite d'un certain nombre de filles pauvres & d'extraction noble ; établissement qui répond parfaitement au but de l'institution, ainsi qu'une infinité d'autres fondations non moins utiles.

C'est à de tels hommes qui honorent le plus leur espèce, que l'on doit particulièrement les hommages qui immortalisent les êtres bienfaisans ; & les monumens d'amour & de reconnoissance qu'on leur consacre, font passer avec le héros, les auteurs de ces belles compositions à l'immortalité.

S A I N T   R O C H.

L'Église paroissiale de *S. Roch*, construite sur le plan de *Lemercier*, premier Architecte du Roi, fut commencée en 1653 ; Louis-le-Grand en posa la première pierre le 28 Mars de cette même année : son portail élevé sur un socle de seize marches, construit sur les plans de *Decotte*, fut achevé en 1738 ; la chapelle de la Vierge dont le dôme mérite par sa construction une attention particulière des gens de l'art, fut construite en 1709, & celle de la Communion en 1717 ; on a depuis ajouté en 1754 une autre chapelle ; qu'on a apellée *du Calvaire*, qui rend cette église de longueur égale à la Métropole (390 pieds).

Cet édifice d'architecture moderne, mais trop lourde, a encore le défaut d'avoir ses voutes un peu trop surbaissées relativement à sa longeur, & le tout est généralement trop étroit ; d'ailleurs il est richement décoré de sculptures, ce qui lui donne un coup-d'œil très-agréable.

M. *Marduel* Docteur de Sorbonne, Curé actuel, conçut en 1752 le projet de réunir sous un même point de vue les principaux Mystères de la religion, l'*Incarnation & la Mort du Sauveur*, & d'en faire un monument dont l'ensemble fît la décoration la plus intéressante de son église : cette idée bien digne de la piété & du goût pour les arts du Pasteur qui la conçut, a été rendue d'une façon sublime par *Falconet*, habile sculpteur.

Le morceau le plus confidérable de cette magnifique décoration, & fans contredit le plus intéreffant de la Capitale pour les vrais connoiffeurs, eft la chapelle de la Vierge.

Marie à genoux, modeftement inclinée, exprime fur fon vifage, par le mouvement de fes bras & par toute fon attitude, le refpect profond & la foi vive dont elle eft pénétrée au moment où elle va donner fon confentement au fublime Myftère qui s'opère en elle. L'action hardie & aifée de la figure fvelte & légère du Meffager célefte qui montre à *Marie* la gloire d'où il defcend, fait oublier tout-à-fait le poids de la matière dont il eft compofé ; aux deux côtés de ce beau groupe font placés le *Prophète Roi* & *Ifaïe*, qui ont le plus particulièrement annoncé l'*Incarnation du Verbe*, tous deux deffinés & drapés du plus grand ftile. La gloire feule paroîtra toujours aux vrais Artiftes & aux gens de goût un ornement déplacé, en ce qu'il occupe un trop grand efpace ; quelques nuages légèrement groupés & vaporeux, d'où fuffent feulement fortis un ou deux rayons brillans, euffent produit un tout autre effet.

La décoration de ce dôme eft terminée par un magnifique plafond de M. *Pierre*, aujourd'hui premier Peintre du Roi, repréfentant l'Affomption de la Vierge ; cette production brillante étale avec toute la pompe imaginable ce que la Religion a de plus fublime & de plus intéreffant. C'eft le tableau le plus confidérable qui exifte dans la Capitale, & peut-être Rome même n'en offre pas d'auffi conféquent ; l'on ofe encore affurer qu'il réunit tout ce que la magie du pinceau peut avoir de plus féduifant.

Le même Artifte a peint au plafond de la chapelle de la Communion le triomphe de la religion : on voit dans ce fecond ouvrage la même intelligence de la perfpective, la diftribution la mieux entendue des groupes, le même tranfparent du coloris, & par-tout la plus heureufe facilité dans la compofition jointe à toute la nobleffe & la richeffe de l'imagination.

La chapelle *du Calvaire* termine le chevet de l'églife : les objets qui la décorent, *Jéfus-Chrift* crucifié, *la Magdeleine* éplorée, des foldats prépofés à la garde du fépulcre & fixés fur un plan plus avancé, le ferpent, par qui le mal entra dans le monde, fuyant le Vainqueur de la mort & du péché ; femblent emprunter un nouveau pathétique de la lumière fupérieure & artiftement ménagée qui les éclaire ; le tombeau du *Chrift* d'un marbre bleu turquin, n'a d'autre ornement que des urnes d'où fort la fumée des parfums, qui lie ce tombeau aux deux côtés des rochers. Un refte de colonne brifée fur laquelle font groupés divers inftrumens de la paffion du Sauveur, forme le tabernacle. La difpofition de ce pathétique enfemble, eft peut-être ce qui montre le mieux le génie de l'Artifte qui l'a compofé & qui n'en a trouvé le modèle qu'en lui-même.

Dans la croifée, aux deux petits autels qui font aux côtés de la grille du chœur, font d'une part, l'image du Sauveur agonifant au jardin des Olives, figure de *Falconet*, du plus grand ftyle, de la plus belle expreffion, & qui porte la trifteffe & la douleur dans l'ame du fpectateur qui la fixe ; de l'autre, celle de *Saint Roch*, de *Couftou* l'aîné.

Depuis quelques années on a pratiqué aux deux côtés de la croisée deux grands autels, dont le rétable en vouffure & décoré de mofaïques, encadre deux grands tableaux qui méritent à leurs auteurs les plus grands éloges: celui à droite, de M. *Doyen*, repréfentant le miracle de *Sainte Genevieve des Ardens*, eft du plus grand effet; jamais on ne mit enfemble plus d'actions & d'expreffions différentes avec plus de vérité, de chaleur & de force.; fi l'on porte fes regards au centre de ce tableau, l'on partage auffi-tôt la douleur de cette tendre mère, qui n'a d'autre efpoir qu'en *Genevieve* pour lui rendre un enfant cruellement tourmenté de la fièvre ardente; & jufqu'aux cris perçans de cet enfant femblent fe faire entendre. Quel fpectacle n'offre pas encore ce Gaulois, qui de fa propre main s'arrache le côté du cœur! la violence du feu qui dévore fes entrailles, lui caufe des crifpations fi terribles, que toute fa belle & vigoureufe charpente fe difloque, & jufqu'aux extrémités de fes membres fortent de leur état naturel.

L'autre tableau en tout oppofé à celui-ci, de M. *Vien*, repréfente l'Apôtre de la France, prêchant la religion chrétienne au peuple; cette prédication eft d'un beau tranquille, la peinture d'une fuavité étonnante & de la plus belle couleur; l'ordonnance générale en eft fimple, telle qu'elle doit être; le lieu de la fcène noblement décoré d'une belle architecture, l'entente des lumières produifant le meilleur effet fingulièrement fur la perfonne de l'Apôtre; que d'intérêt enfin dans ces jeunes & belles Gauloifes, dont les formes font fi régulières, & dont les traits nous peignent en quelque forte la fimplicité des premiers âges de la chrétienté.

La chaire, ouvrage de M. *Challe*, eft la preuve la plus forte des grands talens de fon auteur, qui a fu fe frayer une route nouvelle, & fortir de la petite fphère où s'étoient renfermés jufqu'à lui tous les décorateurs de ce genre.

C'eft au zèle foutenu & à la pieufe induftrie du digne Pafteur de cette églife qu'on doit les embelliffemens qui la décorent: le chœur, le maître-autel, l'orgue, les charniers, la communauté des Prêtres, édifice immenfe & commode, enfin tous les objets de décoration que nous venons de détailler. Tels font les ouvrages qui caractérifent fingulièrement le génie de ce citoyen eftimable, dont nous louerions également les vertus de l'ame, s'il n'exiftoit plus parmi nous.

SAINTE GENEVIEVE.

To u t ce qu'on voit de la nouvelle églife de *Sainte Genevieve*, annonce le plus fuperbe monument de ce genre qu'on ait en France, & l'un des plus beaux du monde: on a fait des critiques anticipées de cet édifice; on a prétendu prouver que le génie qui l'a conçu, n'exécuteroit jamais le dôme qu'il a projeté. L'auteur de cette critique fonde fon jugement fur les proportions établies; mais le génie qui crée lui-même des règles, a des reffources que le calculateur ne foupçonne peut-être pas; & ce qui prouve que M. *Soufflot* les connoît, c'eft que les travaux de cet édifice font fuivis, & que bientôt l'on verra dominer fur la plus étonnante ville de l'Univers, le plus majeftueux des Temples, où l'harmonie de toutes les parties fe fait fentir également aux connoiffeurs

& à

& à ceux qui ne le font point; tout y eft richement décoré & terminé avec un goût inexprimable; c'eft véritablement ce qu'on peut caractérifer de grand, de large, de fublime, qui fera certainement époque dans l'empire des arts, comme il honorera dans l'hiftoire, le règne de Louis XV qui en fut le fondateur.

Tout homme de goût & qui a des connoiffances, fait actuellement des vœux pour qu'on ne dépare point dans la fuite cette nouvelle & magnifique bafilique par de grands & froids tableaux votifs, où le génie de l'Artifte eft obligé de fe mettre à la torture pour difpofer un peu convenablement quelques figures en robes rouges & perruques énormes. Les frais qu'on fait pour de pareils *ex voto*, feroient bien mieux employés à des objets d'utilité publique, fur lefquels on graveroit le bienfait célefte & la reconnoiffance. Ce temple augufte qui porte en foi fa décoration, n'a que faire d'embelliffemens de ce genre qui en déroberoient abfolument le bel effet, & qui y feroient plus que fuperflus.

PORTES DE VILLE.

On ne voit que quatre *Portes* à Paris, qui même font improprement qualifiées telles, en ce qu'aucune d'elles ne donne entrée dans la Capitale, & que d'ailleurs elles n'ont point été conftruites à cet effet : ce font plutôt des monumens confacrés à exprimer quelques évènemens remarquables des règnes de Henri IV & de Louis-le-Grand : telles font les portes de *Saint-Antoine* & celle de *Saint-Bernard*, qui fut élevée comme on la voit aujourd'hui pour perpétuer le fouvenir de l'attention du Monarque à approvifionner la Capitale, dans un tems de difette.

La porte *Saint-Denys* eft un monument qui caractérife avec grandeur, par des infcriptions & des bas-reliefs les triomphes de ce même Prince en Flandre & dans le comté de Bourgogne; l'on en trouveroit difficilement un fecond d'une plus belle fabrique & d'une auffi riche exécution.

Les portes *Saint-Martin* & *Saint-Antoine* ont affurément des beautés; mais elles feroient beaucoup plus confidérées, fi celle de *Saint-Denys* ne l'emportoit pas infiniment fur elles.

L'Architecte, dans la conftruction de celle de *Saint-Bernard*, fut abfolument gêné, & à proprement parler ne put faire qu'un rhabillage.

FONTAINES PUBLIQUES.

Les Officiers municipaux de la ville de Paris fe font fort occupés dans tous les temps de cet objet d'utilité publique; on peut dire cependant qu'il y a beaucoup à faire encore dans cette partie fi effentielle pour les befoins journaliers du citoyen, indépendamment de ce qu'elle peut intéreffer la décoration de la ville.

Si l'on excepte trois monumens de ce genre qui ont des beautés réelles, le refte des *fontaines* de Paris mérite à peine qu'on en parle.

Ces trois fontaines font *le château - d'eau* du Palais Royal, d'une très - belle conftruction, & qu'on va probablement rétablir fur les mêmes deffins; la

f

fontaine des *Saints-Innocens*, célèbre par les admirables reliefs de *Jean Goujeon* qui la décorent ; & la fontaine de la rue *de Grenelle*, ouvrage du grand *Bouchardon*, digne d'une autre place que celle qu'il occupe ; cette dernière sur-tout est très-estimée dans toutes ses parties : architecture, reliefs, statues ; tout y est dans le plus beau style & d'une pureté de dessin peu commune, mais on ne peut s'empêcher de répéter que ce beau monument n'est point du tout où il devroit être, à moins qu'on ne forme une place en avant pour la mettre dans son vrai point de perspective.

T H É Â T R E S.

U n avantage qu'aucun temps, qu'aucun peuple n'eut & n'aura jamais sur la Nation françoise, ce sont nos spectacles : ce qu'il y a d'étonnant, c'est que dans tous les genres, le dramatique est arrivé chez nous rapidement à la perfection : il eût seulement été à desirer que la construction de nos *théâtres* eût répondu à la sublimité des génies qui les ont enrichis.

Les chef-d'œuvres de Corneille, de Racine, de Molière & de Lulli ont commencé à être joués dans des *tripots* ; l'hôtel des Comédiens François a été jusqu'à présent de la construction la plus resserrée, & dans un emplacement très-incommode ; celui des Comédiens Italiens est encore plus mal placé & aussi mal construit : il a fallu un incendie terrible pour faire reconstruire celui de l'*Opéra* ; ce spectacle qui réunit à toute la pompe des décorations & le jeu des machines, la plus brillante harmonie, la majesté & l'intérêt du cothurne, la gaieté décente de la comédie, la simplicité naïve du genre pastoral, & les agrémens divers des danses qui les caractérisent, est proprement le spectacle de la Nation.

Il est bien étonnant que dans ce pays, où l'on a jusqu'à présent si peu ménagé dans une infinité d'occasions, l'esprit d'épargne & souvent même des considérations particulières aient tant influé dans la construction de nos théâtres qui sont des monumens publics, & qui en devroient être du goût de la Nation : en effet les productions immortelles du génie se trouvent, pour ainsi dire, comprimées dans des espaces étroits & incommodes pour le spectateur qui achette deux heures de plaisir au risque de sa vie, & y respire toujours un air mal sain, en ce qu'il n'y est jamais renouvelé.

Il faut cependant rendre justice à l'Architecte qui a bâti la nouvelle salle de l'*Opéra* ; circonscrit dans une certaine étendue de terrein, il a su en tirer le plus grand parti ; & cette Salle auparavant si sombre, si mal distribuée, encore plus mal située pour la facilité des débouchés, sur-tout pour les voitures, l'est du moins aujourd'hui de façon qu'on peut y aborder & en sortir sans courir d'aussi grands risques que ci-devant ; tout y est aussi-bien entendu, aussi-bien disposé qu'il est possible pour l'espace donné.

Il y a lieu d'espérer que le Théâtre françois, quelque part qu'il soit situé, sera reconstruit de manière que le public ait les mêmes facilités & de plus grandes encore, s'il eſt poſſible, & qu'on donnera à notre théâtre le plus riche, le plus varié & le plus décent de l'Univers, tout ce qui pourra contribuer à en augmenter la majeſté.

L'on ne ſauroit trop donner d'éloges aux Architectes du temps préſent, qui ont porté dans cette partie leur art au plus haut point de perfection : juſqu'à ce jour l'on avoit ignoré, au moins en France, la véritable coupe de l'intérieur d'une ſalle, pour rendre la perſpective de la ſcène favorable de tous les points poſſibles donnés. M. *Moreau*, architecte de la ville de Paris, a le premier réuſſi dans la ſalle qu'il a conſtruite pour notre Opéra, ainſi que nous venons de l'obſerver : M. *Liegeon* a auſſi, dit-on, exécuté en petit un projet pour la Comédie françoiſe, qui a mérité les applaudiſſemens de ceux qui l'ont vu ; mais nous pouvons aſſurer que nous avons examiné dans le plus grand détail & avec le plus grand plaiſir un nouveau projet de ſalle de M. *Lenoir*, exécuté auſſi en petit modèle de huit à neuf pieds de long, ſur cinq à ſix de large, avec toute la diſtribution intérieure de divers logemens & dépendances que comporte néceſſairement une ſalle de ſpectacle ; ce projet nous a paru conſtruit de manière à exiger un local iſolé ; le pourtour de ce corps de bâtimens eſt décoré de belles galeries couvertes, formant un périſtile tournant qui facilitera infiniment aux voitures & aux gens de pied l'entrée & la ſortie du ſpectacle, même à couvert pour les uns & les autres.

Ce projet doit être préſenté au premier jour à Sa Majeſté, & l'on ne doute pas que s'il en eſt agréé, on ne l'exécute pour les Comédiens *Italiens*, dans un quartier plus libre & beaucoup moins reſſerré que celui où ils ſont actuellement, qui ne ſauroit être plus incommode.

COLLÉGE ROYAL DE CHIRURGIE.

Personne n'ignore que le Corps des Chirurgiens de Paris qui réunit aujourd'hui à la bonne Phyſique, les lumières les plus vaſtes & les plus ſûres ſur l'économie animale, doit ſon illuſtration au célèbre *M. de la Peyronnie*, premier Chirurgien du feu Roi : c'eſt à cette époque glorieuſe pour ce grand homme, que cet art ſi intéreſſant pour l'humanité s'eſt élevé rapidement au plus haut point où il ſemble pouvoir jamais parvenir ; & le vif éclat dont il a brillé à Paris, a porté la lumière dans toutes les provinces du Royaume, par le ſoin qu'a eu *M. de la Peyronnie* de fonder une École, où des Profeſſeurs démonſtrateurs en tous genres, font des Cours publics aux jeunes gens qui ſe deſtinent à cette importante profeſſion, & qui par la ſuite doivent perpétuer & étendre l'art.

Les moyens que put fournir dans le temps cet homme généreux pour former un pareil établiſſement & les circonſtances, ne permirent pas alors de ſe choiſir un local qui répondît à l'importance des objets qui s'y traitent ; mais la rapidité des progrès qui ont été la ſuite des grandes vues du fondateur, a montré la néceſſité de faire un Collége qui par ſon étendue & ſa diſtribution, pût remplir les fins de ſon inſtitution.

Au petit amphithéâtre de *Saint-Côme*, on vient de substituer, sous les auspices du feu Roi, le nouveau Collége qu'on termine actuellement *rue des Cordeliers*; l'Architecte, *M. Gandouin*, est entré parfaitement dans l'esprit des promoteurs de ce bel établissement, tant par la forme extérieure de son bâtiment, que par la distribution bien entendue de toutes ses parties.

Une sorte de portique à colonnes doriques ouvertes, qui porte une galerie destinée pour y placer la Bibliothèque, forme la face principale de ce bâtiment sur la rue des Cordeliers; & l'un des côtés d'une cour quarrée, dont l'amphithéâtre avec les pièces qui l'accompagnent, fait l'autre fond.

Cet amphithéâtre doit être regardé comme la partie principale de ce bel ensemble; aussi l'Architecte s'est-il attaché à le marquer particulièrement par un portique hexastyle à colonnes corinthiennes, qui portent un fronton triangulaire, dans le tympan duquel on voit en demi-rond deux belles figures de femmes, dont l'une représente *la Théorie*, l'autre *la Pratique de l'art*, qui jurent sur un autel placé entre elles, une alliance éternelle: la première de ces deux figures tient un flambeau, l'autre un scalpel; elles ont à leurs côtés des groupes de génies relatifs aux objets dont elles sont censées s'occuper; ce relief est de la plus belle exécution.

Entre les colonnes, on voit les médaillons de cinq grands hommes, lumières de la Chirurgie, *Ambroise Paré*, *Pitard*, *Petit*, *la Peyronnie*, *Maréchal*, bien faits sans doute pour occuper dans un pareil monument une place distinguée, après avoir porté le flambeau de la science dans toutes les parties de l'art de guérir, & tenant un rang aussi éminent dans les fastes de cet art si intéressant pour l'humanité.

A côté de cet amphithéâtre, dont l'intérieur est peint à fresque, le fond terminé en demi-cercle, & qui est éclairé par son sommet, sont deux salles, dont l'une est, dit-on, destinée aux opérations chirurgicales, & l'autre aux Cours publics d'accouchemens pour les femmes, qui par cette sage distribution ne se trouveront plus mêlées dans une foule d'Élèves, que leur jeunesse & la fougue de leur âge rendent quelquefois trop libres, même indécens, avec les femmes qui assistent aux leçons des Démonstrateurs.

Les bâtimens des côtés sont destinés, les uns aux logemens des Bibliothécaire, Concierge & autres personnes nécessaires dans un pareil établissement; au rez-de-chaussée, à gauche en entrant, est une grande salle qui doit être le lieu des Assemblées de corps, pour les objets relatifs à l'administration générale de la Communauté & à celle de l'Académie.

La porte principale est ornée d'une magnifique sculpture en demi-rond, réprésentant la cérémonie de la première pierre posée par le Roi régnant, devant lequel une figure développe le plan de ce beau monument, avec quantité d'autres groupes d'une composition savante, d'un dessin correct & d'une exécution recherchée.

On ne peut trop donner d'éloges à l'Architecte qui a conçu ce bâtiment & l'a fait exécuter; on desire seulement, ce qui même est nécessaire, pour l'accès

d'un

d'un édifice confacré à l'utilité publique , qu'il ne foit pas long-temps mafqué par la très-longue & défagréable églife des Cordeliers , & qu'on puiffe former au moins dans fa largeur une place qui réponde à l'un des monumens modernes des mieux entendus qu'il y ait dans la Capitale.

HÔTEL DES MONNOIES.

L E nouvel *Hôtel des Monnoies*, eft l'un des plus grands édifices qui aient été conftruits fous le règne précédent; fa pofition actuelle réunit la commodité publique à la décoration du plus beau quartier de la Capitale. L'architecte, *M. Antoine*, fe propofe de faire voir dans le plan général que l'on grave actuel-lement, les raifons qu'il a eues d'aligner comme il a fait, cet édifice, en ne fuivant pas même la parallèle de la rive oppofée du fleuve, comme l'a cependant très-bien fait l'Architecte du Collége des Quatre-nations, & après lui *Perrault*, dans la conftruction du vieux Louvre. Quant à l'enfemble & à la conftruction de cet édifice , l'on peut affurer qu'il eft des mieux entendus & le mieux diftribué qu'il y ait pour les détails que comporte la fabrication des monnoies; ce qui au moins répondra en partie aux critiques qu'on a pu faire , & dans le détail defquelles on nous difpenfera d'entrer.

L'entrée principale préfente un périftile décoré de vingt-huit colonnes doriques qui conduit à droite à un grand efcalier environné de galeries d'ordre ionique , orné avec goût & magnificence : ce périftile conduit auffi à droite à des bureaux de Changeurs & à des laboratoires d'Effayeurs, dont les relations avec le public font perpétuelles.

L'intérieur de ce beau monument eft diftribué en bureaux publics & parti-culiers, en laboratoires, ateliers néceffaires à la fabrication , & en logemens pour les Officiers ou Commis , qui à ces titres doivent être logés à l'hôtel pour fe trouver à portée de remplir les fonctions de leur état.

Près de l'entrée & dans l'intérieur, font des logemens de Suiffes & Corps-de-garde pour la fûreté des dépôts des matières précieufes qui font répandues dans les bureaux & les laboratoires.

En traverfant fous le périftile qui forme l'épaiffeur du principal corps de l'édifice, on eft conduit dans une grande cour entourée de galeries & terminée dans le fond en face de l'entrée , par un portique de colonnes qui précède l'entrée du monnoyage ; principal laboratoire dans lequel font placés neuf balanciers, dont la grandeur, la diverfité & le genre de décoration intéreffent autant que la rapidité avec laquelle les différentes monnoies font frappées fous le balancier.

Ce laboratoire occupe le lieu le plus apparent & le plus marqué de tout l'intérieur du bâtiment ; cet endroit a la figuré d'un quarré long , décoré de colonnes grecques engagées dans le mur pour contribuer à la folidité qu'il exige, autant qu'à la décoration du lieu ; au bout de ce quarré long eft une partie fphérique qui reçoit fa lumière par le haut , & dans laquelle eft placée fur un

g

piédeftal exhauffé, la ftatue de la Fortune avec toutes les allégories propres à cette divinité : les bàlanciers ont chacun (autant que cela a pu fe concilier avec les formes exigées par le travail) la forme d'autels antiques exécutés en bronze.

Les ailes de la cour principale, ainfi que tous les bâtimens deftinés aux ouvriers, font élevés d'un rez-de-chauffée & d'un fimple attique : dans les uns font placés tous les travaux de force, comme les fonderies d'or & d'argent, le laminage qui fe fait par le moyen des chevaux, dont les écuries font à portée, les blanchimens des diverfes matières, les forges des ferruriers qui fabriquent les quarrés, ou des poinçons d'acier, avec les acceffoires & les dépendances de chacun de ces lieux, placés tous de manière que la correfpondance d'un ouvrier à l'autre ne peut occafionner aucune perte de temps.

Dans l'étage en attique, font placés des ouvriers pour les travaux moins forts que ceux du rez-de-chauffée, tels que les couppirs avec lefquels on donne à chaque efpèce d'or, d'argent ou de billon, le diamètre exact qui lui convient; les fourneaux à recuire pour rendre au métal aigri par la preffion du laminoir la ductilité convenable pour recevoir l'empreinte, les ajuftages d'or & d'argent, où chaque efpèce fe met au poids par l'opération de la lime ; les marques fur tranches où font placées les machines qui forment les cordons, les petits bureaux particuliers pour livrer les efpèces d'une claffe d'ouvriers à une autre, foit par compte ou par poids; enfin une immenfité de dépôts & de lieux ménagés pour les cas d'un travail forcé, & pour faire des dortoirs d'ouvriers dans des cas extraordinaires & preffés.

On fait que cette diverfité d'opérations, qui toutes exigent beaucoup de jour, a forcé de multiplier les cours ; auffi s'en trouve-t-il cinq dans la diftribution du plan, indépendamment de la cour principale ; quatre defquelles font deftinées aux travaux & font du côté de la rue *Guenegaud*, & la cinquième, du côté de la petite place *de Conty*, eft deftinée au fervice des Officiers principaux qui ont des équipages.

Les Graveurs attachés à l'hôtel des Monnoies, dont le fieur *Duvivier* qui marche aujourd'hui fur les traces de fon père, fi connu par la beauté & la vérité d'expreffion d'une fuite de médailles, fingulièrement celles du feu Roi, fe trouve à jufte titre le premier, ont auffi leur laboratoire dans l'hôtel, & font placés dans le grand corps de bâtimens donnant fur le quai & au nord, pour avoir toujours un jour uniforme.

Le grand & principal efcalier dont on a d'abord parlé, conduit au premier étage, & a un magnifique falon d'affemblée, dont la grandeur a plus pour objet la décoration que l'utilité, quoique ce ne foit pas fimplement un bel hors-d'œuvre, en ce qu'il convient qu'un édifice auffi important en lui-même & auffi impofant à l'extérieur, ait au moins une pièce de décoration intérieure qui réponde à fa magnificence extérieure; d'ailleurs ce falon eft une pièce d'affemblée néceffaire dans les cas où M.rs les Commiffaires du Roi pour la Monnoie fe tranfportent fur les travaux; ils s'y affemblent, & appellent les

Officiers qui y font néceffaires. Aux quatre angles de ce falon, font quatre cabinets, dont deux font deftinés au travail particulier de M.ᵣˢ le Premier Préfident & le Procureur général de la Cour des Monnoies, Commiffaires du Roi ; le troifième, pour le Greffe de la commiffion ; & le quatrième au Médailler des Monnoies de France & des Monnoies étrangères.

A l'égard des logemens d'Officiers & Commis, ils font tous diftribués dans le corps principal du bâtiment du côté de la rivière, afin que chacun puiffe jouir de l'agrément de la vue que procure la fituation admirable de ce grand & fuperbe édifice.

On ne peut trop donner d'éloges à l'Architecte qui a conçu ce plan & dirigé fon exécution ; la partie de ce vafte enfemble qui fe trouve former pour ainfi dire un des côtés de la rue *Guenegaud*, eft d'une architecture mâle, vigoureufe & dans le vrai genre du bel antique. Quelques perfonnes regrettent que la façade principale donnant fur le quai, n'ait pas été terminée à fes deux extrémités, par deux avant-corps fortement caractérifés, qui euffent eu feulement la moitié de la faillie du corps du milieu qui fe préfente avec tant de nobleffe & même d'élégance. Quand cette faillie n'eût été que d'un fimple boffage, elle eût peut-être fuffi pour rompre l'uniformité & la monotonie de jours de cet édifice ; mais quelques autres perfonnes prétendent qu'elle n'eût point produit d'effet dans l'éloignement, & que de l'autre côté de l'eau, celle du milieu eft à peine fentie.

Le même architecte, *M. Antoine*, a un très-bon projet, de rendre toute cette partie du quai *de Conty* & quai *Malaquai*, intéreffante par la perfpective, en abattant les deux énormes pavillons du Collége des Quatre-nations, qui, ainfi que nous l'avons déjà obfervé, avancent trop fur la rivière : ce projet feroit de conftruire deux magnifiques galeries couvertes & en demi-cercle, qui conduiroient dans l'intérieur du dôme, & de les terminer à chacune des extrémités par de moyens pavillons qui n'avanceroient pas affez pour mafquer l'entrée de la rue de *Seine* : il a même le projet de prolonger cette rue de *Seine* jufqu'à celle de *Tournon* ; en forte que des galeries du Louvre, l'on pourroit voir le palais *du Luxembourg*, la ligne étant directe ; mais l'on voudroit qu'au lieu de ces petits pavillons, il y conftruisît plutôt deux fuperbes arcs-de-triomphe qui formeroient une perfpective fuperbe de la place donnant fur le devant de la colonnade du Louvre, & même favoriferoient la continuité en droite ligne des quais *Malaquai* & *Conty*, jufqu'à la *Monnoie*.

MONNOIE DES MÉDAILLES DU ROI.

L a *Monnoie des Médailles* tient lieu de celle qui étoit autrefois dans le Palais du Roi.

Il paroît par les anciens monumens & les Auteurs qui ont traité de cette matière, qu'elle servoit à fabriquer les Espèces courantes, de même que les Médailles & autres pièces de plaisir.

Jusqu'à Henri II, tout se fabriquoit au marteau, mais ce Roi ordonna en 1553, que la nouvelle manière de fabriquer au moulin auroit lieu dans son Palais à Paris.

Henri III, en 1585, voulut que cette manière de fabriquer au moulin ne servît qu'aux Médailles, Jetons & autres pièces de plaisir, sans pouvoir être employée aux Espèces courantes.

Depuis ce temps la fabrication des Médailles & Jetons a toujours été séparée de celle des Monnoies courantes; & Louis XIII, en 1639, transféra la Monnoie des Médailles aux Galeries du Louvre, où elle est toujours restée depuis.

La Direction en fut donnée au célèbre *Warin*, auquel succéda M. *Balin*, qui a mérité d'être mis au rang des hommes illustres de son siècle.

Après M. *Balin*, l'Abbé *Biɀot*, connu par son Histoire métallique de Hollande, eut cette direction pendant quelques années; mais en 1696 elle fut érigée en Charge, sous le titre de Conseiller du Roi, Directeur de la Monnoie des Médailles & Garde des poinçons & quarrés des Médailles & Jetons de la Couronne, en faveur de M. *de Launay*, auquel ont succédé depuis M. *de Cotte* son gendre, & M. *de Cotte* son petit-fils.

Ce dépôt précieux, unique peut-être en Europe, & destiné à conserver les monumens de l'Histoire, fut mis alors dans le plus bel ordre.

Les instrumens propres à la fabrication furent aussi perfectionnés; le balancier, ce chef-d'œuvre de mécanique qui réunit les deux forces mouvantes du double levier & du plan incliné, avoit à la vérité été substitué au moulin dès le milieu du xvii.ᵉ siècle; mais ceux qui servoient à la fabrication des médailles étant trop foibles & trop imparfaits, Louis XIV ordonna de faire fondre les deux grands balanciers de bronze qui servent à frapper les quarrés & les médailles. Ces deux instrumens, qui sont d'un dessin mâle & convenable à leur objet, portent chacun sur les deux faces extérieures des pieds-droits les inscriptions suivantes, assorties au sujet & d'un style vraiment antique.

D'un côté: *Rerum gestarum fidei & æternitati*: & de l'autre, *Ære, Argento, Auro, Flando, Feriundo*, avec le millésime qui, dans un de ces balanciers, est 1698 & dans l'autre 1699.

Les poinçons & les quarrés du Roi sont arrangés dans une galerie garnie d'armoires à panneaux de glaces, qui laissent la liberté de les regarder sans craindre que la moindre humidité puisse en altérer le poli.

Ces armoires contiennent les poinçons & quarrés des Médailles & Jetons des Rois & Reines de France, qui remontent jusqu'à Louis XII.

On

On y voit aussi plusieurs poinçons & quarrés de Médailles :

De plusieurs Papes & Princes étrangers, & en particulier celle du *Czar
Pierre I.er* qui fut frappée en sa présence, quand il vint visiter la Monnoie
des Médailles :

Des Cardinaux d'*Amboise*, de *Lorraine* & de *Guise*, *Richelieu*, *Mazarin*,
Barberin, de *Noailles* & *Fleury :*

Des grands Généraux, tels que *François* & *Henri ducs de Guise*, le Connétable de *Luynes*, le Maréchal de *Bassompierre*, le Duc d'*Ampville*, le Prince
de *Condé*, le Maréchal de *Villars :*

Des Chanceliers de *Birague*, *Chiverny*, *Pompone de Bellievre*, *Brulart de
Sillery*, *Seguier*, *le Tellier*, *Boucherat*, *Pontchartrain*, & des Ministres
Colbert, *Louvois*, *Chamillart :*

Et de nombre d'hommes & femmes célébres, tels que *Diane de Poitiers
Duchesse de Valentinois*, *Michel-Ange*, *Léonard de Vincy*, *Warin*, *le Brun*,
le Nôtre, *Mansart*, M. l'Abbé *Bignon* & plusieurs autres.

Mais ce qui se remarque principalement dans ce dépôt, ce sont les suites
de l'histoire de Louis XIV & de Louis XV.

La première composée de trois cent dix-huit Médailles toutes d'un même
diamètre, & la seconde de cent trente Médailles, dont les quarrés ont été gravés
par les plus habiles Artistes depuis *Warin* dans le dernier siècle, jusqu'aux
Roettiers, & aux *Duvivier* père & fils dans celui-ci.

Il existe encore dans cet établissement une troisième suite qui est celle des
Rois de France, depuis Pharamond, jusqu'à Louis XV inclusivement ; cette
suite qui est dûe aux soins & aux recherches de *M. de Launay* & de ses
successeurs, est composée de soixante-six Médailles ; chaque Médaille représente
d'un côté la tête du Roi, qui a été gravée d'après tous les monumens que la plus
exacte recherche a pu procurer, tels que les tombeaux, les bas-reliefs, les statues,
les sceaux, &c ; le revers de chacun de ces portraits contient en abrégé l'ordre
numéral de chaque Roi, l'année de sa naissance, celle de son avènement à
la Couronne, l'évènement le plus remarquable de son règne, le temps de sa
mort, sa race & le degré de parenté avec le Roi qui lui succède, en sorte que
cette suite des Rois de France peut être regardée comme un abrégé chrono-
logique de notre histoire, & comme l'exposition de la succession généalogique
des trois races de nos Rois.

Cet établissement qui est dans le département du Ministre de la Maison du
Roi & de Paris, peut être regardé comme un des plus importans pour la
conservation des Monumens qui doivent servir à la gloire des Rois & à la
perpétuité de l'Histoire.

IMPRIMERIE ROYALE.

L'ART de l'*Imprimerie* eft la plus utile & la plus ingénieufe des inventions des temps modernes. C'eft à cette invention admirable que nous devons les progrès auffi étonnans que rapides qu'ont fait les Arts & les Sciences. En multipliant les productions du génie, elle a néceffairement formé des dépôts immenfes & précieux qui feront jufqu'à la fin des fiècles, des fources inépuifables dont la fraîcheur & la falubrité porteront dans tout ce qui eft du reffort de l'efprit, l'ame & la vie, & qui répandus dans une infinité d'endroits, ne périront jamais, quelques révolutions qu'il arrive à notre Planète, à moins d'une fubmerfion totale du globe qui anéantiffe à la fois les hommes & les monumens des Arts.

Mais dans le nombre infini des établiffemens que nous appelons *Imprimeries*, celui qui certainement mérite le premier rang, eft l'*Imprimerie du Louvre*. Il y exifte une Typographie complette, dont tous les poinçons & leurs matrices appartenans au Roi, ne fervent que pour elle feule, & dont les marques diftinctives font la fûreté de toutes les pièces qui s'y impriment : C'eft ce dépôt unique & précieux qui lui affure la prééminence fur tous les établiffemens de ce genre, qui n'ayant point de poinçons particuliers, ne peuvent fe fervir que des caractères que leur fourniffent les Fondeurs ordinaires, & qui font communs à toutes les Imprimeries.

Cet établiffement remonte à François I.er le reftaurateur des Lettres & le père des Savans. Ce Prince fit graver par *Garamond* des poinçons de caractères grecs connus par leur beauté, qui joints à ceux pour les Langues étrangères, formèrent l'ancien fonds de l'*Imprimerie Royale*, tant qu'elle fut entre les mains des *Étiennes*, des *Turnebes*, des *Vitré* & des *Cramoifys* ; mais la fuite des *Étiennes*, pendant les guerres de religion & les troubles du royaume, avoit fait perdre à l'Imprimerie Royale la plus grande partie de fes caractères des Langues favantes.

Vers l'an 1630, on fit de nouvelles tentatives pour la rétablir, & c'eft à M. le *Cardinal de Richelieu*, (dit le *Préfident Hénault* *), que l'on doit le rétabliffement de cette Imprimerie. *Trichet Dufrefne* étoit chargé de la correction, *Cramoify* étoit Imprimeur, & *Sublet-Defnoyers*, Surintendant.

Cette Imprimerie, quoique déjà célèbre, & protégée du Gouvernement, n'avoit rien qui la diftinguât des autres Imprimeries ; elle ne doit donc être regardée comme un monument royal, qu'à l'époque où munie des plus beaux caractères, uniquement deftinés pour elle, elle eft devenue l'Imprimerie du Gouvernement.

Ce ne fut qu'en 1690, que M. le Chancelier de *Pontchartrain*, croyant les Lettres intéreffées au rétabliffement de l'Imprimerie Royale, chercha à lui donner une nouvelle forme.

---

* *Hiftoire de France*, tome II, page 565, édit. *Paris*, 1768, in-4.º

M. *Aniſſon* fut appelé de Lyon ſa patrie, pour diriger ce nouvel établiſ-
ſement ; ſa réputation & les éloges que le ſavant *Du Cange* avoit faits de
lui , déterminèrent en ſa faveur le choix du Gouvernement. Il propoſa au
Miniſtère de rendre cette Imprimerie vraiment royale, en lui affeétant des
caraétères particuliers , & qui ne puſſent être confondus avec ceux des autres
Imprimeries. Cette propoſition fut très-accueillie ; on conſulta des gens de
Lettres , des Artiſtes intelligens, les ſieurs *Jaugeon*, de l'Académie des Sciences,
Fillot des Billettes , le P. *Sébaſtien Truchet* , & principalement le nouveau
Direéteur.

On choiſit un Graveur , auquel il fut preſcrit de ne travailler que pour
l'Imprimerie Royale ſeule : les ſieurs *Grandjean*, *Alexandre* & *Luce*, célèbres
Artiſtes , ont été occupés ſucceſſivement à la gravure des poinçons, qui n'a été
achevée que long-temps après. Ces poinçons & leurs matrices , ſont au dépôt
de l'Imprimerie Royale, diſpoſés & rangés par ordre dans des armoires, ainſi
que ce qui reſte des poinçons & matrices pour les Langues ſavantes, Grec,
Hébreu , Siriaque, Arabe, Arménien, qui ſont échappés au rapt des *Étiennes* ;
le tout ſous la garde du Direéteur, ainſi que le portent *ſes Proviſions*.

Il y a dans l'intérieur de l'Imprimerie Royale une fonderie pour la fonte
particulière de tous ſes caraétères.

L'ancien emplacement de l'Imprimerie Royale avoit varié ſuivant les
circonſtances : le Roi Louis XIII voulut qu'on la plaçât dans le pavillon
de la Reine : à la ſuite de ſon appartement , & il y fit exécuter ſous ſes
yeux pluſieurs ouvrages. En 1690 , elle fut transférée du pavillon de la
Reine aux Galeries du Louvre ; & en 1722, M. le *Duc d'Antin* voulut
que toutes ſes preſſes fuſſent réunies dans une même galerie, qui a quatre-
vingt-douze pieds de long , ſur trente-huit de large , & c'eſt l'emplacement
qu'elle occupe aujourd'hui.

L'Imprimerie Royale, deſtinée dans ſon principe à l'impreſſion des Livres
& des grands Ouvrages qui ſont ſortis & qui ſortent chaque jour de ſes preſſes ,
eſt devenue un monument de l'amour de nos Rois pour les Sciences , qui a
ſervi à faire de belles éditions, & à flatter les Gens de Lettres par l'honneur
qu'ils reçoivent , lorſque le Miniſtère juge à propos d'influer dans l'impreſſion
de leurs Ouvrages.

L'Imprimerie Royale, par le moyen des caraétères particuliers & diſtinétifs
qui lui ont été affeétés , eſt devenue l'Imprimerie du Gouvernement pour
toutes les pièces eſſentielles de l'adminiſtration *.

Les Effets publics, lors du Syſtéme & dans les temps poſtérieurs, ont dû
leur ſûreté à ſes caraétères. En effet, les papiers publics ne peuvent être contrefaits ſans porter avec eux des marques de fauſſeté ; & quelques tentatives, dont
le ſuccès a été funeſte à leurs auteurs, ont prouvé cette vérité.

Cet établiſſement eſt dans le département du Miniſtre de la Maiſon du Roi
& de Paris : Les Miniſtres, indépendamment les uns des autres, & chacun pour
la partie qui le concerne, y ordonnent les impreſſions qui s'y font.

Arrêt du Confeil du 21 Août 1725.

» L'Imprimerie Royale n'eft point fujette aux Règlemens ordinaires de la » Librairie, étant foumife immédiatement à l'autorité du Roi, ou aux ordres » de ceux auxquels Sa Majefté en confie la direction «.

Le Directeur prête au Roi, ferment de fa charge, entre les mains de M. le Garde des Sceaux.

Depuis 1690, époque du rétabliffement de l'Imprimerie Royale, la direction en a toujours été confiée à M.rs *Aniffon*, & M. *Aniffon du Peron* en eft le titulaire actuel.

BIBLIOTHÈQUE DU ROI.

Origine & accroiffement de cette Bibliothèque.

De tous les monumens du monde, le plus intéreffant pour les Sciences, les Lettres & les Arts, c'eft fans contredit la *Bibliothèque des Rois de France*, par le nombre & la nature des ouvrages qu'elle renferme dans tous les genres qui font du reffort de l'imagination, du raifonnement, de l'efprit & du goût.

Cette immenfe & précieufe collection, actuellement la plus nombreufe & la plus complette, connue dans l'Univers, femblable à ces fleuves majeftueux, qui groffis par mille fources dans un long cours, portent la vie & la fécondité dans tous les pays qu'ils parcourent, & qui n'étoient à leur fource qu'un fimple filet d'eau; cette riche collection, dis-je, n'eut, comme tous les établiffemens humains, que de foibles commencemens.

Quoiqu'il foit vrai de dire, que depuis l'avènement de la race Carlovingienne au trône de France, nos Rois ont toujours eu quelques Livres pour leur ufage particulier; jamais ces minces collections qui n'ont point été regardées comme des Effets de la Couronne, ne formèrent de dépôts fubfiftans, & pour l'ordinaire, elles fe partageoient entre les héritiers du Monarque qui décédoit: auffi n'ont-elles jamais mérité le nom de Bibliothèque.

C'eft à Charles V, à ce Monarque fage & même favant pour fon temps, qu'on doit le commencement de ce dépôt permanent, qu'il fit placer (comme nous l'avons déjà obfervé dans notre Difcours) dans l'une des tours du Louvre, qui pour cette raifon fut appelée *la tour de la Librairie*, & qui, chofe bien extraordinaire pour ce fiècle, fut porté à neuf cens dix volumes, dont une grande partie formoit une collection de Bibles, de traductions de Bibles, de Miffels, d'Heures, de Pfeautiers, de Rituels & autres ouvrages liturgiques; de livres de dévotion, comme Légendes, Vies des Saints, Hiftoire de miracles; & nuls autres ouvrages des Saints-Pères, que le Traité de la cité de Dieu, de Saint Auguftin.

Quant aux livres des Sciences profanes, on y trouvoit des livres d'Aftrologie, de Géomancie, de Chiromancie qui étoient la fottife du temps: nuls livres de Phyfique & de Philofophie; quelques-uns d'Hiftoires générales, entr'autres la Vie de Saint Louis & l'Hiftoire des guerres d'Outre-mer: en Jurifprudence, les Décrétales, le Code & le Digefte, avec quelques Coutumes de diverfes

provinces

provinces de France ; la partie la plus riche de cette collection, étoient les Romans rimés & non rimés ; aucun Auteur Grec : quelques Auteurs Latins, comme Tite-Live, Valère-Maxime, Suétone, Végèce, Ovide, Lucain, traduits en François ; & pas un seul des ouvrages de Virgile & de Cicéron.

Gilles Malter, & après lui *Antoine des Essards*, en furent les premiers Gardes, auxquels succédèrent *Jean Maulin* & *Garnier de Saint-Yon* ; sous les règnes de Charles V & de Charles VI son successeur : la démence de ce Roi, les troubles excités par l'ambition démesurée de Jean Duc de Bourgogne, & les ressentimens d'Isabelle de Bavière contre le Roi son mari qui avoit fait noyer un de ses amans, & le Dauphin Charles son fils qui avoit enlevé les trésors qu'elle avoit accumulés aux dépens de l'État, n'étoient pas des circonstances favorables aux Sciences & propres aux recherches des monumens.

En 1429, le Duc *de Betfort*, régent du royaume de France, & tuteur de Henri VI d'Angleterre, acquit pour ce Prince, & pour la somme de douze cents livres, toute la bibliothèque formée par Charles V, sauf quelques livres qui en avoient été distraits par les Ducs d'*Orléans* & d'*Angouléme* ; & elle fut transportée à Londres, d'où ces deux Princes, faits prisonniers à la bataille d'Azincourt, en rapportèrent plusieurs qu'ils avoient rachetés, lorsqu'ils revinrent en France.

Sous Louis XI, Prince studieux & comtemporain de l'invention de l'Imprimerie *, la Bibliothèque royale prit quelqu'accroissement. On avoit recueilli tout ce qu'on avoit pu recouvrer du premier fonds, & on y ajouta tout ce qu'on put se procurer pour le temps où l'impression commençoit à multiplier les ouvrages ; & *Laurent Palmier* fut le Garde de cette nouvelle collection, dont le fonds est resté depuis attaché à la Couronne. Charles VIII, lors de ses guerres en Italie, ajouta à la collection que son père avoit faite, une grande partie de la bibliothèque de Naples, où il se trouva beaucoup de choses précieuses ; tandis que les deux frères *Charles d'Orléans* & *Jean* Comte d'*Angouléme*, jetoient de leur côté dans les villes de Blois & d'Angouléme, les fondemens de deux nouvelles bibliothèques.

Louis d'Orléans, fils de *Charles*, parvenu à la Couronne de France par la mort de Charles VIII, réunit les livres de la Couronne à la bibliothèque formée par son père à Blois, à laquelle il ajouta les ouvrages de *Pétrarque* & le cabinet de *Louis de la Gurthuse*, l'un des plus grands Seigneurs Flamands, qui eussent été attachés à la Maison de Bourgogne.

François Comte d'*Angouléme*, successeur de Louis XII, fit apporter à Fontainebleau, qu'il bâtit, la bibliothèque d'Angouléme, & bientôt après celle de Blois, composée de dix-huit cents quatre-vingt-dix volumes ; *Matthieu la Bisse*, lors Garde de la Librairie du Roi, en donna son *récépissë*. On ajouta à ce fonds les livres de la Maison de Bourbon & ceux de *Jean* Duc de *Berry*, frère

---

* On doit cette admirable invention à *Jean Guthemberg*, Allemand, d'extraction noble, qui en fit les premiers essais à Mayence, l'an 1448. *Conrad*, autre Allemand, l'apporta à Rome presque au même tems ; & *Nicolas Jenson*, François, la perfectionna en France, du moment où cet art lui fut connu. *Polidore Virgil. de rerum inventor. lib. II, cap. VII.*

i

de Charles V, qui avoient paffé dans la Maifon de Bourbon par le mariage de Marie, unique héritière de ce Prince, avec *Jean de Bourbon*, grand-père du Connétable de ce nom.

Sous ce règne il fe fit une acquifition confidérable de manufcrits Grecs, Latins & autres, & l'on négligea trop les livres imprimés du temps, parce qu'on préfuma trop de la facilité de fe les procurer. Cette négligence a fait que bon nombre de ces ouvrages ont été perdus, & que d'autres font devenus très-rares & par conféquent très-chers.

Alors, au lieu d'un fimple Garde, François I.er établit un Bibliothécaire en chef, ou Maître de la Librairie, & un Garde fous lui. A *Guillaume Budé*, qui fut le premier Bibliothécaire, fuccéda *Pierre du Chaftel*, & à celui-ci *Pierre de Mondoré*, puis *Jacques Amyot*, auquel fuccéda le célèbre Hiftorien *Jacques-Augufte de Thou*.

Sous les règnes de Henri II, François II, Charles IX & Henri III, il fe fit peu d'augmentations à la Bibliothèque royale : Henri-le-Grand y fit joindre la bibliothèque de Catherine de Médicis, compofée de huit cents manufcrits grecs : cette Princeffe s'en étoit emparée après la mort de *Pierre Strozzi*, Maréchal de France, fon parent, qui les avoit acquis des héritiers du Cardinal *Nicolas Ridolfi*. Le fils du Maréchal *Strozzi*, à qui la Reine avoit promis d'en rembourfer la valeur, follicita en vain fon payement; *Brantôme* nous apprend qu'il ne put jamais en tirer un fou. Lors de l'expulfion des Jéfuites fous Henri IV, la Bibliothèque royale fut tranfportée au collége de *Clermont*, & à leur retour on la transféra dans une des falles du cloître des Cordeliers; de-là, fous Louis XIII, elle en fut tirée pour être placée dans une grande maifon de la rue de *la Harpe*, au-deffus de *Saint Côme*. Elle fut enfuite transférée, en 1666, dans deux maifons appartenantes à M. *Colbert*, dans la rue *Vivienne* ; & l'Académie des Sciences, qui fut inftituée à cette époque, y tint fes féances jufqu'en 1699 qu'elle fut placée au *Louvre*.

En 1722, M. l'Abbé *Bignon* ayant fait voir que l'emplacement actuel ne fuffifoit plus à la Bibliothèque, & que les deux maifons menaçoient ruine, elle fut transférée à l'hôtel de *Nevers*, rue de *Richelieu;* mais ce ne fut qu'en 1724 que le Roi, par fes Lettres patentes, affecta cet hôtel à perpétuité au logement de fa Bibliothèque; c'eft celui qu'elle occupe aujourd'hui.

François de Thou fuccéda à fon père à la charge de Bibliothécaire du Roi; comme il étoit fort jeune, *Nicolas Rigault* en eut la direction pendant fa minorité. Ce même *de Thou*, impliqué dans la conjuration de *Cinqmars*, fut décapité avec lui à Lyon en 1642.

L'illuftre *Jérôme Bignon* lui fuccéda : *Jean Goffelin*, *Ifaac Calambon*, *Nicolas Rigault*, enfuite M.rs *Dupuy* frères, furent fucceffivement Gardes de la Bibliothèque royale, fous les Bibliothécaires en chef.

Ce fut particulièrement fous M.rs *Colbert* & *de Louvois*, Miniftres d'État, qu'on n'épargna ni foins ni dépenfes pour augmenter les richeffes dont étoit déjà compofé ce monument à l'avènement de Louis XIV à la Couronne : la Bibliothèque qui n'étoit compofée que de cinq mille volumes, fe trouva à fa mort de plus de foixante-dix mille, fans y comprendre la plus riche & la plus précieufe collection d'Eftampes de toutes les Écoles, d'un cabinet d'antiques, & de la fuite la plus riche & la plus complette de médailles en bronze, en or & en argent, dont nous parlerons ci-après. Tous les plus célèbres Libraires étrangers s'honorèrent de concourir gratuitement à enrichir ce précieux dépôt. M.rs les Abbés *Colbert* & *de Louvois* furent fucceffivement pourvus de la charge de Bibliothécaires du Roi, & ne contribuèrent pas peu à l'augmenter : l'Abbé *Bignon* leur fuccéda à cette place éminente, qui étoit, pour ainfi dire, hérédi- taire dans fa Maifon. Sous le règne de Louis-le-Grand, la Bibliothèque eut fucceffivement pour Gardes M.rs *Carcavi*, *de la Poterie*, les Abbés *Gallois* & *Varès*, M.rs *Clement* & *Boivin*, auxquels fuccéda, fous la Régence, M. l'Abbé de *Targny*, qui eut pour fucceffeur M. l'Abbé *Sallier*, de l'Académie Françoife & de celle des Infcriptions. M. *Melot*, de la même Académie des Infcriptions, fuccéda à M. l'Abbé *Sallier*, & a été remplacé par M. *Capperonnier*, de l'Acadé- mie des Infcriptions & Belles-Lettres, actuellement en exercice ; & M. *Bejot*, de cette même Académie, a remplacé M. *Capperonnier* * dans la partie des Manufcrits. M. *Bignon*, Confeiller d'État, mort Prévôt des Marchands de la ville de Paris, a fuccédé à la charge de Bibliothécaire qu'avoit M. *Bignon* fon frère, Intendant de Soiffons, & fon fils le remplace aujourd'hui.

Pendant la régence de Philippe, Duc d'Orléans, & fous le miniftère du *Cardinal de Fleury*, la Bibliothèque du Roi reçut des accroiffemens confidéra- bles, & les Miniftres qui s'en font depuis occupés, n'ont pas mis moins de foins à l'augmenter encore. M.rs *Sevin* & *Fourmont*, envoyés dans le Levant, firent, fous les aufpices de M. *de Villeneuve*, alors Ambaffadeur à la Porte, une riche moiffon de manufcrits Perfiens, Arabes & Arméniens, fur-tout de ces derniers ; objet de Littérature, pour ainfi dire tout neuf, & dont M. l'Abbé *de Villefroy*, homme profondément verfé dans les Langues orientales, a donné des notices très-inftructives. M. *le Comte de Maurepas*, procura, par la Compagnie des Indes, de nouveaux tréfors littéraires en ouvrages Indiens, dont il augmenta les richeffes déjà acquifes, & les Miffionnaires de la Chine en firent autant de leur côté, des livres de ce vafte empire.

Sous le dernier règne, cette précieufe collection a plus que doublé, & le Roi poffède aujourd'hui au moins deux cents quarante-cinq mille volumes imprimés, fans compter les Manufcrits, dont le nombre eft prodigieux ; les Chartes & Titres des grandes Maifons, ce qui devient maintenant un nouveau dépôt en cas d'accident, comme il eft arrivé à la Chambre des Comptes de Paris.

C'eft particulièrement au zèle de M.rs les Bibliothécaires en chef, aux foins, aux travaux continuels de M.rs les Gardes, qu'on doit le catalogue raifonné des Livres qui compofent cette immenfe & précieufe collection. Tous les Savans

---

* Pendant le cours de cette impreffion la Bibliothèque & les Lettres ont fait une perte confidérable par la mort de M. *Capperonnier*, auffi regrettable par fes vertus que par fes lumières.

& les Gens de Lettres , font des vœux pour que cette grande entreprise soit
achevée ; du moins autant que les richesses journalières , qui l'augmentent,
pourront le permettre. Les accroissemens dont elle est susceptible, feront par
la suite la matière d'un Supplément, qu'il sera toujours facile de refondre dans
le premier texte : au moyen d'une seconde édition que le Public recevra
encore avec plus de plaisir que la première, quelqu'intéressante qu'elle soit pour
la république des Lettres.

On ne peut rien ajouter au bel ordre & à la distribution de ce riche &
précieux dépôt des connoissances humaines, & à l'affabilité des Savans qui le
dirigent, auprès desquels les gens studieux ont l'accès le plus facile. Comme
ils puisent également dans leur commerce les lumières les plus sûres pour se
diriger dans la carrière des Sciences pour lesquelles ils se sentent de l'attrait;
c'est une justice que nous aimons d'autant mieux leur rendre , que nous
avons éprouvé de leur part les procédés les plus honnêtes, & qu'ils n'auront
pas peu contribué à nos succès , si nous sommes assez heureux pour mériter
le suffrage du Public.

CABINET DES ESTAMPES DU ROI.

Origine & accroissemens de ce Cabinet.

LOUIS XI, vers 1470, vit naître les deux immortelles découvertes : la
Typographie & la *Gravure en taille-douce*, qui toutes deux dérivent de l'ancienne
gravure en bois ; ainsi ce Prince doit être regardé comme le premier de nos
Rois qui ait été témoin de ces deux inventions. Il fut obligé de se former
une nouvelle Bibliothèque, car le *Duc de Betfort*, lorsqu'il étoit Régent du
royaume pour les Anglois, avoit fait enlever des tours du Louvre, celle de
Charles V., *dit le Sage*, laquelle, au rapport de *Gilles Mallet*, Bibliothécaire
de ce Prince, étoit composée de neuf cents dix volumes, la plupart traduits en
françois, tels que les Politiques, les Éthiques, & les Économiques d'*Aristote*,
avec plusieurs livres de *Cicéron* ; ainsi que la Bible & autres Ouvrages liturgiques.

A la faveur de la nouvelle découverte de l'Imprimerie, Louis XI accrut sa
Bibliothèque; alors la *Gravure*; sœur jumelle de la *Typographie*, non-seulement
orna les opérations de l'Imprimerie en caractères, mais elle y mit le discours
en action : & depuis, ces deux heureuses inventions se font tellement prêtées
un mutuel secours, que toutes les belles éditions que l'on nomme improprement,
éditions de luxe, ont eu une succession non interrompue depuis l'origine de la
Gravure jusqu'à nous. Nous déplorons que la savante Antiquité ait été privée
de ces admirables découvertes; que d'ouvrages utiles & agréables nous aurions!
combien de procédés & de superbes descriptions, dont parle *Pline* , nous
auroient été conservés ! En effet, il est incroyable qu'ayant trouvé l'art de
graver sur des tables d'airain, des caractères, des hyéroglyphes & des compositions en creux sur des pierres précieuses, que nous admirons comme
autant de chef-d'œuvres , & dont cependant ils tiroient des empreintes sur
la cire, qu'ils n'aient pu imaginer de faire encore un pas de plus, pour en faire

de même fur l'écorce d'arbe ou fur le velin, car les Anciens ne connoiſſoient point encore le papier.

George Vaſari, qui le premier a décrit l'hiſtoire des Peintres d'Italie, s'énorgueillit de ce que les reſtes de la génération des Peintres Grecs s'étoient réfugiés dans la Toſcane ſa patrie; il n'héſite point de donner pour certain, que ce fut à Florence que la *Gravure en taille-douce* fut inventée; il le fit croire long-temps, & quelques-uns le penſent encore d'après lui. Il eut la hardieſſe d'écrire que ce fut un Orfévre appelé *Maſo Finiguerra*, qui le premier trouva ce ſecret; & pour colorer mieux ſon opinion, il cite trois petites planches que grava cet Orfévre, & qui ſervirent alternativement à chaque chant des Poëſies du Dante, imprimées à Florence en 1482. Mais les Allemands détruiſent cette opinion par des preuves ſans replique; & diſent que ce fut un de leurs concitoyens nommé *Iſraël Van-Meckinen*, auſſi Orfévre, qui trouva & dut trouver, l'invention de graver en taille-douce; ils le prouvent en renvoyant aux pièces de comparaiſon pour y obſerver le procédé de l'Orfévre Italien, avec celui de l'Orfévre Allemand; qu'alors le connoiſſeur éclairé ſera bientôt en état de décider aiſément la queſtion: que ſi ce connoiſſeur vouloit achever de ſe convaincre, l'Hiſtoire lui apprendra qu'*Iſraël Van-Meckinen* étoit né à Bockoldt, petite ville près de Mayence; qu'il étoit contemporain & preſque le concitoyen de l'Inventeur de la Typographie; qu'alors tout concourra à le diſſuader entièrement de l'orgueilleuſe prévention de l'hiſtorien & peintre *Vaſari.* On ſait qu'il s'éleva, preſque un ſiècle avant, une mortelle jalouſie pour la découverte de la peinture à l'huile, que certains attribuent aux deux frères *Hubert* & *Jean Van-Eyc*, le ſecond ſurnommé *Jean de Bruges*, parce qu'il mourut dans cette ville; mais que d'autres atteſtent appartenir à *Antonello de Meſſine*, qui enſeigna ſon ſecret à *Dominique de Veniſe* ſon ami, lequel l'apprit auſſitôt à *André Gli-Implicati*, dit *Caſtanago*, de Florence; ce dernier voulant poſſéder ſeul cette découverte, aſſomma ſon généreux bienfaiteur; mais les remords lui firent avouer ſon crime avant que de mourir.

La *Gravure*, comme la *Peinture*, ne faiſoient de progrès qu'à pas lents, ſemblables à l'enfance qui trébuche dans ſes premiers eſſais en quittant les bras de ſa nourrice, elles ne pouvoient non plus ſe dégager du gothique limon des ſiècles d'ignorance qui s'étoient écoulés depuis le temps du Bas-Empire juſqu'à ce ſiècle, où les Arts & les Sciences reſtoient comme engourdis & obſcurcis; car on ne s'occupoit chez les principales Puiſſances de l'Europe, qu'à porter le flambeau de la guerre. Ce barbare fléau, qui détruit les hommes & fait fuir les Muſes, mettoit des barrières à toutes les iſſues qui conduiſent les Arts à la perfection, & ſur-tout à la *Gravure*, qui, comme l'on ſait, exige une application ſérieuſe du deſſin, un choix de nature, une vérité frappante, de l'expreſſion; en un mot, de la beauté, fille du goût & de l'imagination, ce que n'exige que foiblement la *Typographie*.

Comme la plante que la Nature cache dans ſon ſein, & que les rayons du ſoleil font éclore, de même & tout-à-coup, François Ier, ſans ceſſer d'être le

Dieu Mars de la France, à l'ombre de ses lauriers, caressa les Muses & les fixa dans son royaume. Déjà il avoit attiré à sa Cour *Léonard de Vinci*; il eût desiré pouvoir en faire autant du divin *Raphaël*, à qui ce Roi fit faire le sublime tableau du S.ᵗ Michel, guerrier céleste, terrassant le prince des ténèbres, & le fameux morceau représentant la sainte Famille: s'il ne put avoir à sa Cour ce nouvel Homère de la peinture, il eut au moins son élève favori, *André del Sarto*, & successivement, *il Rosso*, *le Primatice* & *Nicolo del Abbate*, qui tous embellirent le séjour du Roi à Fontainebleau.

Alors les estampes, qui avant François I.ᵉʳ n'étoient que de petits ouvrages de patience & de propreté, devinrent les premières pensées de ces grands Artistes: des mains de ces hommes rares, elles prirent de l'élévation dans le génie, de la pureté dans le dessin, & de l'expression: Peintre & Graveur ne furent qu'un; de ce *crescendo* naquit ce que l'on entend sous le nom de bel ensemble. Mais pour que le tems de graver n'empiétât pas trop sur celui de peindre, ils imaginèrent un procédé expéditif, ce fut celui de graver à l'eau-forte, même en clair-obscur, c'est-à-dire, sur deux planches en bois, dont l'une donne le trait & la lumière; l'autre l'ombre & les nuances: on a depuis augmenté ce procédé jusqu'à cinq planches, ce qui produit du merveilleux chez les uns, & peut-être de l'indulgence chez les autres. De-là, *la Gravure* s'éleva à son plus haut degré de perfection; il se forma des Graveurs en taille-douce, dite au burin, qui quittèrent le pinceau ou concilièrent l'un & l'autre; tels furent les *Marc-Antoine*, les *Albert-Durer* & les *Lucas de Leyde*. Les estampes se rangèrent tout naturellement sous trois genres, le premier fut de l'inimitable & gracieux burin de ces étonnans Graveurs; le second, *la Gravure à l'eau-forte*, & celle en clair-obscur, que les Peintres estimoient comme des idées à remettre au net sur la toile; le troisième & dernier, *la Gravure* servant d'intelligence & d'ornement à la *Typographie*.

Il étoit réservé au beau siècle de Louis XIV, de songer à recueillir les productions d'une découverte si utile aux Sciences, si glorieuse pour les Arts, & si intéressante pour répandre de la clarté sur l'antiquité, comme sur une infinité de points d'histoire, en un mot, une découverte qu'on devroit nommer le Type universel. M. *de Marolles*, Abbé de *Villeloin*, d'une famille noble de Touraine, qui joignoit à un goût décidé pour les Lettres, qu'il a beaucoup cultivées, celui des beaux Arts & particulièrement de la *Gravure*, avoit recueilli, à grands frais, ce que cet Art avoit créé depuis son berceau, en 1470, jusqu'à son siècle, en 1660. De toutes ces productions il avoit formé *deux cents soixante-quatre volumes*, presque tous de la forme du grand *Atlas*, rangés sous trois divisions: la première, contient l'origine de la *Gravure*, qu'il nomme vieux Maîtres, & petits Maîtres, à cause de la petitesse de la planche de cuivre sur laquelle ils gravoient; la seconde renferme les grands Maîtres, c'est-à-dire, les Œuvres de ceux qui sont les Chefs de chaque École dans leur patrie, & de suite leurs successeurs, qui souvent les ont égalés, si par fois ils ne les ont pas surpassés, ce qui seroit dans l'ordre des choses, en suivant les progrès de l'efprit humain; la troifième & dernière, les Eftampes rangées méthodiquement & fubdivifées par Hiftoire univerfelle, Sciences, Arts & Métiers. Parmi cette précieufe collection, l'on remarque entr'autres une note de la main de cet Amateur & favant Abbé, qui apprend qu'en l'année 1660, M. *l'Abbé de Marolles* acheta feize louis d'or une pièce rare, compofée & gravée par *Lucas de Leyde*, dite *Ulefpiègle;* elle repréfente une fcène triviale, où l'on voit une de ces familles, que l'on connoît fous le nom de Bohémiens, voyageant à pied, fous la fauve-garde de leur chien, d'un âne chargé de bagages & de leurs petits enfans dans une hotte & fur l'épaule de la mère : le prix de cette Eftampe paroîtra moins exhorbitant lorfque l'on faura que feu M. *Mariette* poffédoit une lettre du célèbre *Rembrands*, par laquelle il prie un de fes amis, vers 1630, de lui faire l'emplette de quatre eftampes gravées par le même *Lucas de Leyde*, & d'en donner jufqu'à feize cents florins, environ deux mille quatre cents livres. A la vente du Cabinet de M. le *Comte de Chabannes*, Major du régiment des Gardes-Françoifes, il s'y trouva deux Épreuves rares du portrait du Bourguemeftre de Hollande, *Jean Six*, ami des Lettres & Protecteur de *Rembrands*, l'une imprimée fur le papier de Chine, Épreuve parfaite; l'autre moins belle Épreuve, avec des variations, elles furent adjugées pour cinquante louis d'or. Deux Curieux de diftinction, piqués d'avoir laiffé adjuger ces deux morceaux à un prix fi modique, car on leur avoit caché qu'ils étoient deftinés pour le Cabinet du Roi; offrirent au Commiffionnaire trente piftoles en fus, feulement pour l'Épreuve la moins belle.

M. *Colbert* informé du mérite de la collection de M. l'*Abbé de Marolles*, & perfuadé que le Roi prendroit plaifir à jeter les yeux fur les témoignages d'un art qui remplit le beau précepte d'Horace, *Omne tulit punctum qui mifcuit utile dulci*, en fit l'acquifition pour le Roi en 1667, après la mort de l'illuftre propriétaire; Sa Majefté en fit tellement fon amufement que fi l'on ofoit on en tireroit la conféquence, que bientôt après, Verfailles devint en beauté réelle, ce que les nouveaux porte-feuilles d'eftampes du Roi fembloient avoir infpiré au jeune Monarque & à fon Miniftre.

Quelques années auparavant *Gafton, Duc d'Orléans*, oncle du Roi, avoit légué à Sa Majefté, parmi le nombre des raretés de fon Cabinet, une fuite d'Hiftoire Naturelle que ce Prince faifoit peindre en miniature & fur vélin, d'après les plantes de fon jardin de Botanique & les animaux de fa ménagerie à Blois, par le célèbre *Nicolas Robert;* Louis XIV la fit augmenter confidérablement par *Jean Joubert* & par *Nicolas Aubriet*, qui l'un & l'autre fe rendirent les émules du fameux *Robert;* & fous Louis XV, cette collection précieufe & unique a été continuée par le même *Aubriet* & *Magdeleine Paffeporte* fon élève. L'objet du Roi eft de faire peindre l'empire de la Nature dans fes trois règnes : *Végétal, Animal* & *Minéral*. Déjà foixante volumes richement reliés *in-folio* renferment ces peintures, partie en gouache, & partie en miniatures, dont chaque morceau a été payé dans fon principe cent francs la pièce.

Le Roi voulant que ce tréfor fi utile à l'humanité, & fi précieux par fon exécution, paſſât à la poſtérité, trois célèbres Graveurs ; ſavoir, *Nicolas Robert*, le même qui en a peint une grande partie, *Abraham Boſſe* & *Louis de Chatillon*, gravèrent, par ordre du Roi, depuis 1670 juſqu'en 1682, trois cents dix - huit planches ſeulement ſur la Botanique, de la même grandeur que les originaux, & ſur des deſſins à la ſanguine très-ſoignés & très-intelligens qu'ils en avoient faits pour éviter tout accident ; le ſavant M. *Dodart* donna la deſcription des trente-ſept premières planches qui parurent ſous le titre de *Mémoires pour ſervir à l'Hiſtoire des Plantes.* Imprimerie Royale, 1678, *in-folio.*

Une autre collection unique & non moins précieuſe, fut léguée au Roi en 1712, par M. *de Gaignières*, gentilhomme, qui avoit été l'un des Inſtituteurs des Enfans de France ; il fouilla dans la Capitale & dans les provinces, & y faiſoit lever ce qui portoit un caractère de Monument françois, temples ſacrés, palais, châteaux, ſceaux, vitreaux, anciens tableaux, tapiſſeries, uſages, céré-monies, habillemens, tombeaux, manuſcrits, tout entroit dans ſon plan, depuis Clovis, juſques & compris le règne de Louis XIV ; ce ſont des deſſins partie peints en miniature, à gouache, & partie coloriés ou lavés à l'encre de la Chine, contenus dans trente porte - feuilles, leſquels ont ſervi au ſavant *Dom Bernard de Montfaucon*, pour ſon grand ouvrage des Monumens de la Monarchie françoiſe, préſervés de l'injure des temps, publiés en 1715. Le ſavant *Falconet* avoit pris des notices de ce précieux Recueil, qui ayant été communiquées à feu M. *Fevret de Fontette*, Conſeiller au Parlement de Bour-gogne, n'ont pas peu contribué à orner ſa nouvelle édition des Hiſtoriens de France du P. *le Long.* M. *de Gaignières* avoit ajouté à ſon legs un Recueil de portraits, gravés par divers Auteurs, qu'il avoit raſſemblés au nombre de douze mille. M. *de Clairambault*, Généalogiſte, traita de la partie de portraits qu'il avoit auſſi, montant environ à huit mille ; ces deux parties ſe ſont tellement accrues, que maintenant le nombre atteint celui de trente mille portraits, qui ſont autant de titres honorifiques pour les familles par leur naiſſance & leurs dignités, que par leur mérite dans les Lettres & dans les Arts ; ils ſont rangés par pays & par état, à commencer depuis le ſceptre juſqu'à la houlette.

Louis XIV augmenta encore ſon Cabinet d'Eſtampes d'une richeſſe qui n'a point d'égale ; ce ſont les planches gravées en taille-douce, dont Sa Majeſté fit exécuter la majeure partie & fit faire acquiſition de l'autre, toutes ces planches, au nombre de plus de treize cents, ont un rapport immédiat à la magnificence du Trône ; tels ſont les Maiſons royales, Châteaux, Parcs, Jardins, Fontaines, Baſſins, Tableaux, Plafonds, Galeries, Statues, Vaſes, Médailles Antiques, Plans de guerre, Places fortes, Camps, Campagnes militaires, ſur terre & ſur mer ; les fêtes que Sa Majeſté donna, au retour de ſes conquêtes, aux Tuileries, à Verſailles & à Fontainebleau : ces Planches ſont exécutées par les plus célèbres Artiſtes du temps, dont les principaux ſont *Edelink*, *Gerard Audran*, *Sébaſtien Leclerc* & autres, & forment un recueil connu ſous le titre de Cabinet du Roi, en vingt-quatre grands volumes, dont Sa Majeſté gratifie qui il lui plait ; il ſeroit à ſouhaiter que beaucoup d'autres planches, pareillement

gravées

gravées aux dépens du Roi, fuffent réunies au chef-lieu, c'eft-à-dire, avec celles de ce recueil, comme viennent de l'être les trois cents foixante-quatorze planches de Botanique, dont il eft parlé ci-deffus.

En 1731, Louis XV unit à fon Cabinet la collection provenant de feu M. le *Marquis de Beringhen*, Premier Écuyer : elle contient *quatre cents foixante-fix volumes*, la plupart *Cartâ maximâ*, reliés en marroquin & aux armes du Roi, comme fi ce Seigneur avoit prévu qu'un jour fa collection feroit fuite à celle qui avoit été acquife autrefois de M. *l'Abbé de Marolles* ; en effet, celle de M. *de Beringhen* reprend, pour ainfi dire, à l'année 1660, époque à laquelle *l'Abbé de Marolles* en étoit refté ; elle renferme principalement des Maîtres de l'École de France, jufqu'à l'année 1730.

Le Cabinet des Eftampes de Sa Majefté accumule de jour en jour de nouvelles richeffes, ainfi que les autres branches de la Bibliothèque ; cinquante porte-feuilles contiennent des Cartes céleftes, terreftres & hydrographiques, fous le nom d'Atlas compofé : les mêmes objets traités par divers Ingénieurs-Géographes, y font rapprochés & mis en parallèle, ce qui reftitue à l'un un local ou un nom de lieu, échappé à l'autre ; cet arrangement donne auffi la conviction, quand ces divers Auteurs n'ont été que Plagiaires ou Copiftes.

Feu M. *Lallemant de Betz*, Fermier général, s'étoit rendu propriétaire de quatre-vingt volumes d'Eftampes qui avoient appartenu au *Maréchal d'Uxelles*, & qui font divifés fous deux points de vue ; le premier eft une fuite de portraits d'hommes de toutes conditions, rangés chronologiquement, ou à l'époque de leur mort, depuis les Philofophes Grecs & Romains, jufqu'au milieu du règne de Louis XIV ; la feconde partie contient des pièces géographiques, topographiques, & le coftume de chaque royaume, dans les quatre parties du monde : on a ajouté à ces deux parties les éloges *d'André Thevet*, & la defcription du Monde de *Pierre Davity :* cette collection a été cédée par échange en 1756.

En 1770, M. *Fevret de Fontette*, Confeiller du Parlement de Bourgogne, traita pour dépofer au Cabinet fon Recueil fur l'Hiftoire de France, par eftampes, contenu en foixante porte-feuilles, *Cartâ maximâ*, rangées par époque, commençant par le Peuple Gaulois, fous Jules Céfar ; & finiffant avec le règne de Louis XV ; toutes ces Eftampes bien ou mal exécutées, ont fervi pour concourir à l'immenfité des faits de cette Hiftoire ; elles ne déparent point ce bel enfemble, & fi quelque chofe doit fuppléer au manque de perfection dans le détail ; ce qui n'eût pas été poffible autrement, en s'affujettiffant à ne vouloir choifir que des Eftampes fupérieurement gravées, c'eft que cette défectuofité inévitable a été remplacée par des annotations de la main du Rédacteur ; ce travail hiftorique n'a pas peu contribué à mériter à ce favant Magiftrat l'honneur qu'il s'eft acquis jufqu'à la dernière année de fa vie, en 1772, qu'il s'en occupoit encore.

Cette même année, Sa Majefté fit auffi acquifition du Cabinet d'Eftampes de M. *Bégon*, Intendant de la Marine du Roi à Dunkerque : cette collection avoit été formée par fon aïeul, mort en 1710, connu par fes fervices dans les Intendances de la Rochelle & de Rochefort, & par les bienfaits qu'il aimoit à répandre sur les Lettres & sur les Arts : le Livre des Hommes illustres, par Charles Perrault, attendoit pour paroître un généreux Mécène, M. *Bégon* l'aïeul se fit un plaisir de donner des fonds considérables pour la gravure des portraits qui sont le premier objet de ce magnifique ouvrage. Le savant *P. Plumier*, Minime, venoit de travailler à un ouvrage utile, intitulé l'*Art de tourner* ; cet excellent Traité n'auroit pu voir le jour sans les planches qui y étoient absolument nécessaires, M. *Bégon* se chargea de la dépense ; & comme il n'exigeoit que des talens, de la part des studieux qu'il obligeoit, le *P. Plumier* trouva dans cet illustre Magistrat tous les secours dont il avoit besoin, même pour ses travaux de Botanique en Amérique. Les hommes qui ont si bien mérité des Sciences & des Arts, ne sont jamais oubliés ; aussi Sa Majesté Louis XV s'exprime ainsi dans le brevet qu'Elle fit expédier à M. *Bégon* à l'occasion de ce Cabinet: *J'accepte le Cabinet d'Estampes du sieur Bégon mon Intendant de la Marine, moins comme un supplément à celui que j'ai déjà, que par considération pour l'honneur & les bons services qui m'ont été rendus par lui & par ses ancêtres.* Ne pouvant entrer ici dans un long détail sur ce Cabinet, nous observerons seulement que dans le nombre considérable de volumes qu'il contient, il en est un entr'autres du plus rare mérite ; ce sont des oiseaux peints à gouache d'une exécution admirable par le dessin, la couleur & la touche spirituelle : on ignore le nom de l'Auteur, mais on seroit tenté de le croire de la main de la *Virtuose Marie Sybille Merian*, fille célèbre par l'universalité de ses talens, & par son héroïsme dans le voyage qu'elle entreprit pour Surinam, & qui nous a produit un excellent livre qu'elle a dessiné, gravé, colorié & écrit elle-même en latin ; chaque dénomination des oiseaux de ce volume est écrite par la plus belle main hollandoise qui fût alors, il provient de l'inventaire du *sieur Aubriet*, peintre du Jardin du Roi. M. *Bégon* regrette de n'avoir point acquis la totalité des pièces de la même main qui existoient alors, afin que son hommage au Roi fût plus complet, par déférence il partagea l'article de cette vente entre lui & M. *de Malesherbes*, Premier Président de la Cour des Aides.

Parmi un nombre considérable de morceaux détachés que M. *le Comte de Caylus* prenoit plaisir de déposer au Cabinet des Estampes, il fit présent d'un volume sans prix, intitulé: *Peintures antiques*, que le célèbre *Pietre Sante Bartoli* avoit imitées à la gouache, pour la Reine Christine de Suède, pendant le séjour qu'elle s'étoit choisi à Rome : ces peintures sont si précieuses, que M. *le Comte de Caylus*, après les avoir fait graver, voulut ne faire tirer de ces planches que trente exemplaires, ainsi que du savant Discours imprimé qu'il y joignit, car il fit rompre les cuivres sous ses yeux, après avoir placé ce petit nombre d'exemplaires dans les plus fameuses Bibliothèques de l'Europe. Chacun de ces exemplaires est si supérieurement enluminé, qu'ils le disputent de beauté aux dessins originaux. A la prière de M. *le Comte de Lignerac*, aujourd'hui *Duc de Caylus*, le Roi a bien voulu lui laisser la jouissance, sa vie durant, de ce précieux volume que M. *le Comte de Caylus* son oncle, donna au Cabinet des Estampes du Roi en

1764, ainſi qu'un portrait du Roi François I.er peint en miniature par *Nicolo del Abbate* ; ce Prince, repréſenté en pied, eſt ingénieuſement vêtu ſous les emblêmes de cinq Divinités ; il a été gravé de la même grandeur que le tableau, & nous nous propoſons de parler de ce Monument à la ſuite de ces Obſervations.

Il réſulte de ce qui a été dit ci-deſſus, que le Cabinet des Eſtampes du Roi eſt un tréſor inappréciable, utile & agréable ; que cet auguſte Muſée, depuis un ſiècle & demi eſt ſous le gouvernement du nom illuſtre *Bignon ;* qu'il eſt glorieux pour eux, & pour les Miniſtres leurs parens, M. *le Comte de Maurepas* & M. *le Duc de la Vrillière*, d'avoir porté nos Rois à faire de la Bibliothèque Royale, la collection la plus précieuſe & la plus vaſte de l'Europe, de l'aveu même des Savans étrangers ; auſſi ce temple des Muſes fixe-t-il à jamais l'amour & le goût des Arts & des Lettres en France.

C'eſt à M. *Joly*, Garde actuel du Cabinet des Eſtampes du Roi, qui a les connoiſſances les plus ſûres & les plus profondes dans cette partie des Arts, que nous ſommes redevables de cette notice intéreſſante ; nous eſpérons que le Public partagera avec nous la reconnoiſſance que nous lui devons à ce titre, comme il le fait pour le bel ordre qu'il a mis dans le précieux dépôt qui eſt confié à ſes ſoins.

C A B I N E T   D E S   M É D A I L L E S.

Origine & accroiſſement de ce Cabinet.

GASTON DUC D'ORLÉANS avoit donné à Louis XIV, une ſuite de Médailles Impériales en or, & comme M. *Colbert* s'aperçut que Sa Majeſté ſe plaiſoit à conſulter ces reſtes de l'Antiquité ſavante, il n'oublia rien pour ſatisfaire un goût ſi honorable aux Lettres. Par ſes ordres & ſous ſes auſpices, M. *Vaillant* parcourut pluſieurs fois l'Italie & la Grèce, & en rapporta une infinité de Médailles ſingulières. On réunit pluſieurs Cabinets à celui du Roi ; & des Particuliers, par un ſacrifice dont des Curieux ſeuls peuvent connoître l'étendue, conſacrèrent, volontairement dans ce dépôt, ce qu'ils avoient de plus précieux en ce genre. Ces recherches ont été continuées dans la ſuite avec le même zèle & le même ſuccès. Le Cabinet a reçu des accroiſſemens ſucceſſifs, & l'on pourroit dire à préſent qu'il eſt au-deſſus de tous ceux qu'on connoît en Europe, s'il ne jouiſſoit depuis long-temps d'une réputation ſi bien méritée.

Cette immenſe collection eſt diviſée en deux claſſes principales ; l'Antique & la Moderne. La première comprend pluſieurs ſuites particulières, celle des Rois, celle des villes Grecques, celle des Familles Romaines ; celle des Empereurs, & quelques-unes de ces ſuites ſe ſubdiviſent en d'autres, relativement à la grandeur des Médailles & au métal. C'eſt ainſi que des Médailles des Empereurs on a formé deux ſuites de Médaillons & de Médailles en or ; deux autres de Médaillons & de Médailles en argent ; une cinquième de Médaillons en bronze ; une ſixième de Médailles de grand bronze ; une ſeptième de celles de moyen bronze ; une huitième enfin de Médailles de petit bronze.

La Moderne est distribuée en trois classes, l'une contient les Médailles frappées dans les différens États de l'Europe, l'autre les Monnoies qui ont cours dans presque tous les pays du monde, & la troisième les Jetons. Chacune de ces suites, soit dans le Moderne, soit dans l'Antique, est, par le nombre, la conservation & la rareté des pièces qu'elle contient, digne de la magnificence du Roi & de la curiosité des Amateurs.

Au-dessus du Cabinet des Médailles, on trouve celui des Antiques, c'est-là qu'on voit le Tombeau de Childeric I, roi de France, découvert à Tournai l'an 1653, & deux grands Boucliers d'argent, destinés à être suspendus dans des Temples. Le premier, du poids de quarante-deux marcs, fut trouvé en 1656 dans le Rhône, & représente l'action mémorable de la continence du jeune Scipion. Le second, qui pèse un marc de plus, fut découvert en 1714, sous terre dans le Dauphiné, & l'on croit, avec beaucoup de probabilité, qu'il appartenoit à Annibal. Le Cabinet des Antiques renferme encore un très-grand nombre de Figures, de Bustes, de Vases, d'Instrumens des sacrifices, de Marbres chargés d'inscriptions, & enfin de tous les monumens de cette espèce, qu'on a pu rassembler avec choix & avec goût.

LE COLLÉGE ROYAL.

Tous les siècles de l'Église furent infectés de diverses hérésies, mais leurs Auteurs n'eurent jamais de systême plus lié que depuis le XII.ᵉ siècle, qui vit naître les erreurs de *Waldo*. Le prétexte des Hérésiarques fut dans tous les temps de réformer l'Église & de ramener le dogme à sa pureté originelle; celui dont nous parlons & ses successeurs, l'ont toujours mis en avant pour autoriser leurs erreurs.

Les Pères & les Docteurs assemblés en concile à Vienne en 1309, sentirent que le reproche d'ignorance des Langues originales de l'Écriture, que les sectaires faisoient au Clergé catholique, n'étoit malheureusement que trop fondé; pour faire cesser ce scandale, il fut statué dans ce Concile, que dans les quatre plus fameuses Universités de l'Europe, celles de Paris, d'Oxford, de Salamanque & de Bologne, il seroit fondé aux dépens des rois de France, d'Angleterre, d'Espagne, & du Souverain Pontife lui-même, des chaires pour l'étude des langues Hébraïque, Grecque & Arabe.

On ne sait si les autres Puissances nommées au concile de Vienne, se conformèrent à cette partie de ces décrets, mais en France il n'eut point d'exécution que deux cents trente ans après, & ce fut pour combattre avec avantage les hérésies qui pulluloient en Europe sous le règne de François I.ᵉʳ que ce Prince, à la sollicitation de *Guillaume Budée*, Maître des Requêtes, & de *Jean du Bellay*, évêque de Paris, fonda en 1539 deux chaires d'Hébreu & de Grec, auxquelles il ajouta les années suivantes des chaires de Mathématiques, de Philosophie & d'Éloquence latine.

Cette institution eut donc pour objet principal d'humilier l'orgueil des
sectaires,

fectaires, qui fe glorifioient d'entendre mieux l'Écriture fainte que le Clergé catholique, & fubfidiairement d'enfeigner gratuitement les genres de Littérature & de Sciences qui ne s'enfeignoient point auparavant dans l'Univerfité de *Paris*, & de perfectionner les études qui ne s'y faifoient que d'une manière fort imparfaite. *François I.ᵉʳ* affigna à chacun des Profeffeurs deux cents écus d'or de gages, fur fon Tréfor royal ; il les décora du titre de fes Confeillers-Lecteurs & Officiers Commenfaux de fa Maifon, & n'épargna rien pour rendre ces charges l'objet de l'ambition des Nationaux & des Savans étrangers, & un des moyens de les fixer près de lui.

Le fuccès de leurs Leçons, le nombre d'excellens Ouvrages en tous genres qu'ils s'empreffèrent de publier, encouragèrent le Monarque à pouffer plus loin fon établiffement : il avoit deffein de bâtir à ces Profeffeurs un magnifique Collége en face du *Louvre*, fur l'emplacement de l'ancien hôtel de *Nefle*, d'y raffembler fix cents Élèves choifis, & de le doter de cinquante mille écus de revenu en bénéfices ; les Lettres-patentes en furent expédiées & enregiftrées à la Chambre des Comptes, mais les embarras multipliés que lui fufcita l'ambition de *Charles-Quint*, ne lui permirent pas de remplir ce projet. Les Lecteurs & Profeffeurs royaux continuèrent à vivre difperfés & à donner leurs Leçons dans les falles des Colléges de *Tréguier* & de *Cambrai*, que les Principaux de ces deux petits Colléges s'empreffèrent à leur ouvrir.

Henri II, *Charles IX* & *Henri III*, honorèrent les Profeffeurs royaux d'une protection fpéciale : ils daignèrent quelquefois les admettre dans leur Cour, encouragèrent leurs travaux, fondèrent de nouvelles Chaires, & s'engagèrent fucceffivement à remplir le vœu de leur augufte Prédéceffeur ; mais les guerres de Religion où ils fe trouvèrent enveloppés, mirent toujours des obftacles invincibles à l'exécution de ce beau projet.

La Ligue, fi funefte à tous les Ordres de l'État, manqua de renverfer de fond en comble cet Établiffement Littéraire ; dans des temps orageux où l'on manquoit d'argent pour foudoyer les Troupes, on ne s'occupoit guère de pourvoir à la fubfiftance de quelques Profeffeurs, & ils furent quatorze ans fans toucher leurs gages & n'en continuèrent pas moins leurs Leçons.

Après la réduction de *Paris*, ils furent préfentés à *Henri IV*, & lui expofèrent la déplorable fituation où ils étoient réduits : *J'ordonne*, dit ce grand & généreux Monarque, *qu'on ôte un plat de ma table pour en nourrir mes Lecteurs ; M. de Rofni les payera.* Ce Miniftre fi auftère & fi exact, les accueillit avec bonté ; après s'être fait rendre compte de leurs travaux & de leurs fervices : *Les Rois vos fondateurs*, leur dit-il, *vous ont donné de beaux parchemins ; le Roi mon maître vient de vous donner de belles paroles, & moi je vais vous donner de beaux écus au Soleil.*

Non-feulement ce grand Miniftre acquitta ce qui leur étoit dû, mais il fe charga d'être leur folliciteur auprès du Roi, & de demander pour eux une augmentation de gages. En effet, il repréfenta au Roi que la même fomme

m

qui fous *François I.er* mettoit les Profeſſeurs royaux dans l'opulence , ne ſuffiſoit déjà plus pour pourvoir aux premiers beſoins de la vie. C'eſt à la protection toute puiſſante de ce grand homme , bien plus qu'à celle du Cardinal *Du Perron*, que les Profeſſeurs royaux dùrent leurs premières Écoles.

On réſolut enfin d'exécuter une partie du plan de *François I.er*, mais on ne ſongea plus à l'emplacement de l'hôtel de *Neſle*. Les Colléges de *Tréguier* & de *Cambrai* embraſſoient une étendue de terrein aſſez conſidérable pour y faire tous les établiſſemens que le *Collége Royal* pouvoit comporter. *Henri IV* les acquit des Principaux & Bourſiers, qui dùrent avoir, par le contrat, des logemens dans le nouveau bâtiment. On ſe propoſoit d'y loger auſſi la Bibliothèque Royale, qui depuis *François I.er* étoit à *Fontainebleau* , & de doter le nouveau *Collége Royal de France*, car ce fut le nom que lui donna *Henri-le-Grand*, d'une ſomme de dix mille écus de revenu. Les fondemens en furent jetés & les murs commençoient à s'élever, lorſque ce Prince fut enlevé, à la Nation & aux Lettres, par un parricide affreux.

Louis XIII ſon fils vint cependant, dans les premiers mois de ſon règne, poſer la première pierre de l'aile de ce bâtiment, qu'on avoit deſtinée pour y placer la Bibliothèque Royale : ce fut la ſeule qu'on acheva. Les troubles de la Régence, les finances de l'État pillées par d'avides Étrangers, firent ſuſpendre & puis abandonner entièrement les travaux commencés ; ainſi fut fruſtrée l'intention de l'immortel *Henri*. Les Principaux & les Bourſiers des Colléges de *Tréguier* & de *Cambrai* , qui aux termes du contrat d'acquiſition devoient avoir leur logement dans ce nouvel établiſſement, perdant toute eſpérance de le voir achever, comblèrent les travaux commencés & ſe remirent en poſſeſſion de preſque tout leur terrein, ſans que perſonne pût ou voulût s'y oppoſer. Il ne reſta aux Profeſſeurs royaux que trois ſalles au rez-de-chauſſée pour leur ſervir d'École, & une longue galerie au premier étage, où l'on pratiqua quelques cloiſons de bois, & où l'on fit trois ou quatre cheminées pour y loger par la ſuite l'Inſpecteur de ce Collége, & l'un des plus anciens Profeſſeurs ; les autres reſtèrent comme auparavant épars dans les divers quartiers de Paris.

Une tracaſſerie peu importante occaſionna vers ce même temps une ſorte de ſchiſme entre le *Collége Royal* & l'*Univerſité*, & opéra depuis une ſéparation de fait : en voici l'origine.

Les Rois fondateurs des diverſes Chaires royales , s'étoient d'abord réſervé à eux-mêmes le choix & la nomination des ſujets dont ils voudroient les remplir ; dans la ſuite ils ſe déchargèrent de ce ſoin ſur le Grand-Aumônier de France ; mais tous ces Prélats ne ſe trouvèrent pas également capables de faire le meilleur choix, ou de réſiſter aux brigues & à la ſéduction : *Ramus*, doyen des Profeſſeurs royaux, obtint du roi *Charles IX*, des Lettres patentes pour mettre les Chaires du *Collége Royal* au concours, lorſqu'elles viendroient à vaquer : chagrin de ce qu'une loi ſi ſage ne s'exécutoit point, il fonda de ſes propres deniers une Chaire de Mathématiques, qu'il ſoumit aux mêmes

conditions auxquelles il avoit voulu affujettir les autres ; & par l'acte de
fondation, il établit les Profeffeurs royaux Juges du concours (*a*).

Le Recteur, en fa qualité de Chef de l'Univerfité, entreprit de gêner les
Profeffeurs dans l'exercice du droit que leur avoit donné le Fondateur. Il
vint faire une defcente fcandaleufe au *Collége Royal*, & n'y fut pas reçu
avec les égards qu'on eût eus pour fa dignité s'il ne l'eût pas légèrement
compromife ; il intenta un procès au Parlement aux Profeffeurs royaux, &
s'appuyant fur les Lettres patentes de *Charles IX*, il obtint contre eux un
arrêt, qui jugeant ce qui n'étoit point en queftion, puifqu'il s'agiffoit de la
Chaire de *Ramus*, dont la nomination leur étoit déférée par la fondation,
fufpendoit le payement de leurs gages, & privoit le Grand - Aumônier du
droit de nomination aux autres Chaires vacantes. Les Profeffeurs royaux
appelèrent de cet arrêt au Confeil du Roi, où le procès refta fufpendu
pendant fept ans.

Dans cet intervalle, la charge de Grand-Aumônier étant venue à vaquer,
elle fut conférée au Cardinal *Alfonfe de Richelieu*, frère du premier Miniftre.
Cette Éminence n'eut pas de peine à obtenir un arrêt du Confeil, qui caffoit
celui du Parlement & impofoit filence aux Recteur & Suppôts de l'Univerfité,
maintenoit le Grand-Aumônier dans la nomination des Chaires vacantes, &
les Profeffeurs royaux dans l'exercice de leur droit de nomination à celle
de *Ramus*. Ce même arrêt refferroit dans des bornes très-étroites la jurifdiction
du Recteur fur le *Collége Royal*. La forte de haine que ce démêlé avoit
occafionnée, fubfifta long-temps entre ces deux Compagnies, au grand détri-
ment des études ; les Grands-Aumôniers d'un autre côté, que rien ne gênoit
plus, continuant d'abufer de leur autorité, furent privés de l'adminiftration du
Collége Royal, qui fut donnée au Secrétaire d'État ayant le département de
la Maifon du Roi (*b*).

Louis XIII & *Louis XIV* fondèrent de nouvelles Chaires au *Collége
Royal* ; mais ne fongèrent point à augmenter les gages des Profeffeurs, qui
dès-lors fe trouvoient réduits à fix cents livres, ni à fuivre le plan de *Henri IV* ;
la gloire en étoit réfervée au feu Roi *Louis XV*.

Après la réunion des Bourfiers de tous les petits Colléges à celui de
Louis-le-Grand, le feu Roi acquit, au profit du *Collége Royal*, les reftes des
terreins des Colléges de *Tréguier* & de *Cambrai*, qui ne renfermoient plus
que des mafures. Ce premier bienfait n'eût vraifemblablement pas préfervé le
Collége Royal d'une ruine totale, fi les Profeffeurs royaux n'euffent trouvé
dans M. *le Duc de la Vrillière*, un Protecteur zélé. Ce Miniftre mit fous les

---

F (*a*) Cette Chaire eft la feule qui fe foit toujours donnée au concours. En 1669, on donna deux
Chaires vacantes au concours ; mais c'eft le feul exemple de Chaires de fondation Royale données de
cette manière.

(*b*) La feule juridiction que le Grand-Aumônier ait confervée au *Collége Royal*, eft de recevoir le
ferment des Profeffeurs nommés, encore peuvent-ils être difpenfés de cette formalité par un arrêt du
Confeil.

yeux du Roi & de son Conseil, la situation déplorable d'un établissement qui, depuis l'époque de sa fondation, avoit rendu aux Lettres & à l'Éducation les services les plus importans.

Les Professeurs, qui doivent être choisis parmi les Savans les plus distingués, se trouvoient réduits à six cents livres de gages, payables sur le Trésor royal; forcés de se disperser dans les divers quartiers de *Paris*, pour se loger, ils ne pouvoient que très-difficilement se rendre aux heures de leurs Leçons, avec cette exactitude rigoureuse, si nécessaire à la discipline: ils n'avoient que trois Écoles pour dix-neuf Professeurs, & lorsqu'elles se trouvoient remplies, il falloit que le Professeur & les Étudians qui survenoient, attendissent dans une cour, exposés à toutes les injures de l'air, qu'une des salles vînt à vaquer pour la pouvoir remplir. Ces Écoles d'ailleurs auxquelles on n'avoit point touché depuis le commencement du règne de *Louis XIII*, achevoient de se dégrader. Dans le nombre de dix-neuf Chaires, plusieurs se trouvoient doubles ou triples pour un même genre d'enseignement, & n'attiroient par conséquent presque plus d'Auditeurs; tandis que d'autres genres de connoissances, d'une utilité plus générale, manquoient absolument de Professeurs.

Il se présentoit un moyen de remédier à tous ces inconvéniens, sans qu'il en coutât presque rien à l'État: le Roi, dans la distribution qu'il avoit faite du produit du vingt-huitième de la Ferme des Postes & Messageries du Royaume en 1766, après avoir assigné des augmentations de gages, à tous les Professeurs de l'Université, augmenté les pensions des Émérites & pourvu aux dépenses communes, avoit ordonné qu'il fût déposé dans les coffres de l'Université une somme annuelle de trente mille livres, dont Sa Majesté s'étoit réservé d'assigner l'emploi pour le bien & les progrès de l'Éducation.

En 1772, l'Université demanda qu'il fût fait emploi des sommes réservées pour la construction d'un Chef-lieu, qui se trouvoit déjà tout établi au *Collége de Louis-le-Grand*: M. *le Duc de la Vrillière* représenta que le *Collége Royal* ayant été fondé dans le sein de l'Université, & n'en ayant jamais été juridiquement séparé, étoit aussi susceptible qu'aucun autre établissement de l'Université, des grâces du Roi; que les arrérages déjà échus, ne pouvoient être plus utilement employés & contribuer plus efficacement au bien de l'Éducation, qu'en les appliquant aux réparations urgentes & à l'augmentation des bâtimens du *Collége Royal*, & la rente elle-même ou partie d'icelle, à augmenter les gages des Professeurs royaux, qui, vu leur excessive modicité, n'avoient plus aucune proportion avec les besoins de la vie: que lorsque ces Chaires seroient suffisamment dotées, il seroit facile de changer la destination de celles qui paroîtroient superflues; parce qu'alors on trouveroit sans peine des Gens de Lettres, qui consacreroient leurs veilles à les remplir avec l'attachement, le zèle, qui seuls peuvent procurer des succès.

Le Roi, par ses Lettres patentes du 16 Mars 1773, assigna, sur les arrérages déjà échus, la somme de cent vingt mille livres pour la reconstruction & augmentation des bâtimens du *Collège Royal*, en s'engageant de pourvoir de

ses

ſes propres deniers au ſurplus de cette dépenſe, conformément au plan qui ſeroit par lui arrêté, & aſſigna la moitié de la rente, c'eſt-à-dire, quinze mille livres, pour tenir lieu d'augmentation de gages aux Profeſſeurs royaux, ce qui porte les honoraires de ces Chaires à environ quatorze cents livres.

Par arrêt de ſon Conſeil d'État, du 20 Juin de la même année, Sa Majeſté changea la deſtination de celles des Chaires qui étoient doubles ou peu fréquentées, & régla qu'il y auroit déſormais dans ſon *Collége Royal*, outre l'Inſpecteur chargé de veiller à la diſcipline & d'en rendre compte tous les mois au Secrétaire d'État de la Maiſon du Roi ; un Profeſſeur d'Hébreu & de Syriaque, un d'Arabe, un de Turc & de Perſan, deux de Grec, dont l'un expliqueroit les Écrits des anciens Philoſophes ; un d'Éloquence Latine, un de Poëſie, un de Littérature Françoiſe, un de Géométrie, un d'Aſtronomie, un de Mécanique, un de Phyſique expérimentale, un d'Hiſtoire Naturelle, un de Chimie, un d'Anatomie, un de Médecine-pratique, un de Droit Canon, un du Droit de la Nature & des Gens, & un d'Hiſtoire.

Quant aux bâtimens, auxquels on travaille encore, ils conſiſtent en un corps principal avec deux ailes en retour, qui forment une grande & belle cour quarrée, où l'on entre par une porte iſolée, ſurmontée d'un fronton triangulaire, de conſtruction aſſez lourde, qui s'unit aux deux ailes du bâtiment par deux grilles ; mais la diſtribution intérieure de cet édifice, très-ſimple à l'extérieur, répond parfaitement aux divers objets qui s'y enſeignent ; elle conſiſte :

1.º En une magnifique ſalle des Actes, de ſoixante à ſoixante-dix pieds de longueur ſur trente-ſix de large, au fond de laquelle ſera la Statue du Monarque auguſte qui nous gouverne, & qui, à ſon avènement au Trône, a ordonné la continuation de ce monument, conſacré à la gloire des Lettres, & par conſéquent à celle de l'Empire François. Cette ſalle eſt décorée de colonnes doriques, avec une corniche très-riche ; tout autour, entre les colonnes, ſeront placés les buſtes des Rois fondateurs & bienfaiteurs de cet établiſſement, avec des Inſcriptions où ſeront rapportées les fondations des diverſes Chaires & les noms des plus célèbres Profeſſeurs qui les ont remplies.

2.º En huit ſalles deſtinées aux Leçons ordinaires.

3.º En un amphithéâtre pour celles qui conſiſtent en démonſtrations, telles que la Chimie & l'Anatomie.

4.º En un obſervatoire pour les Obſervations aſtronomiques.

5.º En neuf logemens qui ne pourront jamais être habités que par les Profeſſeurs.

Si l'on pouvoit douter de l'utilité que les Lettres & les Sciences ont tirées de cet établiſſement vraiment royal, on n'auroit qu'à conſulter l'hiſtoire qu'a donnée l'Abbé *Goujet*, du *Collége Royal*. Ceux qui parcourront le catalogue qu'il rapporte des Ouvrages des différens Profeſſeurs, ſeront bientôt convaincus qu'aucune autre Société littéraire n'a enrichi l'Europe ſavante d'un auſſi grand nombre de productions ; ce qui eſt le plus bel éloge qu'on en puiſſe faire. La reſtauration de ce Collége, & l'augmentation dans l'état des Profeſſeurs, qui font dûs au zèle de M. *le Duc de la Vrillière*, pour les progrès des connoiſſances, feront paſſer le nom de ce Miniſtre bienfaiſant à l'Immortalité.

JARDIN ROYAL DES PLANTES.

Sous le règne de *Henri IV*, on commença à s'occuper de la Botanique; ce Monarque donna à *Jean Chopin* un terrein & une penſion, pour cultiver les plantes médicinales, & particulièrement celles des pays Étrangers, ainſi que celles que les Navigateurs François apportoient des diverſes parties de l'Amérique. Peut-être ce commencement donna-t-il lieu à l'établiſſement qui ſe fit ſous le règne ſuivant, pour cultiver cette branche intéreſſante de l'Hiſtoire Naturelle; mais on ne peut regarder *Henri IV* comme le Fondateur du *Jardin Royal*.

Cet établiſſement & celui de l'Académie Françoiſe, ſont à peu-près du même temps *. *Le Cardinal de Richelieu*, dont le vaſte génie embraſſoit tout, fonda l'Académie Françoiſe pour perfectionner la Langue & le goût, & il établit les Écoles du *Jardin du Roi* pour avancer les Sciences, & ces deux établiſſemens ont eu le plus grand ſuccès juſqu'à nos jours. Les Écoles d'Anatomie, de Botanique & de Chimie, ont toujours été remplies, au *Jardin Royal*, par les Hommes les plus célèbres dans chacun de ces genres, & elles ſont, de l'aveu même des Étrangers, au-deſſus de toutes les Écoles de l'Europe. On y fait chaque année un cours d'Anatomie, un cours de Chirurgie & un cours d'Opérations, & le nombre des Étudians eſt régulièrement de huit cents ou de mille. Un plus grand nombre encore ſe trouve au cours de Botanique, dont les Profeſſeurs & Démonſtrateurs donnent des Leçons dans le *Jardin* même, & enſuite en pleine campagne. Il en eſt de même des cours de Chimie, l'affluence des Étudians y eſt tout auſſi grande, & c'eſt principalement de ce foyer que ſe ſont répandues, depuis cent cinquante ans, les lumières & les connoiſſances de ces Sciences phyſiques.

Le *Jardin Royal* contient tous les arbres & toutes les plantes de l'Univers connu, tant celles qui peuvent vivre en pleine terre, que celles qu'on eſt obligé de conſerver dans des ſerres chaudes, qui, ſans compter les Orangeries, ſont au nombre de ſept & d'une grande étendue. On y compte actuellement neuf à dix mille eſpèces de plantes, dont toutes les étrangères ont été deſſinées ſucceſſivement par les plus habiles Peintres en miniature, depuis le commencement de cet établiſſement; & cette précieuſe collection de deſſins, qui ſe continue encore aujourd'hui, eſt dépoſée à la Bibliothèque du Roi, dans un très-grand nombre de porte-feuilles, & fait un des objets principaux de la curioſité des Étrangers qui cherchent à s'inſtruire. M. *le Comte de Buffon*, ayant été

---

* *Louis XIII* donna pour cet établiſſement, ſes Lettres patentes en Février 1626; *Gui de la Broſſe*, ſon Médecin, en fut Intendant, M.rs *Valot*, *Fagon*, *Chirac*, *Dufay*, eurent ſucceſſivement cette Intendance juſqu'en 1739, que M. *le Comte de Buffon*, actuellement en exercice, en fut pourvu par le feu Roi; M.rs *de Tournefort*, *Vaillant*, *Antoine & Bernard de Juſſieu*, ainſi que M. *le Monnier*, actuellement Démonſtrateurs, ſe ſont particulièrement diſtingués dans la Botanique.

nommé par le Roi en 1739, à l'Intendance du Jardin du Roi, sentit qu'il manquoit encore à cet établissement une chose essentielle pour l'avancement de la Science de la Nature, & il a formé en peu d'années le *Cabinet d'Histoire Naturelle*, en même temps qu'il a formé la Science même par ses ouvrages. Le *Cabinet* est sans contredit le plus complet qu'il y ait en Europe, parce que chaque classe & chaque genre de la Nature y sont également avancés. On y voit, pour le règne animal, la suite entière des squelettes de tous les animaux quadrupèdes, de plusieurs poissons, oiseaux, &c. ainsi que leurs dépouilles parfaitement conservées : la salle qui contient les oiseaux paroît être une immense volière remplie de plus de mille espèces d'oiseaux différens : les grands poissons & les reptiles sont attachés aux planchers ou aux parois des murs, & les petites espèces conservées dans des vases remplis d'esprit-de-vin : les insectes sont dans des cadres entre deux verres & forment un autre coup-d'œil très-agréable, leur nombre paroît immense ; les coquilles, qui ne sont que les dépouilles d'une classe très-nombreuse dans la Nature, remplissent une très-grande suite de tiroirs, & tout ce qu'il y a de plus rare & de plus singulier dans la Nature vivante, se trouve ici conservé avec le plus grand soin.

Le règne végétal végète en entier dans le Jardin, & l'on trouve de plus dans le *Cabinet* des herbiers immenses qui contiennent toutes les plantes préparées & desséchées : on y trouve aussi de beaux échantillons de tous les bois rares, de toutes les gommes, résines, baumes & autres exudations des plantes, & enfin toutes les graines des végétaux étrangers.

Le règne minéral se présente ensuite avec toutes ses richesses, les pierres précieuses, depuis le diamant jusqu'au cristal ; les métaux, les demi-métaux, toutes les matières métalliques, toutes les pierres transparentes ; en un mot, toutes les substances minérales connues & recueillies dans toutes les parties du monde, & rangées dans le plus bel ordre & de la manière la plus facile pour l'instruction, attirent un très-grand nombre d'Étrangers, & même tous les gens de la Nation qui ont du goût pour les Sciences. On ouvre au Public le *Cabinet* deux fois par semaine, & l'affluence du monde y est constamment égale.

L'Histoire Naturelle & les Naturalistes doivent une reconnoissance immortelle à M. *le Comte de Buffon*, ainsi qu'à M. *Daubenton*, qui ont mis dans le plus bel ordre les richesses dont le *Cabinet* est rempli, & qui par-là ont facilité aux gens studieux l'intelligence de cette Science, presqu'ignorée jusqu'à eux.

EXPLICATION *d'un Monument en Peinture à la gloire de François I.ᵉʳ tiré de Bibliothèque du Roi.*

FRANÇOIS I.ᵉʳ repréſenté debout & emblématiquement, peint en miniature par *Nicolo Dell' Abbate*, Élève du *Primatice.*

Donné au Cabinet des Eſtampes du Roi en 1765 , par M. le Comte de Caylus ; ce Tableau porte , ainſi que l'Éſtampe , neuf pouces de haut ſur ſix pouces de large.

NICOLO DELL' ABBATE a voulu, ſous cinq emblêmes différens, réunir dans une ſeule & même figure les principales vertus & les traits de François I.ᵉʳ; comme dans les vers qui ſe liſent au bas, le Poëte *Ronſard* a tenté d'exprimer ce que le Peintre montroit aux yeux, ils ont uni leurs talens pour mieux caractériſer ce Héros , qui fut le Père des Lettres & des Arts en France; voici les vers :

> *Francoys en Guerre eſt un Mars furieux,*
> *En Payx Minerve & Diane à la Chaſſe ,*
> *A bien parler Mercure copieux ,*
> *A bien aimer vray Amour plein de grâce :*
> *O France heureuſe honore donc la face*
> *De ton grand Roy qui ſurpaſſe Nature !*
> *Car l'honorant tu ſers en même place*
> *Minerve , Mars , Diane , Amour , Mercure.*

Le Monarque eſt debout, le caſque de Minerve, orné de plumes blanches , couvre ſa tête , il tient du bras droit, armé de fer, ſon épée la pointe en haut ; ſon bras gauche eſt nu, dans la forme & dans le caractère de l'Adoleſcence, ou du Dieu de l'Éloquence, portant le Caducée, ſymbole qui déſigne que le Héros s'occupoit des Lettres, dans les momens où Mars le laiſſoit repoſer ; il a ſur la poitrine l'Égide de Minerve chargée de la tête de Méduſe ; ſon habillement , à la manière de Diane , eſt négligemment agraffé ſur l'épaule par un muſle de Lion, & retrouſſé ſur la hanche par une ceinture ; ſur l'autre épaule il porte le carquois avec un cornet de Chaſſeur & s'appuie ſur un arc : ces attributs rappellent le goût que ce Prince avoit pour la chaſſe , plaiſir digne du loiſir des Rois: ſa parure eſt de couleur rouge, ſoyeuſe & frangée d'or ; elle retombe avec grâce ſur ſes jambes chauſſées de brodequins auxquels ſont attachées les Talonnières de Mercure , pour achever d'exprimer que ſes qualités dominantes étoient l'activité, la valeur & l'amour des Muſes.

M. le *Comte de Caylus* , frappé de l'idée ingénieuſe de cette compoſition, en faiſoit l'un des ornemens de ſon Cabinet; mais comme chaque découverte, qui tenoit à la gloire de la Nation & des Arts, lui ſembloit autant d'hommages à faire au Roi, il donna entr'autres ce morceau curieux au Cabinet des Eſtampes de la Bibliothèque Royale : il vint le voir encore peu de jours avant ſa mort, & dit avec tranſport: *Ce portrait a auſſi bonne grâce , à la tête de ce riche Cabinet, qu'avoit François I.ᵉʳ lui-même à la journée de Marignan* *.

---

* Le Milanès conquis en 1515.

DESCRIPTION

DESCRIPTION
DU
TOMBEAU DE M. LE COMTE DE CAYLUS.

LE Monument antique a trois pieds un pouce six lignes de haut, fur trois pieds trois pouces neuf lignes de large *.

Ce Tombeau eft antique & de porphire; il a paffé du palais *Verofpi* en France, où M. *de Caylus* en avoit fait l'acquifition; il l'a laiffé, par fon teftament, à fa Paroiffe, dans l'intention qu'il lui fervît de monument fépulcral.

M. *le Comte de Maurepas*, prié par M. *de Caylus* fon ami, d'exécuter fes dernières volontés, a fait transférer ce Tombeau à l'églife de Saint Germain-l'Auxerrois, où M.ʳˢ les Curé & Marguilliers ont eftimé devoir en décorer la chapelle du Grand-Confeil ou des Patrons.

M. *le Comte de Maurepas* a choifi le fieur *Vaffé*, Sculpteur du Roi & Deffinateur de l'Académie des Infcriptions & Belles-Lettres, pour faire les ornemens jugés convenables à la place que ce morceau d'antiquité devoit occuper dans une églife & à la mémoire de fon ami: ces augmentations confiftent en un médaillon de bronze, entouré de deux branches de cyprès, tombantes & appliquées fur une nappe de marbre noir, fur laquelle on lit cette Infcription: *Hic jacet A CL. PH. de Thubieres, Comes de Caylus, utriufque & Litterarum & Artium Academiæ Socius: obiit die* VI *Sept.* A. M. DCCLXV, *ætatis fuæ* LXXIII.

La fimplicité de cette Épitaphe eft parfaitement d'accord avec celle du monument, & avec celle de l'ame & des mœurs du Mécène des Artiftes, dont elle indique la perte: les Académies dont il étoit Membre & les Ouvrages qu'il a laiffés, apprennent à l'Europe favante fes connoiffances profondes fur l'Antiquité & fon goût pour les Arts, qu'il cultiva toute fa vie, à l'ombre des ateliers & dans l'oubli de l'éclat des grandeurs qu'il auroit pu tenir de fes vertus & de fa haute naiffance.

Une lampe à l'antique, placée fur le farcophage, ajoute à l'effet lugubre de ce monument; il eft élevé fur un maffif à fimples moulures, s'amortiffant à une proportion géométrale qui porte le Tombeau: l'engencement du tout enfemble, ainfi qu'il a été dit, eft du deffin de *Vaffé*.

M. *le Comte de Maurepas*, fi digne de remplir des fonctions intéreffantes pour les Arts & pour l'amitié, a bien voulu permettre que la Gravure perpétuât ce monument dans tous les Cabinets de l'Europe, & qu'elle lui fût dédiée.

---

* *Voyez* le VII.ᵉ volume des Antiquités de M. *de Caylus*, & les Journaux de Trévoux, des Savans, &c.

MONUMENS qui se trouvent dans les Jardins de plaisance du BARON DE COBHAM, près de Londres, & ceux de M.ᵇʳ le DUC DE CHARTRES, à la Barrière de Monceaux, près de Paris.

LORSQU'ON sort de l'enceinte immense de la capitale de l'Angleterre, on trouve une infinité de Maisons de campagne, où l'on respire un air pur & dégagé des vapeurs mal-saines du charbon de terre, dont on est infecté dans cette ville. Ces maisons, pour la plus grande partie, appartiennent à des Négocians, qui, comme ceux d'Amsterdam, y vont le samedi au soir & en reviennent le lundi matin, pour se trouver au coup de midi à la Bourse; mais c'est sur-tout dans les provinces que les Seigneurs ont des habitations charmantes. Entre celles qu'on peut citer, il en est une à *Buckingham-Shire*, appartenante au *Lord Richard Grenville-Temple*, Vicomte & Baron de *Cobham*.

La maison qui est magnifique & de la distribution la plus élégante & la plus commode, a quatre cents pieds anglois de face, ou trois cents quatre-vingts pieds de France; elle renferme une infinité des choses rares & précieuses; comme Dorures, Glaces, Marbres, Porcelaines, Tentures, Tapis, Tapisseries des Gobelins, Statues, Vases antiques & Tableaux de toutes les Écoles. Cette superbe habitation, pour un particulier, est placée au centre à peu-près d'un jardin extrêmement vaste, dont la face principale, regardant le nord-ouest, a quatre mille huit cents pieds anglois de largeur : outre les jardins, il y a encore un Parc immense; mais ce sont ces jardins qui méritent une attention particulière, par la distribution du terrein & par la singularité & la multitude des monumens de diverses espèces, dont il est, pour ainsi dire, semé.

On voit d'abord un arc de triomphe, d'ordre Corinthien, haut de soixante pieds & large d'autant, sur une épaisseur de vingt-sept pieds; l'ouverture de l'arcade est de dix-neuf pieds, sa hauteur, du sol au sommet du ceintre, est quarante-deux pieds, le tout mesure angloise, on monte à la plate-forme qui le couronne, par un double escalier à deux rampes.

A l'entrée du jardin, du côté du midi, on voit deux Pavillons, ayant chacun un péristile d'ordre Dorique, où l'on parvient par un degré de plusieurs marches, ces deux péristiles sont couronnés d'un fronton triangulaire: au-delà de ces pavillons, en face de la grande allée qui conduit au château, on trouve un petit lac d'eau vive, qui est fournie par une rivière qui entre dans ce jardin du côté de l'est, & qui est appelée *rivière supérieure*; cette rivière, en entrant dans ce jardin, passe sous un pont nommé *Palladian-Bridge*, pont de cinq arches, surmonté d'une espèce de portique d'ordre Dorique & d'une structure très-élégante: à la décharge de cette rivière, dans le lac dont nous venons de parler, est un autre pont de pierre, près duquel est un monument érigé à la mémoire de *Congréve*, célèbre Poëte Dramatique; c'est une espèce de pyramide ornée sur ses faces de divers attributs de la Poësie Dramatique & Pastorale, de masques & de feuillages; un Singe est au sommet, tenant un miroir, avec cette Infcription au bas, *Vitæ imitatio, Confuetudinis fpeculum Comedia :* & au bas de l'image de ce Poëte eft cette autre Infcription, *Ingenio acri, faceto, expolito, moribufque urbanis, candidis, facillimis Guillielmi Congréve hoc qualecumque defiderii fui folamen fimul ac monumentum pofuit Cobham, 1736;* près de-là, dans un bofquet très-orné, eft un autre monument; à la gauche de ce lac fe trouve une cafcade magnifique, appelée la *Cafcade de Saint-Roch,* qui fert de décharge à ce petit lac, dont les eaux en rempliffent un autre bien plus confidérable, ayant d'un côté un bofquet très-embelli, qui fait le pendant de l'autre, dans lequel on a conftruit un Hermitage d'une ftructure agrefte; au midi de ce lac eft un temple femi-circulaire, avec deux pavillons en boffage; ce temple eft dédié à Vénus, portant cette Infcription, *Veneri Hortenfi,* il eft dans le goût de l'Antique : à l'oueft de ce lac, eft un haut Rocher artificiel; plus loin au nord, & fur les bords du même lac, eft une promenade champêtre, & près de-là un autre temple femi-circulaire, appelé le *Temple de Diane;* puis une pyramide dans le goût de celles d'Égypte, que le *Lord Gobham* a fait élever à *Sire Jean Vanbrugh,* Chevalier, qui lui avoit donné les deffins d'un grand nombre de monumens de fes jardins; enfuite de grands & beaux bofquets en labyrinthe, où l'on voit un autre temple à Bacchus, auquel on monte par une rampe, qui des deux côtés porte deux Tigres, ce temple eft carré & à boffage, d'un ftile fimple; un autre appellé *Lady Temple Spinni,* décore une autre partie de ces bofquets, & dans un grand efpace, prefque circulaire, qui les fépare, on voit un obélifque érigé à la mémoire du *Major général Wolfe,* avec cette Infcription, tirée du fixième Livre de l'Énéïde, *Oftendent terris hunc tantum, fata,* 1759.

A l'un des angles du jardin, du côté de la principale entrée, eft un petit monument deftiné à fe repofer, appellé *Nelfons Seat,* c'eft un petit édifice avec un périftile d'ordre Ionique, carré & terminé par deux petits avant-corps en eau congelée, furmonté de deux vafes antiques; près de-là eft un bofquet, appellé *Rogers Walck;* à quelque diftance eft une partie de jardin potager touchant un parterre, qui eft devant la façade du midi de la maifon, & il y en a un pareil de l'autre côté du même parterre & dans une direction parallèle au premier; au-deffous de ce potager eft un petit temple d'ordre Ionique, à colonnes ouvertes, foutenant une coupole ronde, ce portique eft élevé fur un focle de plufieurs marches, au centre duquel eft un piédeftal rond portant une ftatue copie de la Vénus de *Médicis;* dans un bofquet, qui tient un efpace confidérable, eft un monument, connu fous le nom de *Théâtre de la Reine;* dans ce même bofquet l'on voit une colonne d'ordre Corinthien, élevée fur un focle de trois marches, furmonté d'une Statue pédeftre du roi George II, en habits royaux, près de-là eft un bofquet, en amphithéâtre, appellé *Garnets Walck.*

On voit enfuite une longue & large avenue de gazon qui conduit à un vafte parterre en boulingrin; au-deffous du potager à droite eft une ancienne églife du vrai genre gothique; puis une grotte & un temple en rocailles & en coquillages, près de-là eft une forte de lac formé par les rivières dont on a parlé, où l'on a fait une île ombragée, comme on en voit deux autres dans le grand lac; dans un bosquet touffu & sombre, sont deux cavernes ou antres de Magiciens; près de ce bosquet on voit un pont de coquillages & de rocailles.

Dans un espace vide, assez considérable, à droite du parterre, est un temple consacré aux Personnages illustres de l'antiquité, c'est une rotonde élevée sur un socle octogone, entourée de colonnes Ioniques qui forment un portique rond, lequel porte une galerie, au centre de laquelle paroit la coupole du temple qui la surmonte, on monte à ce Temple par deux rampes de dix degrés chacune, le diamètre de ce portique, le socle non compris, est de trente-huit pieds anglois, le vide du temple n'en a que dix-huit de diamètre, l'Inscription est *Priscæ Virtuti.*

On y voit Lycurgue, avec cette Inscription au-dessus de son buste, *Qui summo cum consilio, inventis legibus, omnemque contra corruptelam munitis optimè, Pater Patriæ libertatem firmissimam & mores sanctissimos expulsâ cum divitiis, avaritiâ, luxuriâ, libidine, in multa sæcula civibus suis instituit.*

Au-dessus de celui de Socrate est celle-ci, *Qui corruptissimâ in civitate innocens, bonorum hortator, unici cultor Dei; ab inutili otio & vanis disputationibus ad officia vitæ & societatis commoda Philosophiam avocavit, hominum Sapientissimus.*

Au-dessus de celui d'Homère, *Qui Poëtarum princeps idem & maximus, virtutis, preco & immortalitatis largitor, divino carmine ad pulchrè audendum & patiendum fortiter, omnibus notus gentibus, omnes incitat.*

Au-dessus de celui d'Épaminondas, *Cujus a virtute, prudentiâ, verecondiâ Thebanorum Respublica libertatem, simul & imperium, disciplinam bellicam civilem & domesticam accepit, eoque amisso perdidit.*

Autour de la frise de la coupole est celle-ci, *Carum esse civem, bene de Republicâ mereri, laudari, coli, diligi, gloriosum est: metui verò & in odio esse invidiosum, detestabile, imbecillum, caducum.*

Autour de celle du portique est cette autre Inscription, *Justitiam cole & pietatem, quæ cùm sit magna in parentibus & propinquis, tum in Patriâ maxima est. Ea vita via est ad Cœlum, & in hunc cœtum eorum qui jam vixerunt.*

On voit dans ce jardin des grottes de bergers, des pieces de ruines artificielles, une grotte sauvage appelée l'*Antre de Didon*; une sorte de chaumière, dite la *Grotte de Saint Augustin*, surmontée d'une Croix: l'on a mis à cette grotte une Inscription en vers latins rimés, fondés sur un mauvais conte que les Protestans font sur ce célèbre Évêque *; un arc de triomphe Dorique, sur

---

Sanctus pater Augustinus
(Prout aliquis divinus
Narrat) contra sensualem
Actum veneris letalem
(Audiat Clericus) ex nive
Similem puellam vivæ
Arte mirâ conformabat,
Quâcum bonus vir cubabat.
Quod si fas est in errorem
Tantùm cadere Doctorem

Quæri potest; an carnalis
Mulier, potiùs quàm nivalis,
Non sit apta ad domandum,
Subigendum, debellandum,
Carnis tumidum furorem
Et importunum ardorem?
Nam ignis igne pellitur,
Vetus ut verbum loquitur.
Sed, innuptus hac in lite
Appellabo te, Marite.

un

un des côtés duquel eft cette Infcription, *Ameliæ Sophiæ Aug.* & cette autre, *O colenda femper & culta ;* du côté du nord, en face du château, eft un piédeftal, fur lequel eft élevée une Statue équeftre de George Ier, armé en guerre ; fur l'une des faces de ce piédeftal on lit cette Infcription, *In medio mihi Cæfar erit, & viridi in campo fignum de marmore ponam. Cobham.*

Et fur l'autre face oppofée eft cette autre Infcription, *Georgio Augufto ;* fur une bafe élevée fur un focle de quatre marches, fur quatre colonnes cannelées, d'ordre Ionique, qui portent une autre bafe, eft pofée la Statue de la reine Caroline, en habit de cérémonie.

Outre les principales entrées, décorées de pavillons & de guérites, on voit encore deux portes, l'une d'ordre Tofcan, à boffages, fur le chemin qui va au Comté de Kent, une autre en boffages vermiculés, fur le chemin qui conduit à Leoni.

Dans ce même jardin on voit un temple dédié à l'Amitié, un autre érigé à la gloire des Hommes célèbres de l'Angleterre ; ce temple, qui eft d'une ftructure fingulière, renferme, dans des niches, les images de *Thomas Gres-ham*, d'*Ignace Jones*, de *Jean Milton*, de *Guillaume Shakefpear*, *Jean Locke*, *Ifaac Newton*, *François Bacon*, *Lord Verulam ;* du roi *Alfred*, d'*Édouard*, Prince de Galles ; de la reine *Élifabeth*, du roi *Guillaume III*, de *Sir Walter Raleig*, & *François Drake*, célèbres Marins Anglois ; *Jean Hampden*, *Jean Barnard*, & une infinité d'autres.

Un troifième temple aux Dames ; un quatrième, de forme octogone, dédié à la Poëfie paftorale ; un cinquième confacré à la Victoire & à la Concorde, dont les quatre angles fupérieurs, ainfi que les extrémités du comble, font ornés de Statues analogues aux Divinités auxquelles ce temple eft confacré ; cet édifice, qui eft oblong, eft élevé fur un focle de fept à huit pieds de hauteur, on monte au périftile par un efcalier de plufieurs marches, ce temple eft entouré de colonnes Doriques, il y a deux périftiles aux deux extrémités, fur la frife de l'un d'eux, eft cette Infcription, *Concordiæ & Victoriæ*, fur l'autre, *Concordia Fœderatorum, Concordia Civium*, dans le tympan triangu-laire, *Quo tempore falus eorum in ultimas anguftias deducta nullum ambitioni locum relinquebat.* Le *Lord Cobham* fait fans doute allufion à la fituation cri-tique des Alliés en 1757 ; mais il a affecté d'étaler, avec l'orgueil propre à fa nation, les triomphes des Anglois dans les Campagnes fuivantes, qu'il a fait fculpter autour de ce temple ; on en voit enfin un d'un genre gothique & fin-gulier, le portail eft accompagné de deux tours furmontées de deux tourelles, & au milieu eft une groffe tour pentagone, dont le comble eft plat, avec cinq petits clochers à chaque angle, & un petit édifice à quelque diftance de-là qu'on appelle *Cold Bath* ou bains froids.

Dans un autre bofquet de ce fameux jardin, on voit une colonne roftrale, érigée à la gloire du Capitaine *Grenville ;* fur l'une des faces de la bafe qui porte cette colonne, au fommet de laquelle eft la Poëfie héroïque, on lit cette Infcription, *Non nifi grandia canto ;* & fur une autre face, celle-ci, *Dignum*

p

laude virum Musa vetat mori ; fur une troifième face & la principale, eft un éloge de ce Capitaine *Grenville*, en ces termes, *Sororis suæ filio, Thomæ Grenville, qui navis Præfectus Regiæ, ducente classem Britannicam Georgio Anson, dum contra Gallos fortissimè pugnaret, dilaceratæ navis ingenti fragmine, fæmore graviter percusso, perire, dixit moribundus, omnino satiùs esse quàm inertiæ reum in judicio sisti ; columnam hanc rostratam laudans & mœrens posuit Cobham, insigne virtutis, eheu ! rarissimæ exemplum habes ; ex quo discas quid virum Præfecturâ militari ornatum deceat 1747.*

Dans un emplacement affez vafte on aperçoit une forterefle antique, avec des tours carrées, qui flanquent les angles, avec des crénaux, des meurtrières, en un mot, ayant tous les caractères des vieux châteaux forts de nos anciens grands Feudataires ; dans un autre efpace eft une pièce de ruines.

Enfin nous terminerons cette defcription par celle d'un monument érigé à la gloire du maître même de ce féjour enchanté ; c'eft une colonne cannelée, dans le genre de celle de l'ancien hôtel de Soiffons, fi ce n'eft qu'elle eft furmontée d'une lanterne de pierre, fur la coupole de laquelle eft la ftatue du Seigneur de ce délicieux domaine ; fur l'une des faces de la bafe octogone, qui porte cette colonne, au fommet de laquelle on monte par un efcalier en vis, on lit cette Infcription, *Ut L. Luculli summi viri virtutem quis? at quàm multi villarum magnificentiam imitati sunt ;* fur la face oppofée eft cette autre, *Quatenus nobis denegatur diù vivere ; relinquamus aliquid, quo nos vixisse testemur.*

Tous ces monumens & autres, deffinés par *Seeley* & gravés par *Schmitk*, ont été recueillis en un volume *in-8.°* avec le plan géométral de chacun d'eux, & ont été imprimés à Londres en 1769.

On voit que le *Lord Cobham*, au moyen de cette ingénieufe invention, eft affurément bien heureux de pouvoir, quand bon lui femble, parcourir en pantoufles & en robe de chambre fon fuperbe manoir, faire, pour ainfi dire, le tour du globe chaque jour & le voir en abrégé, fans pour cela perdre de vue fon *Thé*, fa *Pipe*, fon *Roosbif*, ni l'*Evening-Poste* ; mais les embelliffemens de fa terre paroîtront toujours un bon emploi des loifirs d'un Sage.

Un jeune Prince, fait pour les plus grandes chofes, vient, parmi nous, d'occuper les fiens dans un établiffement du même genre, aux portes de Paris ; l'Antique & le Gothique s'y montrent par-tout, fingulièrement ce dernier genre y eft traité avec une vérité étonnante.

Nous efpérons que ce Prince, qui, à l'exemple de fon Bifaïeul, cultive avec fuccès toutes les Sciences, qui aime les Arts, protège les Artiftes, ne trouvera pourtant pas mauvais qu'un Amateur & même l'un des plus fincères admirateurs de fes hautes qualités, lui faffe une petite obfervation fur ce gothique manoir digne d'un ancien Preux, du règne de Charles VII, qui femble avoir été magiquement tranfporté de la *Beauce* au jardin de *Monceaux*.

Cet Amateur prend donc la liberté d'obferver que cet antique & noble Fief, que furmonte le lierre, a un peu trop l'air d'un bien depuis long-temps en décret, & dont le propriétaire fuit ſes Créanciers & les Sergens ; en effet, on n'y rencontre jamais le Seigneur châtelain, qu'on ne peut cependant pas ſuppoſer toujours à la guerre, à la chaſſe, à la meſſe, ou dans ſes vignes.

On deſireroit donc qu'en entrant dans ce vieux caſtel à pont-levis, machicoulis, tourelles, crenaux, qu'après avoir paſſé, en recommandant ſon ame à Dieu, ſur le pont ruiné qui y donne accès, l'on trouvât par fois le bon Châtelain, aſſis dans le fauteuil à bras, diſant ſes heures, ou liſant les hauts faits des Chevaliers de la Table-ronde, ou contant à ſa Nièce & à ſa Gouvernante ſes exploits galans & guerriers ; qu'il fût dans l'accoutrement des Preux de l'ancien temps, c'eſt-à-dire, mouſtaches ſous le nez, chapeau rabattu à plumaches, fraiſe, pourpoint noir & cramoiſi, baudrier à franges, auquel ſeroit ſuſpendu une redoutable rapière, brayette, chauſſes, &c. & qu'il invitât loyalement ceux qui lui feroient viſite, à boire du vin du crû, à la ſanté du Seigneur haut-Juſticier dont il relèveroit.

L'on voudroit voir par fois le petit doguin, chien favori de la Nièce, tourner la broche ; la baſſe-cour bien garnie de volailles groſſe & menue ; le deſtrier du Seigneur Châtelain, la jument bai-brune de la Nièce & le rouſſin du Varlet ; une *Dame-Marie* qui feroit le potage du vieux Baron & la Servante de peine, pour traire les vaches & donner à manger aux poules & pigeons de volière.

On connoît aux Invalides un vieil Officier, qui a ſervi, dit-on, quarante-cinq ans, dans le régiment d'Orléans Infanterie ; brave Soldat, bon Gentilhomme, originaire de la Beauce & peu fortuné ; à qui il ne manque qu'une motié de joue, un œil, un bras & une jambe, qu'il a ſucceſſivement perdus en trois batailles, ſix aſſauts de places & vingt eſcarmouches ; mais qui a toutes ſes dents ; du reſte vigoureux encore, marchant bien, chaſſant par fois, dormant bien, mangeant fort, liſant peu, buvant ſec, pérorant, Dieu ſait, prolixement ſur les faits glorieux de ſon Régiment & de ſon Colonel ; on croit que M. le Baron, tel qu'on vient de le peindre, pourroit être le digne Deſſervant d'un pareil bénéfice Militaire, s'il plaiſoit à ſon Alteſſe de le fieffer à vie à ce digne perſonnage, en lui accordant toute Juſtice & Droits honorifiques & utiles, dans l'étendue dudit fief ; à la charge, par ledit Baron, de prêter foi & hommage, chaque année, au jour de la *Saint-Philippe*, à ſon Seigneur ſuzerain ; pour quoi il lui ſeroit fourni litière avec deux mulets de Poitou, à plumaches & ſonnailles ; ledit Baron ſeroit ſuivi de ſon Varlet, monté ſur le rouſſin bai-roux de ſa Nièce & de ſes Servantes, portant en deux paniers d'oſier, couverts de linge blanc de leſſive, demi-cent d'œufs frais & deux gélines blanches de rente, avec quenouille de fin lin : le ſuſdit Baron, à l'iſſue de la Grand'meſſe, introduit à l'audience de ſon Seigneur, un genou en terre, ſe reconnoîtroit ſon Homme-lige, & la Demoiſelle ſa Nièce, en barbes pendantes & cotte détrouſſée, après trois révérences, baiſeroit le bas de la robe de ſa *Dame*, & préſenteroit ſes œufs, gélines & quenouille ; de tout quoi ſeroit fait acte en bonne & dûe forme ; après quoi, ſeroient comptées, audit Baron, quinze cents livres tournois par le ſuſdit Seigneur ſuzerain ;

laquelle fomme, annuellement payée, feroit éteinte après la mort dudit Châtelain, qui décederoit fans hoirs légitimes, & feroit enterré fimplement dans la chapelle du fufdit château , & fur fa perfonne cuiraffée feroit mife une tombe de cartelage Étrufque, avec fon épitaphe en caractères gothiques & idiome de la Beauce.

MANUFACTURE DE PORCELAINE DE SÉVES.

Nous avons été long-temps, avec toutes les Nations de l'Europe, tributaires de la Chine & du Japon, pour les Porcelaines. Les Saxons ont été les premiers qui fe font affranchis de cette efpèce de tribut ; ils ont trouvé le fecret d'une très-belle pâte & d'un bel émail : bientôt l'induftrie françoife s'eft éveillée & elle n'a pas tardé à trouver le fecret de ces compofitions ; mais elle a fait beaucoup mieux que fes Modèles, & tous les jours elle perfectionne fon invention.

C'eft à M. *Orry de Fulvy*, Confeiller d'État, Intendant des Finances, frère de M. *Orry*, Contrôleur général des Finances pendant feize ans, & auffi bon Citoyen que ce digne Miniftre, que nous devons la fabrique précieufe de la porcelaine de France ; il y a environ quarante ans, qu'il établit à *Vincennes*, à fes frais, cette Manufacture, dont les progrès faifoient déjà honneur à fon Fondateur, lorfqu'il mourut en 1751.

Ce fut peu de temps après, & depuis environ vingt ans, que le feu Roi, voulant donner à cette nouvelle Manufacture tous les encouragemens & tout l'éclat dont elle pouvoit être fufceptible, fit bâtir un grand & vafte édifice au village de Séves, où l'on mit tous les Ouvriers les plus capables de bien faire. Les plus habiles Artiftes n'ont pas dédaigné de donner des modèles en tous les genres, & aujourd'hui on y exécute, en peinture & en fculpture, ce qu'on peut faire de plus agréable & de plus fini : les buftes, en grand, du Roi & de la Reine, parfaitement bien reffemblans & caractérifés, en font des preuves, ainfi que divers grouppes, qui rendent des fujets de la Fable & autres, ont été trouvés parfaitement bien compofés & exécutés.

La réputation de cette Manufacture, fait aujourd'hui rechercher par-tout les ouvrages qui en fortent, & qui, dans leurs genres, font autant de chef-d'œuvres.

C'eft toujours aux foins & aux lumières de M. *Bertin*, Miniftre actuel, plein de goût dans tous les objets qui ont trait aux Arts, à qui le feu Roi confia cette partie d'adminiftration, que nous devons la réuffite la plus grande dans ce nouvel établiffement, le feul qui manquât en France, & que nous voyons égaler tous ceux qui ont précédé celui-ci, de quelqu'efpèce d'utilité & même de luxe qu'ils puiffent être, & femble, en quelque forte, ne plus rien laiffer à défirer, foit dans le choix & la qualité des matières, foit dans les formes riches, agréables, & fur-tout la beauté des deffins qu'on emploie & qui enrichiffent infiniment cet atelier.

Aujourd'hui il fe forme de nouvelles Manufactures de ce genre dans diverfes provinces du Royaume ; celle de Limoges eft une des premières & des plus

eftimées,

estimées, en ce que sa pâte ne le cède en rien à celle de Séves, si même elle n'est pas préférable.

Les environs de la Capitale en offrent également plusieurs autres : celle de Chantilly est solide, fort usitée & d'un prix modique; la nouvelle qu'on vient d'établir à Montmartre, qui, pour être beaucoup inférieure à la Manufacture Royale de Séves, n'en devient pas moins intéressante, en ce qu'elle sera plus à portée des moyens de ceux qui ne peuvent pas atteindre aux prix des Porcelaines du Roi; & d'ailleurs ce qu'elle fabrique sera toujours bien au-dessus de ce qui nous vient de l'Asie, dont les Peintures baroques & les formes sans goût, seront toujours infiniment au-dessous de nos moindres Bambochades.

GALERIE DES PLANS.

Tout le monde connoît cette immense Galerie qui s'étend du salon de Peinture jusqu'au pavillon de Flore du château des Tuileries, qui a treize cents pieds de longueur; mais peu de personnes connoissent les richesses qu'elle renferme.

Cette riche & précieuse collection des Plans en relief, que Louis XIV fit commencer en 1668, fut suivie dans tout le cours de ce règne, aussi glorieux que long. Le feu Roi l'a fait continuer, & elle contient actuellement cent vingt-sept plans, dont quatre-vingt-sept des Places du Royaume, & quarante des Places étrangères avoisinant nos frontières. On sent de reste que la construction de ces derniers Plans a été singulièrement facilitée par les conquêtes qui ont été faites dans les différentes guerres, des villes que ces Plans représentent.

La réunion de ces divers reliefs, offre un dépôt d'autant plus précieux & utile à l'État, qu'elle met sous les yeux du Roi & de ses Ministres ces belles & formidables Places, où *Vauban* & les autres grands hommes ont déployé leur génie, & fait connoître à leur aspect la puissance & la force du Royaume : d'ailleurs elle met la Cour, les Ministres & les principaux Officiers du Génie, à portée de juger sous les yeux du Roi, quand le cas le requiert, de la bonté & de la force de chacune de ces Places, & d'y proposer & adapter les ouvrages que l'on peut juger y être nécessaires pour en augmenter la force & la défense; ce qui se détermine souvent avec beaucoup plus de facilité sur un plan en relief que sur le terrein même, où presque toujours la vue ne peut embrasser tous les objets & les points essentiels à occuper, à cause des environs & des approches d'une Place, qui présentent ordinairement un espace trop étendu, & qui n'échappent pas à la vue de l'ensemble que représente le relief, où l'on voit d'un seul coup-d'œil le fort & le foible d'une Place.

Vauban qui commença cette collection de Plans en 1668, fit exécuter le plan en relief de *Lille*, dont Louis XIV avoit fait la conquête en 1667. Le but de ce relief étoit de faire voir au Roi le projet d'une citadelle & des nouveaux ouvrages qu'il proposoit, & dont l'exécution a rendu la

Fortification de cette grande & formidable ville telle qu'on la voit aujourd'hui. Il en usa de même pour toutes les grandes villes du Royaume dont il crut devoir augmenter la force par de nouvelles fortifications; il construisit même une Place entière, telle que le *Neuf-Brisac*, suivant son système: c'est ce précieux avantage qui a toujours déterminé la Cour à réunir les plans en relief de ces diverses Places, afin de voir l'ensemble de la plus grande partie de ces fortifications.

Les Places étrangères faisant partie de ce riche dépôt, offrent aussi un puissant avantage, en mettant sous les yeux du Roi, quand il le juge à propos, les Plans des villes fortifiées qui avoisinent ses États & ses frontières, dont le plus grand nombre est de la dernière importance à connoître, afin de pouvoir juger de leurs positions & des approches.

Cette collection est si précieuse à tous égards & si utile à l'État, que depuis qu'elle est commencée, elle a toujours fixé l'attention de la Cour, pour l'augmenter & la rendre digne de la grandeur du Roi; elle a fait jusqu'à présent l'admiration des Grands qui l'ont vue. Le Roi réunit dans ce dépôt un objet d'autant plus précieux qu'il est unique dans son genre, de l'aveu de tous les Etrangers. Tous les Généraux & les Militaires qui connoissent ce dépôt, jugent facilement de son utilité par l'aisance qu'il donne pour connoître les approches & la défense d'une Place que l'on veut attaquer ou défendre. Enfin, il n'est rien qui manifeste mieux la grandeur du Roi que la conservation de ce nombre immense de Places qui font la force de ses États & la connoissance de celles de ses voisins, lorsque la guerre le met dans le cas de les attaquer & d'éloigner, en reculant ses frontières, le danger de ses propres États.

Le Ministre actuel de la guerre, dont l'attention se porte sur tous les objets qui sont du ressort de son département, se propose, à ce qu'on assure, de faire transporter ce précieux dépôt à l'Hôtel royal des Invalides, dont on arrangera les combles à cet effet.

Une collection aussi importante, uniquement destinée à l'instruction du Militaire & au progrès de l'art de construire, attaquer & défendre les Places, ne sauroit être plus convenablement placée, que dans un lieu spécialement consacré à cette précieuse portion des sujets de l'État; d'ailleurs elle sera à portée de l'École Royale-militaire, dont les Élèves y puiseront les connoissances les plus sûres.

Quant à la galerie qui la renferme actuellement, elle pourra, au moyen de cet arrangement, devenir le *Musæum* le plus intéressant du Monde, en y déposant les chef-d'œuvres des arts d'imitation, comme tableaux, statues, reliefs, vases, & autres raretés tant antiques que modernes, qui deviendront un nouvel attrait pour les Étrangers que la curiosité amène en France.

HÔTEL DE LA GUERRE DE LA MARINE,
ET DÉPÔT DES AFFAIRES ÉTRANGERES.

Il manquoit au superbe Palais que Louis XIV bâtit à Versailles, pour y faire son séjour habituel & pour celui de ses successeurs, deux choses qui pouvoient seules completter ce magnifique établissement, l'une de première nécessité, l'autre d'agrément. La première étoit un lieu pour rassembler d'une manière sûre, décente & commode, le travail, les dépôts & archives des différentes parties de l'administration; l'autre une salle de spectacle pour l'amusement du Prince & les fêtes de la Cour.

Ces deux objets qui manquoient à la grandeur & à la magnificence de cette résidence royale, ont été remplis sur la fin du règne dernier. Le premier fut proposé en 1758 à M. *le Maréchal de Belle-Isle*, alors Ministre de la Guerre, par le sieur *Bertier*, dont le projet étoit de faire construire économiquement, & sans qu'il en coûtât rien au Roi, des bâtimens suffisans pour réunir, sous une garde de sûreté vis-à-vis le Palais du Roi, à portée de la Cour, des Ministres & du Public, le travail des différens bureaux, & celui des impressions relatives aux différens départemens avec leurs archives; auxquels on pourroit ajouter par la suite le dépôt des plans en relief actuellement à Paris aux Galleries du Louvre, ainsi que deux nouveaux à former: l'un des modèles d'armes, bouches à feu, & généralement de toutes les machines de guerre sur une même échelle; l'autre des modèles de toutes les machines de marine, d'hydraulique, moulins & autres; de la construction des jettées, bassins, formes, ponts, écluses, forts, vaisseaux & bâtimens de tous les rangs & pays du monde. Pour l'un & l'autre de ces dépôts des plans en reliefs & modèles, pour servir à l'instruction des Rois, des Princes, des Ministres & des Chefs de bureaux, relativement aux connoissances que chacun d'eux doit avoir pour concevoir avec justesse, diriger & ordonner ce qui est nécessaire en chaque partie du service, soit à la guerre ou dans les places, sur mer ou dans les ports. Le second a été achevé pour le mariage du Roi actuellement régnant, & réunit à la plus grande intelligence dans la construction la plus grande magnificence dans la décoration intérieure.

L'Hôtel de la Guerre, le premier de ces bâtimens, fut élevé en trois mois sous le Ministère de M. *le Maréchal de Belle-Isle* en 1759, celui des Affaires Étrangères le fut sous celui de M. *le Duc de Choiseul* qui avoit alors ce Département; mais ce Ministre qui eut ensemble & successivement ceux de la Guerre & de la Marine, dont le génie saisissoit tout ce qui étoit de la gloire du Roi & du bien de son service, en approuvant la construction de l'Hôtel des Affaires Étrangères, approuva aussi le reste du projet du sieur *Bertier*; & s'il n'a pas eu son entière exécution, la difficulté d'acquérir le terrein nécessaire, obstacle qu'on n'a pu vaincre pour le temps, en a été l'unique cause. Raison qui engagea ce Ministre à ordonner que ce dernier

Hôtel feroit commun à la Marine & aux Affaires Étrangères jufqu'à nouvel ordre. En conféquence la diftribution des bureaux & des dépôts, ainfi que l'ordre & la police de ces Hôtels furent réglés comme on le verra ci-après.

Les bâtimens des Hôtels de la Guerre, de la Marine & des Affaires Étrangères font de la conftruction la plus fimple, fauf les deux portes d'entrée, qui font décorées, la première d'ornemens & trophées militaires, l'autre de figures & d'emblêmes de la politique.

Au fond de la cour de l'Hôtel de la Guerre en face de la porte d'entrée, dans une niche décorée de deux pilaftres ruftiques d'ordre dorique, couronnés de leur entablement & d'un focle, eft un médaillon de bronze doré, repréfentant de profil le feu Roi, fait par M. *Roittiers*. Ce médaillon eft foutenu par deux génies tenans une couronne de laurier fur la tête du Monarque, derrière lequel font des trophées ; le tout fupporté par un piedeftal orné de fonte, avec une table de marbre noir fur laquelle on a gravé, en lettres d'or, l'époque & les motifs de cet établiffement, avec les noms des Miniftres fous lefquels ils ont été faits.

Du bas du médaillon du Roi defcend une branche de lys, au milieu de laquelle fe trouve une médaille de feu M. le Dauphin avec les cinq Princes fes fils : de l'extrémité de cette branche de lys fort celle du Roi régnant Louis XVI. Ces médailles ont été gravées par *Duvivier*, & à gauche du médaillon du feu Roi, de deffus deux volumes intitulés *Campagnes de Louis XV*, defcend une autre médaille repréfentant *le Maréchal de Saxe*, qui commandoit l'armée du Roi en Flandre fous les ordres & fous les yeux de Sa Majefté. La repréfentation des faits mémorables de cette guerre eft faite en bronze & d'après nature fur vingt-un bas-reliefs ingénieufement placés pour encadrer en quelque forte ce médaillon confacré à la gloire du Monarque & à la poftérité. Savoir :

La diftribution de la frife de l'entablement en trois tables féparées par des triglyphes, contient fur la première table la Bataille de Fontenoy en 1745, fur la feconde celle de Raucoux en 1746, & fur la troifième celle de Laufelt en 1747. Sur chaque pilaftre, divifé en neuf tables de refend, font diftribués neuf Siéges de Places. Sur le premier à droite font ceux de *Menin*, d'*Ypres*, de *Furnes*, de *Fribourg*, de *Tournay*, de *Gand*, de *Dendermonde*, d'*Oudenarde* & d'*Oftende* : fur celui de la gauche ceux des villes de *Nieuport*, d'*Ath*, de *Bruxelles*, d'*Anvers*, de *Mons*, de *Charleroi*, de *Namur*, de *Berg-op-Zom* & de *Maeftricht*, époque de la Paix de 1748.

Diftribution des Hôtels de la Guerre, de la Marine & des Affaires Étrangères.

Au rez-de-chauffée font les Bureaux du mouvement des Troupes & de la compofition des Ordonnances Militaires ; ceux de l'Artillerie, des Gardes-

côtes

côtes & des Fortifications ; les Bureaux & le Dépôt général des Affaires Étrangères, dans lequel on voit une collection des Portraits de la Famille Royale & des Monarques actuellement régnans en Europe, avec des vues de leurs Capitales & des tableaux repréfentans les diverfes parties du monde.

Le premier étage comprend les Bureaux des Graces & des Emplois Militaires, ceux des Finances de la Guerre, des Vivres & Subfiftances des troupes, & de fuite ceux des Colonies, des fonds de la Marine, des Colonies de l'Inde, des Invalides de la Marine, avec le Bureau des Confulats.

Au fecond étage font les Bureaux des Affaires Contentieufes qui fe portent au Confeil, celui des Invalides de la Guerre, ceux des Déferteurs, du contrôle des Troupes, de leur habillement & armement, des Hôpitaux Militaires, & de plein pied avec ces derniers font les Bureaux des Graces & Emplois de la Marine, des Claffes & Pêches, de l'Adminiftration de l'Inde & des Ifles de France & de Bourbon, des Affaires Contentieufes de la Marine & les Bureaux de l'Adminiftration des Ports & Arcenaux Maritimes.

Au troifième étage font les Bureaux des Revues & des Maréchauffées, le Dépôt général de la Guerre, celui des Cartes & Plans, des Camps & Marches, des Ingénieurs-Géographes des Camps & Armées. Dans ce dernier Dépôt font les Portraits des Miniftres de la Guerre, & doivent être ceux des Princes & Maréchaux de France qui ont commandé les Armées ; ainfi que toutes les Vues des Siéges & Batailles.

A côté de ce Dépôt eft celui de la Marine, des Cartes & Plans, dans lequel doivent être les Portraits des Miniftres de la Marine & ceux des Princes, Amiraux & Maréchaux de France de la Marine qui ont commandé les Armées Navales ; avec les Vues de tous les Ports de France & des Colonies de la Souveraineté du Roi.

Sous les combles au quatrième étage font les Dépôts particuliers de chaque Bureau : les divers emplacemens des Imprimeries en lettres & en taille-douce, de la Fonderie & Gravure de caractères, de la Gravure en bois, & en taille-douce, des Cartes & Plans, de la Reliure, Dorure & Cartonnerie, des Réfervoirs & Pompes en cas de feu dans les hauts *.

Police des Hôtels de la Guerre, de la Marine, & de celui des Affaires Étrangères.

L'État-Major de ces Hôtels eft compofé d'un Gouverneur, le fieur *Bertier*, Chevalier de l'Ordre du Roi & de l'Ordre Militaire de S. Louis, ayant le commandement & la police de la Compagnie des bas-Officiers & Soldats Invalides de la garde defdits Hôtels, des Suiffes de portes, Garçons de

---

* Cette Imprimerie avec fes caractères, bureaux typographiques, preffes en lettres & tailles-douces, & généralement tout ce qui étoit de fon reffort, vient d'être réuni à l'Imprimerie du Louvre.

Bureaux, Balayeurs & Ouvriers en meubles, Maçonnerie, Menuiferie, Vitrerie, Couverture, Charpente, Serrurerie, Frotteurs & Cartonniers.

D'un Aumônier, d'un Chirurgien & d'un Horloger.

La Garde fe monte tous les jours à neuf heures du matin, & l'ordre fe donne par écrit en cas de feu à chacun des Employés ci-deffus, fur ce qu'il doit faire, où il doit fe rendre, à quoi & avec qui il doit opérer.

La Garde fournit des fentinelles de nuit & de jour aux deux principales portes. Il y a un Piquet de douze hommes chaque jour. Ce Piquet fournit les fentinelles de l'intérieur depuis midi, heure à laquelle on ouvre pour le public, jufqu'à deux heures, qu'on ferme pour tout autre que les Commis.

La Garde & le Piquet prennent les armes chaque fois que la Famille Royale paffe devant l'Hôtel, & le Tambour bat aux champs.

Un Sergent & deux Fufiliers font d'heure en heure des patrouilles dans toutes les galeries de communication des Hôtels pour y maintenir l'ordre, le filence, la propreté, & tenir les Garçons de Bureaux à leurs poftes.

En l'abfence des Chefs & Commis des Bureaux, perfonne n'y peut entrer que de la part du Chef, & accompagné d'un Suiffe & d'un Fufilier. La retraite fonne à dix heures du foir, & la dernière patrouille fe fait accompagnée des Suiffes qui ferment les portes, & ont foin de remarquer s'il ne refte ni feu ni lumière; enfuite de quoi elle vient rendre compte au Gouverneur. Les portes s'ouvrent le lendemain à fept heures du matin en faifant la première patrouille. Les Garçons de Bureaux reprennent leurs poftes.

Excepté depuis midi jufqu'à deux heures perfonne n'entre dans les Hôtels que les Chefs & Commis, à moins qu'on n'ait rendez-vous avec un Chef de Bureau feulement qui en avertit le Suiffe, & qui le porte fur fa feuille pour en rendre compte le foir.

C'eft à la confiance qu'ont eue fucceffivement M. *le Maréchal de Belle-Ifle* & M. *le Duc de Choifeul*, au zèle & à la capacité du fieur *Bertier* qu'on eft redevable de la formation d'un Corps Militaire d'Ingénieurs-Géographes des camps & armées du Roi, dont ledit fieur avoit fait lui-même le métier avec diftinction pendant les Campagnes de Louis XV, après avoir été en fecond à la tête de l'ancienne École Militaire, & fait conftruire le Fort Dauphin en face de la nouvelle École Militaire conftruite par les ordres du feu Roi, fous l'Intendance & la direction de M. *du Vernay* & d'après les plans du fieur *Gabriel*.

M. *le Maréchal de Belle-Ifle* ayant trouvé bon que le fieur *Bertier* formât, inftruisît & dirigeât ce Corps d'Artiftes Militaires, M. *le Duc de Choifeul* ratifia cet établiffement, en régla le fervice, le traitement; les grades & les fonctions tant à la Guerre que fur les Côtes, les Frontières, dans les Colonies & à la fuite de la Cour; ainfi que les conditions pour y être admis, en un mot tel qu'on le voit aujourd'hui.

On lui doit auffi l'ordre, la police & l'arrangement des Bureaux de chaque

partie de l'adminiftration , fauf les Finances , ainfi que les Archives &
Dépôts dans les deux Hôtels qu'il a fait conftruire , meubler & décorer
économiquement comme on les voit aujourd'hui ; quoique par état il ne fût
point Architecte.

On lui doit enfin une nouvelle conftruction de voûtes plates fupérieures
en folidité de cinq à fix points de réfiftance à celles qu'on connoiffoit
déjà en Italie & en Languedoc. Les différens effais qu'on en a fait publi-
quement , joints à l'exiftence de cinq à fix étages fubfiftans les uns fur les
autres depuis quinze ans dans les Hôtels de la Guerre & de la Marine fans
aucune fracture , prouvent qu'on ne peut mieux faire que d'en étendre l'ufage ;
comme on l'a déjà fait pour le nouvel Hôtel de la Monnoie , le Palais Bourbon
& ailleurs.

Les principes & le méchanifme de ce nouveau fyftême dont le fieur
Bertier eft l'inventeur , font auffi fimples qu'expéditifs & économiques : on
auroit peine à croire , fi l'expérience ne démontroit le fait , que chaque
étage de ces Hôtels fe voûtoit en entier en vingt-quatre heures au plus ,
& cela par les ouvriers les premiers venus , & que ces voûtes ne coûtent
pas plus que des planchers ordinaires.

La fimplicité & l'utilité de ce fyftême eft d'autant plus recommandable ,
que les Bâtimens conftruits de cette manière , durent à l'infini , & n'ont à
appréhender ni le feu ni la pourriture : de forte que bien conftruits de
cette manière , ils deviennent des patrimoines affurés pour plufieurs générations. Ils ont un avantage non moins précieux , celui de ménager les
bois de conftruction , & d'affurer pour la Marine des reffources plus nombreufes , & de nous mettre pour cette partie hors de la dépendance des
étrangers. Tels font les avantages que peut procurer à l'Etat & aux Citoyens
en particulier , un homme intelligent , d'un zèle défintéreffé , lorfqu'il a le
bonheur de trouver dans le Gouvernement des protecteurs éclairés & amis
du bien public.

PROJET DE L'AUTEUR

SUR UNE

NOUVELLE DÉCORATION DE LA STATUE DE HENRI IV,

Et de l'utilité qui résulteroit pour le Public, de l'exécution de son idée sur l'emploi qu'on pourroit faire de ce local.

L'Auteur du Discours sur les Monumens publics, & notamment sur les monumens de la ville de Paris, desireroit que, pour donner une perspective plus intéressante au monument élevé à la gloire de *Henri-le-Grand*, & rendre cette partie de la capitale, qui est la plus fréquentée & la plus apparente, beaucoup plus commode & plus utile au public, on y fît quelques additions & quelques retranchemens qui, selon l'idée qu'il s'en est faite, appuyée de l'approbation des gens de l'art, rempliroient le double objet d'*utilité* & de *décoration*, sans occasionner de grandes dépenses.

Pour remplir le premier objet, il faudroit nécessairement prolonger la terrasse, sur laquelle la Statue est placée, d'environ cinquante toises dans la rivière, ce qui ne nuiroit aucunement à la navigation ; le canal étant en cet endroit presque du double de ce qu'il est au *Pont-royal*, & en élevant cette terrasse de huit à dix pieds de plus, on continueroit aussi le trottoir en remplissant le vide qui se trouve dans toute la largeur de cette terrasse, sur laquelle on construiroit un réservoir profond, au pourtour duquel règneroit en saillie une terrasse sur laquelle on placeroit l'artillerie de la ville, ce qui donneroit à cette masse un coup-d'œil imposant ; en ce que l'extérieur représenteroit un fort destiné à protéger la navigation du canal, & seroit d'un avantage infini dans les fêtes publiques, qui se donneroient par la suite sur ce local isolé, que tous les habitans de Paris pourroient aisément & commodément apercevoir d'une infinité de points, sans gêne & sans inconvéniens.

Pour fournir de l'eau à ce grand réservoir, on établiroit, sur les flancs de cette espèce de forteresse, des pompes mobiles, à l'imitation de la machine hydraulique qui a été construite sur la *Tamise à Londres*, qui suit les révolutions du flux & reflux, & donne journellement, à cette ville, un volume d'eau prodigieux ; il faudroit que le jeu de celle qu'on propose fût tel, qu'il fournît dans l'espace seulement de vingt-quatre heures, environ quarante mille muids d'eau, qui pourroient se décharger par des tuyaux d'un gros calibre, tant au quartier des *Halles*, qu'aux marchés du faubourg *Saint-Germain* & rues adjacentes ; afin, qu'à des heures fixes, ces eaux, coulant en gros volume & avec rapidité, entraînassent toutes les ordures dans les égouts dont on parlera ci-après.

L'excédant de cette quantité d'eau, plus que suffisante pour laver deux quartiers infects, seroit employé à des fontaines, qui ne sauroient être trop

multipliées

multipliées dans une ville immense, dont la salubrité dépend de la propreté des habitations & de celle des rues.

On pourroit former de même au-dessus de Paris, près de *la Rapée*, & sur l'autre rive, à même hauteur, deux grands réservoirs, de plus grande contenance encore que celui proposé pour la place de *Henri IV*, dont l'un seroit pour le faubourg *Saint-Marceau*, la place *Maubert* & les quartiers bas de la montagne *Sainte-Geneviève*, l'autre pour le quartier *Saint-Antoine*, le *Marais*, le quartier *Saint-Martin* & autres au même niveau.

L'Auteur se croit dispensé de donner la preuve des avantages qui résulteroient pour la capitale, de cette distribution d'eau; ce qu'il a dit ci-dessus, joint aux vœux de tous les habitans de cette ville immense, ne prouve que trop le besoin qu'on a de cet élément: la montagne *Sainte-Geneviève* a les eaux d'*Arcueil*, & par sa position élevée jouit d'un air plus pur, ainsi les eaux ayant une pente rapide, entraînent plus facilement ce qui pourroit y causer l'insalubrité.

Nous ajouterons que pour le réservoir du *Pont-neuf*, si les machines hydrauliques occupent l'espace d'une arche qui sert à la navigation, on en rendra une bien plus essentielle au cours de la rivière, & bien plus commode à la navigation, par la suppression du bâtiment de la *Samaritaine*, dont l'entretien est infiniment plus coûteux que ne le seroit celui des pompes proposées, & que l'espèce de forteresse, dont on vient de parler, figureroit beaucoup mieux à la place que l'on indique, que cette volière en plâtre sur pilotis, située à l'extrémité du pont; si le peuple de Paris en aime le carillon, on peut le placer à la tour de l'horloge du Palais, ou à l'Hôtel-de-ville, comme on le fait dans toutes les villes du Brabant & de la Hollande.

L'Auteur desireroit encore qu'on retranchât trois pieds au moins sur la largeur de chacun des trottoirs, pour en donner six de plus au roulage du pont; ce qui, sans nuire absolument aux gens de pied, donneroit de grandes facilités pour ce débouché, le plus fréquenté de la capitale, & qui, par conséquent, a le plus besoin d'aisance: quelques personnes ont proposé de faire des boutiques dans les demi-lunes qui sont sur les piles; elles n'ont sans doute pas prévu que les acheteurs, qui s'arrêteroient à ces boutiques, obstrueroient la circulation continuelle qui se fait sur les trottoirs, & que ces petites tourelles qui, à une certaine distance des deux faces du pont, ressembleroient à de petits guéridons, deviendroient une décoration d'un genre au-dessous du médiocre, qui même couperoit continuellement aux passans cette belle perspective des bassins & des quais.

Il sembleroit très-à-propos de placer aux deux côtés de la plate-forme de *Henri IV*, deux corps-de-gardes, l'un pour le Guet, l'autre pour une brigade de Pompiers; mais il faudroit que les deux pavillons fussent de bon goût & peu élevés, pour ne point offusquer la décoration principale.

Quant au monument élevé à la gloire de *Henri IV*, on ne pourroit se dispenser de le reculer de trois toises au moins & de l'élever de huit à dix pieds de plus, en se conformant à la hauteur qu'on donneroit au réservoir; on forme même des vœux pour que *Sa Majesté* donne à la Maison de

ſ

Béthune-Charost, les quatre efclaves qui font aux pieds de ce grand Monarque, à la charge d'en faire jeter la ftatue du grand *Sully*, leur illuftre ancêtre, dans l'attitude que nous avons propofée ci-devant.

Si *Charles V*, le Salomon de la France, ne voulut pas être féparé, ainfi que nous l'avons obfervé ailleurs, de *Du Guefclin*, même après fa mort; fi *Louis XIV*, fit au vertueux *Turenne*, l'honneur de vouloir que fa cendre fût confondue avec celle des Rois: avec quel plaifir les bons François ne verroient-ils pas, aux côtés du meilleur des Souverains, un des compagnons de fes exploits, fon Miniftre, fon meilleur ami?

Le monument de *Henri-le-Grand*, tel que nous le voyons, n'exprime rien; mais avec les changemens que nous propofons, il deviendroit intéreffant & conféquent dans toutes fes parties; il romproit du moins cette défagréable monotonie des monumens d'efpèce femblable, où nous ne voyons qu'un Roi ifolé, monté fur un coloffe de cheval, fans fuite & par conféquent fans intention.

PROJETS *pour la propreté de la Capitale & la falubrité de l'air & des eaux.*

PARIS eft une ville immenfe qui renferme plus de huit cents mille habitans, dont la fanté dépend autant de la falubrité de l'air qu'on y refpire, que de la pureté des eaux dont on y fait ufage, & dont la confommation eft énorme; il eft donc effentiel d'y entretenir la propreté, premier principe de la falubrité de l'air, & de procurer le plus qu'il fera poffible d'eau à fes habitans, & d'eau la plus pure; on ne peut remplir ce double objet, qu'au moyen des réfervoirs dont nous avons parlé à l'article précédent & au moyen des égouts dont nous allons actuellement nous entretenir.

C'eft une vérité conftante & connue de tout le monde, que l'eau prend toujours fon cours vers les parties les plus baffes des terreins qu'elle arrofe, celui que la Seine parcourt depuis fon entrée à Paris jufqu'à la fortie de cette Capitale eft inconteftablement le plus bas de cette ville, on y peut donc diriger toutes les eaux, ou la majeure partie de celles que les pluies ou les befoins journaliers répandent dans les rues, & les autres pourroient être également dirigées vers cet égout immenfe, que l'on doit à l'attention d'un des plus grands Magiftrats de ceux qui ont préfidé le Corps-de-Ville.

C'eft par l'eau feule qu'on peut remplir le double objet dont nous venons de parler; objet que les Magiftrats prépofés à la police de Paris, ne doivent jamais perdre de vue. Nous avons propofé dans l'article précédent, les moyens qui nous ont paru les plus propres à remplir le premier, en procurant la quantité d'eau fuffifante pour la confommation des habitans, & pour nettoyer les marchés publics, les places, les quais & les rues de Paris; on peut également remplir le fecond, c'eft-à-dire, nettoyer toute la fuperficie du pavé, & procurer à ces mêmes eaux qui ont fervi à cette opération, un écoulement facile vers la rivière, fans cependant altérer en aucune manière la pureté de fes eaux, en formant fur les deux rives de la rivière, depuis son entrée dans la ville jusqu'au-dessous du *Cours-la-reine*, deux égouts de hauteur & de largeur suffisantes pour y faire entrer dans les plus basses eaux, seize pieds cubes d'eau courante.

Pour cet effet, il faut nécessairement donner à chacun de ces égouts dix pieds de hauteur dans œuvre, dont deux seront toujours occupés par les seize pieds d'eau courante, destinés à couler sans cesse pour laver & entraîner les eaux sales & les immondices qui tomberont dans ces principaux égouts; la largeur en sera de huit pieds, au moyen de quoi il restera soixante-quatre pieds cubes de vide, suffisans au-delà pour recevoir toutes celles des rues, places, marchés, quais, &c.

Quand la Seine seroit à sa plus grande hauteur, & qu'elle surmonteroit celle des égouts, alors les écoulemens se perdroient dans une si grande masse d'eau, dont la vitesse se trouveroit tellement accélérée par l'augmentation du volume, que les impuretés y seroit à peine sensibles; d'ailleurs ces eaux ne venant que de l'abondance des pluies, les rues s'en trouvent d'autant nettoyées, & les eaux qui s'en écoulent d'autant moins chargées.

On ménageroit à ces égouts des regards de distance en distance, vers lesquels on dirigeroit le cours des ruisseaux; & l'eau qui y passeroit continuellement, en emportant dans son cours les immondices & les eaux sales, ne leur donneroit pas le temps d'y croupir & de former un limon corrompu, comme elles font dans les égouts qui n'ont pas une pente suffisante, ou un volume d'eau assez considérable pour continuellement rafraîchir & nettoyer, comme les nôtres le feroient sans aucune interruption.

L'on doit observer, avant toutes choses, que l'Auteur de ce projet, pour s'assurer de la possibilité de son exécution, s'est plusieurs fois transporté avec d'excellens Architectes, sur les bords de la rivière, en parcourant toute la longueur des quais, pour y examiner s'il ne se présenteroit pas des obstacles insurmontables à leur construction, soit aux ponts, soit aux abreuvoirs des chevaux, soit aux ports; & après avoir tout observé avec l'attention la plus grande, il a été décidé que rien ne pouvoit l'empêcher, & que bien loin de former aucun obstacle, soit en obstruant le cours de la rivière, soit en gênant le commerce & la navigation, il en résulteroit un avantage très-grand, en ce que la superficie de ces égouts longeant les quais, procureroit des terrasses larges au moins de dix pieds, qui donneroient une grande aisance à la circulation nécessaire & aux travaux des ports.

On demandera peut-être encore comment, dans notre projet, nous parerons aux altérations que les eaux contractent par les matières fécales & les immondices qu'on jette des maisons extrêmement peuplées qui couvrent plusieurs de nos ponts; de celles qui bordent les quais depuis la pointe du *Pont-rouge* jusqu'au pont *Notre-Dame*, & de celles qui se trouvent des deux côtés du grand bras de la rivière, entre le pont *Notre-Dame* & celui *au Change*; nous répondrons à cela:

1.° Que nous votons avec la partie la plus saine des Citoyens de cette Capitale, pour que les ponts soient dégagés le plus tôt possible de ces rues en l'air qui les écrasent, où un monde de Citoyens doit trembler dans une crûe extraordinaire, & sur-tout dans un dégel subit & considérable, de périr avec leur fortune; qu'enfin ces maisons gènent prodigieusement la circulation de l'air, dont on a tant besoin dans une ville telle que Paris: mais nous prévoyons avec douleur que le Corps-de-Ville se résoudra difficilement à abandonner une branche si utile de son revenu, à moins qu'un désastre horrible, qui doit arriver nécessairement un jour, parce que tout dépérit à la longue, ne réalise les craintes des habitans sensés.

2.° Que s'il n'est pas possible de parer à tout, c'est toujours un très-grand bien que de diminuer la somme des inconvéniens des deux tiers au moins. L'*île Saint-Louis* & toute la *Cité*, ainsi que le quartier du *Palais*, ne peuvent entrer dans notre plan; mais dans toute cette partie il ne se trouve qu'un seul marché (*le marché Neuf*), qui n'est ni considérable ni très-fréquenté, & qu'on peut nettoyer par conséquent avec facilité. Il est vrai que le quartier compris entre le *pont Saint-Michel*, la rue de la *Barillerie* & le *pont au Change*, le *petit Châtelet*, la rue de la *Planche-Mibrai* & le *pont Notre-Dame*, n'est percé que de rues sombres, étroites & infectes, ainsi que l'espace renfermé depuis la *pointe de l'île* au nord, jusqu'au *pont Notre-Dame*, qu'on appelle l'*hôtel des Ursins* & le *bas des Ursins*, sans en excepter le *cloître Notre-Dame*, dont les rues sont à peu-près de même, sauf les maisons qui bordent la rivière. Ajoutons à cela l'*Hôtel-Dieu*, dont les vidanges & les blanchisseries produisent autant & plus d'infection que tout le reste. On n'en est pas à sentir les inconvéniens qui résultent de la position de cet hôpital, tant pour les malades que pour la ville; peut-être s'occupera-t-on un jour d'y remédier, quelque difficile que cela paroisse.

Autre inconvénient à détruire.

L'ÉNORME quantité d'animaux domestiques qu'on entretient dans cette ville, soit pour fournir à la consommation journalière de près d'un million d'habitans, soit pour les travaux indispensables de trait & sur-tout de luxe, tels que les chevaux de voiture & ceux de main, est encore une autre source de l'insalubrité de l'air qu'on y respire. Il est très-possible de diminuer au moins de moitié, la somme des inconvéniens qui résultent de cette cohabitation, quoiqu'en partie nécessaire. Pour y parvenir, il ne faudroit qu'ordonner que tous les genres de bestiaux destinés au comestible, tels que bœufs, vaches, veaux, cochons, moutons & même agneaux, fussent tenus dans des étables hors de Paris, pour qu'on n'y eût pas dans tous les quartiers le spectacle dégoûtant & infect de ruisseaux de sang, qui exhalent une odeur cadavereuse, ou d'animaux qui remplissent les rues de leur ordure, dont les étables, rarement nettoyées, infectent les quartiers où elles sont lorsqu'on en tire le fumier; qui d'ailleurs augmentent les embarras déjà trop multipliés dans cette grande ville, lorsqu'ils y arrivent, & qui même plus d'une fois manqués dans les *tueries*, ont rompu leurs liens & en sont sortis furieux, non sans risque de la vie de plusieurs Citoyens.

Pour

Pour remédier abfolument à tous ces inconvéniens, & rendre l'intérieur de cette ville fain & agréable, il feroit effentiel d'y établir à chacune des extrémités deux *tueries générales*, dans lefquelles chaque Boucher auroit la fienne particulière, avec fes étables pour y recevoir fes beftiaux; que ces *tueries* ne fuffent pas éloignées de la rivière, pour en avoir facilement des eaux néceffaires afin pouvoir les laver; que, par exemple, il y eût deux *tueries* vers la porte *Saint-Bernard*, & deux autres vers le *Gros-caillou* ou *l'île des Cygnes*; que toutes les immondices qui proviendroient des deux fupérieures, tombaffent dans nos deux égouts projetés, pour qu'elles fuffent fe perdre dans la rivière au bas de Paris.

Ce projet de *tueries générales*, exécuté en grand, comme il a eu lieu en petit pendant plufieurs années au temps du carême, néceffiteroit les Bouchers à tranfporter à une heure fixe leur viande dans leur étal particulier, & pour cet effet, ils auroient chacun leurs voitures; que les boucheries publiques fuffent vaftes & bien aërées, ainfi que cela fe pratique en plufieurs endroits, & qu'elles euffent chacune l'eau néceffaire pour les bien laver avant de les fermer, afin qu'il n'y reftât que le moins poffible de cette odeur de fang & de chair, qui révolte également les yeux & l'odorat des paffans.

Il en réfulteroit encore d'autres avantages pour la Société générale, celui, par exemple, de ne plus rencontrer dans fon chemin, à toute heure du jour, une infinité de tombereaux chargés de fang & d'entrailles, qui vont à la voirie, qui font horreur à voir; & auffi de ne plus fe trouver confondu, comme il arrive journellement, parmi une foule de Bouchers trempés de fang & toujours armés de couteaux, venant d'égorger leurs animaux: tous ces inconvéniens peuvent très-bien déterminer la haute Police à y remédier inceffamment, en faifant exécuter notre projet de *tueries générales*, hors de l'intérieur de la ville.

Mais un objet non moins important, & fur lequel l'attention des Magiftrats s'eft déjà portée, mais qui malheureufement n'a point eu encore d'effet, eft la quantité de *cimetières* répandus dans l'intérieur de Paris, d'où les dépouilles infectes des générations qui paffent journellement, exhalent des vapeurs putrides qui, fur-tout dans les temps de chaleur, empoifonnent la génération actuelle. Nous avons plus d'un exemple & même d'affez récens, des funeftes effets produits dans les églifes par l'ouverture des caves funéraires: non content d'infecter en détail les citoyens par les cimetières, on les met encore dans le rifque continuel d'être empoifonnés en gros par l'air contagieux qui peut les frapper tous enfemble aux jours de folennités qui les réuniffent en grand nombre dans nos temples, fi les ouvertures de ces caveaux ne font pas extrêmement fcellées.

Il faut efpérer que les accidens qui réfultent de cette pratique vraiment homicide, plaideront plus efficacement pour l'humanité que les bonnes raifons qui ont été jufqu'ici apportées pour la faire profcrire.

DESCRIPTION

DE L'ÉLÉVATION DES ÉDIFICES

*Qui composent la Place projetée devant le Louvre, où seroit élevé en
perspective sur les bords de la rivière, un Monument consacré à la
gloire de Louis XVI & de la France.*

LE LOUVRE est la demeure principale des Rois de France, il doit s'annoncer
par conséquent comme le premier & le plus beau palais du Royaume, tant par
sa façade que par ses abords.

Le premier objet est rempli; le péristile du Louvre est un chef-d'œuvre de
génie ; il n'y a pas de palais en Europe dont l'extérieur fût aussi imposant &
aussi majestueux s'il étoit achevé.

Il n'en est pas de même de ce qui l'environne; le côté de la rue des Poulies
est terminé par des masures qui masquent la rue Saint-Honoré.

Le côté du quai est sans ornement, & celui qui fait face au péristile est
gêné par l'église Saint Germain-l'Auxerrois, par les rues & par les points
donnés par des Lettres patentes portant *défenses de bâtir depuis le Louvre
jusqu'à l'alignement de l'église Saint Germain-l'Auxerrois.*

Pour former une place décente vis-à-vis du Louvre sur les points donnés,
lui ajouter une espèce d'avant-place, de belles, de commodes & de nombreuses
entrées, qui annoncent la magnificence de l'intérieur, & orner cet intérieur
d'un goût nouveau; le sieur *le Noir le Romain*, Architecte, a imaginé un
plan qui remplit tous ces objets.

Avant d'entrer dans le détail de ce plan, il est essentiel d'observer qu'il
s'agissoit de construire sur des points donnés, un grand corps d'architecture
de la hauteur & de la largeur du péristile, & capable de lui être opposé; il
falloit nécessairement composer ce grand corps d'architecture de cinq parties,
à cause des trois rues qui coupent le local; il falloit faire accorder ces cinq
parties, quoique destinées à différens usages, & il devoit naître de leur
distribution cette harmonie & cet accord qui ramènent tout à l'unité, en sorte
que les cinq masses parussent ne faire qu'un seul corps de bâtiment.

Enfin il falloit symétriser avec décence le côté du quai & celui de la rue
des Poulies, c'est ce que l'Architecte a eu en vue en composant son dessin;
il se trouvera très-heureux si l'on juge qu'il a rempli son objet.

En général, l'élévation, dans ce dessin, de la place projetée, représente
un seul massif aussi large & aussi élevé que le péristile du Louvre.

Ce massif est composé de cinq parties ; celle du milieu est un arc de
triomphe élevé à la gloire du Roi & servant d'entrée à la rue du milieu,
qu'on nommera *la rue du Louvre ;* cet arc a vingt-cinq pieds de largeur sur

cinquante de hauteur dans œuvre , il eſt terminé par une plate-bande dans toute ſa largeur ; celle de la droite ſert de frontiſpice à l'hôtel projeté pour le Clergé , celle de la gauche ſert de portail à l'égliſe Saint Germain-l'Auxerrois, & les deux parties des extrémités ſont deux façades de pavillons ſur les mêmes proportions & décorations , & rappelant la même architecture que celle des deux extrémités du périſtile.

On a cru qu'un hôtel pour le Clergé étoit le pendant le plus décent que l'on pût donner à la paroiſſe du Roi.

Il n'eſt aucune Compagnie dans le Royaume , ſoit de juſtice, police, finance ou commerce, qui n'ait un lieu d'aſſemblée fixe , & dont elle jouit en propriété. La moindre des Juridictions , ſoit à Paris ou dans les provinces , a ſon hôtel ; tous les Corps municipaux ont le leur : le Clergé , le premier Corps de l'État , eſt le ſeul qui n'en ait point , & qui ſe trouve obligé de louer pour ſes aſſemblées , un local dans un couvent; local mal diſtribué , & par conſéquent incommode pour les divers objets que les Prélats députés ont à diſcuter.

L'édifice qu'on propoſe aujourd'hui les remplit tous , & de plus intéreſſans encore , en ce qu'il fait une magnifique décoration pour la Capitale , un pendant digne du palais le plus majeſtueux de l'Univers , & qu'il en réſulte une Place vaſte , commode & ſuperbe.

Tout ce qui peut contribuer à rendre un édifice auſſi majeſtueux que commode s'y trouve réuni ; de vaſtes ſalles pour les aſſemblées , des bureaux pour les divers objets , des logemens pour les Agens & même les Avocats du Clergé , avec leurs bureaux de correſpondance qui ſeront toujours en exercice ; une magnifique ſalle voûtée , deſtinée à ſervir de dépôt pour tous les titres originaux des bénéfices conſiſtoriaux , de quelque nature qu'ils puiſſent être , & les archives du Clergé de France ; de plus , une bibliothèque publique pour les Eccléſiaſtiques , qui ne ſeroit compoſée que d'Ouvrages relatifs à la Religion.

L'on n'entrera point ici dans les autres détails de la conſtruction de cet édifice , fait pour honorer la Religion & ajouter au luſtre de ſes Miniſtres ; il ſuffira de dire que l'Autel & le Trône ſe trouvant réunis , pour ainſi dire , en un même point , ſe prêteront un éclat mutuel & des ſecours réciproques.

Les détails en ſeront plus amplement fournis au Clergé de France par des plans géométriques & des mémoires , indépendamment de la façade ou élévation qui ſera miſe ſous les yeux de Sa Majeſté , & préſentée aux Prélats aſſemblés. Revenons aux détails de ce magnifique enſemble.

Les deux extrémités du deſſin ou façades de pavillons font face aux deux pavillons des extrémités du périſtile , & ſont jointes , l'une au frontiſpice du palais du Clergé , par un magnifique portique de vingt pieds en largeur & de quarante-trois pieds de hauteur dans œuvre.

C'eſt par ce portique que l'on entrera dans la rue des foſſés Saint-Germain.

L'autre façade de pavillon , eſt jointe au portail de Saint Germain-l'Auxerrois, & le portique qui forme cette jonction , ſervira d'entrée à la rue des Prêtres.

Au moyen de quoi, les cinq parties dont ce maffif eft compofé, paroiffent n'en former qu'une feule.

On a pratiqué dans les épaiffeurs de ce même maffif, une galerie qui rappelant celle du périftile , fervira à aller à couvert du palais du Clergé à l'églife, & des veftibules qui mettront les gens de pied à l'abri de l'incommodité des voitures.

Le détail de chaque partie va achever de faire valoir l'enfemble.

On obferve préliminairement que l'architecture eft d'ordre ionique, il femble qu'il n'y ait que cette décoration qui puiffe convenir au fujet; on a été obligé de placer une colonnade d'ordre ionique antique , pour faire décoration de portail tel que femble l'exiger la paroiffe du Roi.

On a placé néceffairement au milieu un arc de triomphe, comme l'unique moyen de lier ces deux belles parties, & pour faire paroître la rue du milieu plus large qu'elle n'eft effectivement.

Cette rue, dans fa plus grande largeur, ne peut avoir que foixante pieds, étant extrêmement gênée par l'églife Saint Germain-l'Auxerrois.

Cet arc de triomphe fert en même temps à mafquer la partie de la rue du Louvre du côté de l'églife, qui ne fe trouveroit point décorée, à moins que l'on ne fît un placage contre l'églife pour répéter la décoration de la face oppofée ; mais ce placage mafqueroit les jours de l'églife.

L'arc de triomphe examiné en détail eft, on l'ofe dire, une nouveauté en architecture ; on n'avoit pas encore vu un édifice de cette efpèce auffi élevé que la porte Saint - Denys , avec une ouverture auffi large & auffi haute, terminé en plate-bande.

On trouve dans celui-ci autant d'élégance que de folidité ; la plate-bande qui termine l'ouverture quarrée de l'arc de triomphe, a vingt-fix pieds de portée ; elle eft ornée dans fes extrémités par des colonnes d'ordre ionique antique, de cinq pieds trois pouces de diamètre, & par comparaifon d'*environ fept pouces de diamètre & plus* que les colonnes d'ordre dorique du portail de l'églife Saint-Sulpice ; quelle majefté ! quelle décoration doivent opérer des colonnes d'une pareille proportion !

La maffe générale de cet arc de triomphe eft auffi haute & auffi large que le principal avant-corps du périftile , & offre une majeftueufe fimplicité ; tous les membres de l'entablement de ce morceau d'architecture , & qui le couronnent, font de même hauteur ; les détails & profils font les mêmes que ceux du périftile , ce qui a été une entrave de plus pour l'Artifte, qui s'eft toujours raccordé dans ce morceau d'architecture , avec les parties du Louvre pour lequel il eft fait.

Le fronton eft auffi pareil à celui du Louvre.

Le tympan du fronton pourra repréfenter ou *la cérémonie du facre* , ou *tel autre fujet qu'on voudra choifir.*

Au-deffus de la corniche qui couronne la plate-bande de l'entrée , eft un très-grand bas-relief, repréfentant un fujet allégorique.

Les

Les deux côtés de cet arc de triomphe préfenteront un fond liffe, décoré en avant de deux colonnes fur chacun des côtés, & entre ces deux colonnes on placera les ftatues de *la Religion* & de *la France*, avec leurs attributs & autres objets de décoration qui y feront relatifs.

L'Architecte laiffe à l'Académie des Infcriptions, le foin de compofer celles qui peuvent être analogues au fujet.

Le point de vue du milieu de l'arc de triomphe en annonce fenfiblement la hauteur & la largeur; on y découvre les rues de l'Arbre-fec & le percé de cette rue à celle de la Monnoie, dans le maffif où étoit conftruit l'ancien hôtel des Monnoies; on a tracé dans l'enfoncement, pour terminer la vue, l'idée d'un monument digne de faire face au derrière de l'arc de triomphe, qui aura de ce côté-là une décoration particulière. Si mieux l'on n'aime prolonger le pavé de la rue de la Monnoie jufqu'à la rue Thibautodé, même jufqu'à la rue Saint-Denys, ou placer dans le maffif de la Monnoie un monument public ifolé, qui rendroit ce quartier le plus beau & le plus intéreffant de Paris.

De chaque côté du maffif de l'arc de triomphe, font deux colonnades ou porches, prifes d'un côté dans la façade de l'hôtel du Clergé, & de l'autre côté dans le portail de l'églife Saint-Germain; les colonnes de ces porches font de même ordre & proportion que celles de l'arc de triomphe, & forment des galeries couvertes, furmontées feulement d'une corniche architravée; ces corniches fe raccordent avec la hauteur de la plinthe qui règne au-deffous des médaillons & des niches du périftile.

Ces galeries ou porches ont environ vingt pieds de profondeur, & le deffus fait terraffe; le vide que forment ces terraffes de chaque côté, fert à faire avancer d'autant plus & à faire dominer l'arc de triomphe.

Le fond des galeries jufqu'à la hauteur de la baluftrade qui règne dans toute la longueur du maffif, eft liffe & fans ornemens; on a feulement placé en avant & fur la corniche à l'aplomb des colonnes, autant de ftatues, qui au moyen du fond liffe qui eft derrière & qui les furmonte, ont un air de repos & de majefté qui fait un très-bel effet.

Sous ces galeries au rez-de-chauffée, font trois portes d'entrée de même proportion & entre-coupées par deux tables faillantes.

Au-deffus de ces trois portes & de ces deux tables, font des bas-reliefs qui feront analogues aux édifices.

On a cru devoir donner cette forme aux porches pour ne pas copier le foubaffement du périftile & donner à l'églife Saint-Germain le caractère qui lui convient, mais au moyen des entrées & des ornemens qui fe trouvent fous ces porches, l'Architecte s'eft raccordé avec le foubaffement du périftile.

A l'extrémité de chaque porche font deux grandes entrées formant avant-corps, pour communiquer aux rues des Foffés & des Prêtres; elles font ornées de chaque côté de trophées en bronze, fur des piédeftaux de marbre décorés de guirlandes auffi de bronze.

Les ceintres de ces arcs de triomphe font ornés d'anges, tenant des palmes & des couronnes de lauriers.

v

Au-deffus de la corniche de ces ceintres, font des bas-reliefs analogues au fujet; l'intérieur de l'entrée de ces deux morceaux d'architecture, eft orné de médaillons & autres ornemens en relief.

On pourra mettre dans ces médaillons (& à la fatisfaction publique), les buftes des grands hommes qui auront contribué à l'élévation des fuperbes monumens qui forment la Place.

Les points de vue qui font au milieu de ces deux portiques, en annoncent fuffifamment l'effet.

Ils étoient abfolument néceffaires, puifqu'ils fervent d'entrée à deux rues; ils interrompent en même temps le genre d'architecture, fervant d'entrée à l'églife Saint-Germain & au palais du Clergé, & rappellent deux pavillons qui leur font contigus, ceux du périftile du Louvre dont les plinthes, corniches & entablement, font toujours les mêmes, & ne font point interrompus.

Pour diminuer le quarré long que formeroit cette Place, fi on lui donnoit une largeur égale à la façade du Louvre, on lui a donné une forme plus gracieufe, c'eft-à-dire, *un quarré parfait*, en fixant fa largeur aux angles rentrans des pavillons, du périftile & du deffin projeté, par une baluftrade très-baffe, percée de plufieurs entrées.

Le furplus du terrein du côté du quai, c'eft-à-dire, depuis les angles rentrans du pavillon du Louvre & de celui du deffin, forme une avant-place dont la longueur & la largeur font égales à la Place principale qui fait face à la colonnade, c'eft-à-dire, que cette avant-place forme également un quarré parfait.

Le paffage actuel du quai fe trouve précifément au milieu de cette avant-place & de ce paffage public, continuellement fréquenté; on jouiroit de la totalité du point de vue à droite & à gauche, & du périftile & du nouveau deffin.

Rien ne manqueroit à ce magnifique point de vue, fi l'on conftruifoit dans l'enfoncement du côté de la rue des Poulies, au-delà de la principale Place, un magnifique édifice percé jufqu'à la rue Saint-Honoré, qui pourroit fervir, foit d'Hôtel-de-ville, foit de tout autre monument public.

Et pour donner dans ce même endroit un point de vue unique dans tout l'Univers, ce feroit d'exécuter le fuperbe projet, & très-peu difpendieux, de faire arriver à Paris jufqu'au Pont-royal, les vaiffeaux marchands, foit du Havre, foit de Rouen, fans toucher aux ponts ni baiffer les mâts; le fieur *Paffement*, ingénieur du Roi, & le fieur *Bellart*, Avocat au Confeil, Auteurs de ce projet, ont eu l'honneur de préfenter à Louis XV, le 2 Octobre 1765, un plan en relief & un mémoire, contenant des moyens de la plus grande fimplicité pour l'exécution de ce magnifique projet; quel point de vue! du même endroit & à la même place, on appercevroit le Pont-neuf, l'île Notre-Dame, le nouvel hôtel des Monnoies, le collége des Quatre-nations, le Pont-royal, *la nouvelle Marine*, les Galeries du Louvre, le Périftile, le fuperbe Monument percé de manière à laiffer appercevoir facilement la rue Saint-Honoré, le Deffin qui fait face au périftile, l'hôtel du Clergé, la paroiſſe du Roi, enfin l'Arc de triomphe unique, faiſant face à la principale entrée du Louvre.

L'avant-place au-delà du chemin public, eſt terminée par une eſpèce de demi-lune qui occupe le renforcement ſur la Seine que l'on aperçoit ſur le deſſin; une baluſtrade pareille à celle de la Place principale en fait le pourtour, & les trottoirs actuels ſe trouvent prolongés tout autour.

Le milieu de la demi-lune eſt deſtiné à un monument public à la gloire de Sa Majeſté & de la Nation; ainſi fixé ſur les bords du fleuve, il n'occuperoit point de place utile, ſoit pour le commerce, ſoit pour le public circulant en voiture ou à pied: la place du Louvre qui ſeroit en perſpective, ne ſeroit point embarraſſée d'aucun objet de décoration, en ſorte que lors des fêtes publiques qu'on pourroit y donner, l'on auroit un eſpace de plus de cinq cents pieds de long, ſur plus de trois cents de large, ſans y comprendre l'avant-place que formeroit le quai, qui eſt prodigieuſement large dans cet endroit. Le *Monument* ainſi iſolé, ſeroit aperçu d'une infinité de points, tant au-dedans qu'au-dehors de la ville; & ſi jamais les maiſons qui ſont ſur les ponts venoient à être détruites, il eſt inconteſtable qu'on l'apercevroit encore de tous les quais qui traverſent la ville, ce qui rendroit ce coup-d'œil le plus intéreſſant, le plus riche & le plus impoſant de l'Univers, aucune ville ne préſentant un monument d'une ſi étonnante fabrique, ſoit par ſa compoſition & ſa grandeur, ſoit par le torrent des eaux qui iroient, en ſe précipitant à travers les rochers, ſe perdre dans le baſſin de la rivière, & ſembleroient en quelque ſorte groſſir le fleuve qui en baigneroit le pied.

C'eſt tout ce que l'on a cru devoir annoncer ici, tant pour ce qui concerne les bâtimens propoſés & deſtinés à former une Place en perſpective au périſtile du Louvre, que pour ce que peut comporter le *monument* même dont on vient de parler. L'on ſe réſerve de rendre inceſſamment publics les Mémoires inſtructifs ſur les deux objets importans relatifs à leur utilité particulière chacun dans leur genre, & qui contiendront également les moyens de ſe procurer les fonds de finance néceſſaires pour leur exécution.

APPROBATIONS.

J'AI lu, par ordre de Monſeigneur le Garde des Sceaux, un Manuſcrit ayant pour titre : *Diſcours ſur les Monumens de tous les âges, &c. &c.* Par M. l'Abbé DE LUBERSAC, Vicaire-général de Narbonne, &c. Nous ne pouvons nous empêcher d'admirer dans cet Ouvrage, la belle diſtribution, la méthode & la rapidité du ſtyle. On n'a pas renfermé dans moins d'eſpace, autant de grands objets, auſſi précieux par la beauté des formes que par la juſteſſe des proportions; & par-tout éclatent avec un noble enthouſiaſme, les ſentimens vertueux & patriotiques d'un Citoyen eſtimable.

Quant à ce qui concerne le *Monument conſacré à la gloire du Roi & de la France*, ingénieuſément & ſavamment imaginé par le même Auteur, il m'a paru que tous les cœurs François votoient avec tranſport pour l'exécution d'un ſi magnifique projet. A Paris, ce vingt-un Janvier mil ſept cent ſoixante-quinze. *Signé*, CAPPERONNIER, Cenſeur Royal, Garde de la Bibliothèque du Roi, de l'Académie Royale des Inſcriptions & Belles-Lettres, Profeſſeur Royal de Langue Grecque.

J'AI lu, par ordre de Monſeigneur le Garde des Sceaux, un Ouvrage ayant pour titre : *Diſcours ſur les Monumens de tous les âges, &c. &c.* Par M. l'Abbé DE LUBERSAC, Vicaire-général de Narbonne, &c. A tous égards je confirme bien volontiers l'approbation qu'en donna feu M. *Capperonnier*, Cenſeur Royal, &c. en date du 21 Janvier 1775. A Paris, ce 19 Novembre 1775. *Signé*, BÉJOT, Cenſeur Royal, Garde des Manuſcrits de la Bibliothèque du Roi, de l'Académie Royale des Inſcriptions & Belles-Lettres, &c.

PRIVILÉGE DU ROI.

LOUIS, par la grace de Dieu, Roi de France & de Navarre : A nos amés & féaux Conseillers, les Gens tenans nos Cours de Parlement, Maîtres des Requêtes ordinaires de notre Hôtel, Grand Conseil, Prévôt de Paris, Baillifs, Sénéchaux, leurs Lieutenans Civils, & autres nos Justiciers qu'il appartiendra : SALUT, notre amé le Sieur Abbé DE LUBERSAC Nous à fait exposer qu'il desireroit faire imprimer & donner au Public un Ouvrage qui a pour titre : *Discours sur les Monumens de tous les âges,* &c. s'il Nous plaisoit lui accorder nos Lettres de Privilége pour ce nécessaires. A CES CAUSES, voulant favorablement traiter l'Exposant, Nous lui avons permis & permettons par ces Présentes, de faire imprimer ledit Ouvrage autant de fois que bon lui semblera, & de le vendre, faire vendre & débiter par tout notre Royaume, pendant le temps de six années consécutives, à compter du jour de la date des Présentes. Faisons défenses à tous Imprimeurs, Libraires & autres personnes, de quelque qualité & condition qu'elles soient, d'en introduire d'impression étrangère dans aucun lieu de notre obéissance : comme aussi d'imprimer, ou faire imprimer, vendre, faire vendre, débiter, ni contrefaire ledit Ouvrage, ni d'en faire aucuns extraits sous quelque prétexte que ce puisse être, sans la permission expresse & par écrit dudit Exposant, ou de ceux qui auront droit de lui, à peine de confiscation des Exemplaires contrefaits, de trois mille livres d'amende contre chacun des contrevenans, dont un tiers à Nous, un tiers à l'Hôtel-Dieu de Paris, & l'autre tiers audit Exposant, où à celui qui aura droit de lui, & de tous dépens, dommages & intérêts ; à la charge que ces Présentes seront enregistrées tout au long sur le Registre de la Communauté des Imprimeurs & Libraires de Paris, dans trois mois de la date d'icelles ; que l'impression dudit Ouvrage sera faite dans notre Royaume & non ailleurs, en beau papier & beaux caractères, conformément aux Règlemens de la Librairie, & notamment à celui du 10 Avril 1725, à peine de déchéance du présent Privilége ; qu'avant de l'exposer en vente, le manuscrit qui aura servi de copie à l'impression dudit Ouvrage, sera remis dans le même état où l'Approbation y aura été donnée, ès mains de notre très-cher & féal Chevalier Garde des Sceaux de France, le Sieur HUE DE MIROMENIL, qu'il en sera ensuite remis deux Exemplaires dans notre Bibliothèque publique, un dans celle de notre Château du Louvre, un dans celle de notre très cher & féal Chevalier, Chancelier de France, le Sieur DE MAUPEOU, & un dans celle dudit Sieur HUE DE MIROMENIL, le tout à peine de nullité des présentes. Du contenu desquelles vous mandons & enjoignons de faire jouir ledit Exposant, & ses ayant-causes, pleinement & paisiblement, sans souffrir qu'il leur soit fait aucun trouble ou empêchement. Voulons que la copie des Présentes, qui sera imprimée tout au long, au commencement ou à la fin dudit Ouvrage, soit tenue pour duement signifiée, & qu'aux copies collationnées par l'un de nos amés & féaux Conseillers, Secrétaires, foi soit ajoutée comme à l'original. Commandons au premier notre Huissier ou Sergent sur ce requis, de faire pour l'exécution d'icelles, tous actes requis & nécessaires, sans demander autre permission, & nonobstant clameur de haro, charte normande, & lettres à ce contraires : car tel est notre plaisir. DONNÉ à Paris le quinzième jour du mois de Novembre, l'an de grace mil sept cent soixante-quinze, & de notre règne le deuxième. Par le Roi en son Conseil.

LE BEGUE.

Registré sur le Registre XX de la Chambre Royale & Syndicale des Libraires & Imprimeurs de Paris, Nº 102, fol. 49, conformément au Réglement de 1723, qui fait défenses, article IV, à toutes personnes de quelque qualité & condition qu'elles soient, autres que les Libraires & Imprimeurs, de vendre, débiter, faire afficher aucuns Livres pour les vendre en leurs noms, soit qu'ils s'en disent les Auteurs ou autrement, & à la charge de fournir à la susdite Chambre huit Exemplaires préscrits par l'article CVIII du même Réglement. A Paris, ce 17 Novembre 1775. DEBURE, fils aîné, Adjoint.

AVIS AU RELIEUR.

LE Frontispice & l'Explication doivent être placés avant le Titre.

Les deux grandes Planches entre la *Description du Monument,* page 228, & les *Observations.*

Celle où est le grand Médaillon du Roi, doit être la première.

Ces deux Planches ne doivent avoir que deux plis.